新編土木工学講座 6

測 量（1）
（新訂版）

群馬工業高等専門学校名誉教授
長谷川　博

木更津工業高等専門学校名誉教授
植田　紳治

木更津工業高等専門学校教授
大木　正喜

共　著

コロナ社

全国高専土木工学会編

編集委員長

京都大学名誉教授・工博 元全国高専土木工学会会長 元神戸市立高専校長	近 藤 泰 夫

編 集 委 員

元 明 石 高 専 教 授	内 海 達 雄
元 熊 野 高 専 教 授	岸 田 正 一
神戸市立高専名誉教授	岸 本 　 進
岐 阜 高 専 名 誉 教 授	杉 山 錦 雄
明 石 高 専 名 誉 教 授	高 端 宏 直
元和歌山高専教授・工博	寺 西 宗 登
群 馬 高 専 名 誉 教 授	長 谷 川 　 博
大阪府立高専名誉教授	宮 原 良 夫

（五十音順）

新訂版の序

「新編土木工学講座」の1冊として測量（1）は昭和46年に初版が出て以来14年経過後，昭和60年に改訂がなされ今日まで16年が経過した．本書は工業高等専門学校，大学，工業短期大学の学生を対象に，講義時間約70時間を目標に低学年から講義が始まっても理解できるように，できるだけ平易に記述するように努めたが，そのことがおよその理解を得て改訂版も18刷を重ねた．

この間においても，測量技術，測量機器の進歩発展は著しく，目を見張るものがある．例えば，測量の基本の距離と角を測ることは，長い間，繊維製巻尺，鋼製巻尺とトランシットであったが，距離は光波測距儀に，また，角を測ることは従来のトランシット（転鏡儀）から精度の高いセオドライト（経緯儀），角度を自動的に表示する電子セオドライトへと発展した．

そして，光波測距儀の機能を電子セオドライトに組み込んだトータルステーションが開発され，測距，測角が測定キーの操作1つで，瞬時に自動的に計算されデータが表示されるようになった．実際の現場では，トータルステーションやGPSに代表される新しい機器が使用され，測量機器のエレクトロニクス化が大きく進展し，それに伴って測量方式も変化してきた．

測量（1）（新訂版）は主として測量の基礎的事項を記述しているので，この間においても，原理・原則に変化はなく，記述内容に大きな変更はない．しかし，電子工学・技術の進歩発展により新しい測量機器も実用に供されているので，それらの機器をできるだけ紹介すること，国土交通省の公共測量作業規程やJISの改訂について見直しをすることなど，比較的小さな改訂とすることにした．

また，人工衛星を媒体としたGPS（汎地球測位システム），リモートセンシング（遠隔探査技術）やVLBI（超長基線電波干渉計），ディジタルマッピング，GIS（地理情報システム）など，新しい測量技術については測量（2）

（新訂版）で新たに紹介している．

　今回の本書の改訂にあたっては，主としてつぎの点に留意して執筆した．

（1）建設省公共測量作業規程が改訂され平成8年4月から施行されたので，この規程に関係する個所の記述，表などは規程に従って書き直した．また，JISの改訂に関することも同様に見直した．

（2）測量士・士補の国家試験問題を数多く取り入れた章末の演習問題は，最近の出題傾向を把握するためにも，できるだけ最新の問題と入れ替えた．

（3）最新の測量機器としては，7・3 水準測量用器械で電子レベル，バーコード標尺を追加し，4・8 各種測角器械では，トータルステーション，ジャイロステーションなど，新しい器械についてできるだけ紹介した．

（4）新しい公共測量作業規程では，渡海（河）水準測量が加えられたので，7・8 交互水準測量はこの規程に準拠して書き直した．

（5）本文中の例題は，原理・原則として基礎的な問題の理解を助けるために，本文の一部と考え取り入れたものであり，その例題の出典の新旧は問題ではないので，あえて変更はしないこととした．

（6）人工衛星などによる大地測量において，わが国が用いている位置の表現を世界共通の基準に修正するため，測量法および水路業務法の一部を改正する法律が平成13年6月に公布された．これに関する概説．

　以上の点に留意して改訂を行ったが，内容の不備や誤りについては，旧版同様，読者諸氏の率直なご意見とご教示により，逐次改めていきたいと考える．

　終わりに，執筆にあたっては，参考文献として巻末に示した多数の著書を参考にさせていただいた．これらの執筆の諸先生各位に深甚な謝意の意を表すとともに，貴重な写真や資料を賜った測量機器関係各社に対しても厚くお礼申し上げる．

平成14年2月

著者しるす

目 次

1. 総 説

1・1 定義と分類 …………………………………………………………………… 1
   1・1・1 測量の定義 ……………………………………………………………… 1
   1・1・2 点の位置の決定 ………………………………………………………… 1
   1・1・3 測量の分類 ……………………………………………………………… 2

1・2 測量の歴史 …………………………………………………………………… 5
   1・2・1 外国における測量の発達 ……………………………………………… 5
   1・2・2 わが国における測量の発達 …………………………………………… 6
   1・2・3 第2次大戦以降の測量技術の発達 …………………………………… 9

1・3 測量の基準 …………………………………………………………………… 10

1・4 測量関係の法規，測量士・士補試験 ……………………………………… 14
   1・4・1 測 量 法 …………………………………………………………… 14
   1・4・2 そのほかの関係法規 …………………………………………………… 14
   1・4・3 測量士・士補の国家試験 ……………………………………………… 14

2. 測量の計算と誤差の取り扱い方

2・1 測量計算のための基礎的事項 ……………………………………………… 15
   2・1・1 有 効 数 字 …………………………………………………………… 15
   2・1・2 数値の丸め方 …………………………………………………………… 16
   2・1・3 有効数字の四則計算に対する影響 …………………………………… 17
   2・1・4 ラジアンによる計算 …………………………………………………… 18
   2・1・5 測量計算に関する注意 ………………………………………………… 19

2・2 誤差の取り扱い方 …………………………………………………………… 20
   2・2・1 誤差の種類 ……………………………………………………………… 20
   2・2・2 誤差の3公理と確率曲線 ……………………………………………… 22

2・2・3　測定の精度の表示法……………………………………………………22
2・2・4　最小二乗法の原理……………………………………………………25
2・2・5　等精度直接観測の最確値……………………………………………26
2・2・6　測定の重さ……………………………………………………………27
2・2・7　異精度直接観測の最確値……………………………………………27
2・2・8　誤差伝播（拡張）の法則……………………………………………27
2・2・9　最確値の誤差…………………………………………………………32
2・2・10　同一重みの測定値と最確値の標準偏差……………………………33
2・2・11　重み付き測定値と最確値の標準偏差………………………………35
2・2・12　一次方程式の係数の決定法…………………………………………37
2・2・13　簡単な条件付き観測…………………………………………………38

演習問題 ……………………………………………………………………………40

3. 距離測量

3・1　距離の定義と距離測量の分類 ………………………………………………44
　3・1・1　距離の定義 ………………………………………………………………44
　3・1・2　距離測量の分類 …………………………………………………………44
3・2　直接距離測量 …………………………………………………………………45
　3・2・1　概　　要 …………………………………………………………………45
　3・2・2　距離測量に必要な器具 …………………………………………………45
　3・2・3　巻尺の公差および基準巻尺 ……………………………………………47
　3・2・4　巻尺の検定とその特性値 ………………………………………………49
3・3　直接距離測量の方法 …………………………………………………………50
　3・3・1　平坦地の場合 ……………………………………………………………50
　3・3・2　傾斜地の場合 ……………………………………………………………51
　3・3・3　斜距離を測定して水平距離を求める方法 ……………………………52
　3・3・4　インバールワイヤーによる精密測定 …………………………………53
　3・3・5　鋼巻尺による精密測定 …………………………………………………53
　3・3・6　距離測量の精度の表示方法 ……………………………………………54
3・4　距離測量の誤差と精度 ………………………………………………………54
　3・4・1　概　　要 …………………………………………………………………54
　3・4・2　過　　誤 …………………………………………………………………54
　3・4・3　定誤差の種類とその補正 ………………………………………………55
　3・4・4　不定誤差 …………………………………………………………………58

3・4・5　距離測量の精度 ……………………………………………58
　3・4・6　許容誤差 ………………………………………………………59
3・5　チェーン測量 ……………………………………………………………59
　3・5・1　概　　要 ………………………………………………………59
　3・5・2　図根測量 ………………………………………………………59
　3・5・3　オフセット測量 ………………………………………………60
　3・5・4　オフセット野帳のつけ方 ……………………………………61
3・6　電磁波測距儀 ……………………………………………………………62
　3・6・1　概　　要 ………………………………………………………62
　3・6・2　電磁波測距儀の原理 …………………………………………62
　3・6・3　電波測距儀 ……………………………………………………63
　3・6・4　光波測距儀 ……………………………………………………63
　3・6・5　光波測距儀の検定 ……………………………………………65
　3・6・6　気象補正 ………………………………………………………66
　3・6・7　誤差の表示方法 ………………………………………………67
演習問題 ……………………………………………………………………………68

4.　トランシット測量

4・1　トランシットの構造 ……………………………………………………70
　4・1・1　概　　要 ………………………………………………………70
　4・1・2　望遠鏡 …………………………………………………………72
　4・1・3　気泡管水準器 …………………………………………………76
　4・1・4　整準装置 ………………………………………………………78
　4・1・5　移心装置，シフト装置および求心望遠鏡 …………………79
　4・1・6　微動ねじ ………………………………………………………80
　4・1・7　目盛盤 …………………………………………………………81
　4・1・8　バーニヤ ………………………………………………………81
4・2　トランシットの分類 ……………………………………………………85
4・3　トランシットの検査と調整 ……………………………………………86
　4・3・1　調整の条件とその順序 ………………………………………87
　4・3・2　平盤水準器の調整（第1調整） ………………………………87
　4・3・3　十字縦線の調整（第2調整） …………………………………88
　4・3・4　水平軸の調整（第3調整） ……………………………………89
　4・3・5　十字横線の調整（第4調整） …………………………………90

- 4·3·6 望遠鏡付属水準器の調整（第5調整） …………………… 90
- 4·3·7 鉛直目盛盤のバーニヤの調整（第6調整） ……………… 91
- 4·3·8 求心望遠鏡の調整 ……………………………………… 91

4·4 角の測定に生じる誤差とその消去法 ……………………………… 92
- 4·4·1 器械の取り扱い上の誤差 ……………………………… 92
- 4·4·2 器械の構造の欠陥によって生じる誤差 ……………… 93

4·5 水平角の測定方法 ………………………………………………… 98
- 4·5·1 単測法 …………………………………………………… 98
- 4·5·2 反復法 …………………………………………………… 99
- 4·5·3 方向法 …………………………………………………… 101
- 4·5·4 測角の方法による角誤差の比較 ……………………… 105

4·6 鉛直角の測定方法 ………………………………………………… 106

4·7 トランシットによる特殊な測量 …………………………………… 109
- 4·7·1 直線の延長 ……………………………………………… 109
- 4·7·2 2点を結ぶ直線上に器械を据える方法 ………………… 110
- 4·7·3 水平角の精密測設 ……………………………………… 110

4·8 各種の測角器械 …………………………………………………… 111
- 4·8·1 トータルステーション ………………………………… 111
- 4·8·2 ジャイロステーション ………………………………… 112

演習問題 ……………………………………………………………… 114

5. トラバース測量（多角測量）

5·1 トラバースの概要 ………………………………………………… 116
- 5·1·1 トラバース測量の特長 ………………………………… 116
- 5·1·2 トラバースの種類 ……………………………………… 116

5·2 トラバース測量の順序 …………………………………………… 118
- 5·2·1 トラバース測量の順序 ………………………………… 118
- 5·2·2 計画と踏査 ……………………………………………… 118
- 5·2·3 選点と造標 ……………………………………………… 119
- 5·2·4 距離測量 ………………………………………………… 119
- 5·2·5 角測量 …………………………………………………… 119

目次

- 5・3 トラバース測量の計算方法 …………………………………… 120
  - 5・3・1 測角の検査と角誤差 ………………………………… 121
  - 5・3・2 許容角誤差 …………………………………………… 122
  - 5・3・3 角誤差の配分 ………………………………………… 122
  - 5・3・4 方位角の計算 ………………………………………… 123
  - 5・3・5 緯距および経距の計算 ……………………………… 124
  - 5・3・6 閉合誤差（閉合差）および閉合比の計算 ………… 125
  - 5・3・7 トラバース測量の許容精度 ………………………… 128
  - 5・3・8 閉合誤差の調整 ……………………………………… 128
  - 5・3・9 トラバース網の調整 ………………………………… 129
  - 5・3・10 測点の展開と合緯距および合経距の計算 ………… 130
  - 5・3・11 面積の計算 …………………………………………… 130
- 5・4 測定不能の方位角および距離の計算方法 ……………………… 132
- 5・5 計 算 例 ……………………………………………………… 133
  - 5・5・1 閉合トラバース（コンパス法則） ………………… 133
  - 5・5・2 結合トラバース（トランシット法則） …………… 136
- 演 習 問 題 ……………………………………………………………… 139

6. 平 板 測 量

- 6・1 平板測量用器械・器具 …………………………………………… 141
  - 6・1・1 測板と三脚 …………………………………………… 141
  - 6・1・2 アリダード …………………………………………… 142
  - 6・1・3 付 属 品 ……………………………………………… 145
- 6・2 器械・器具の検査と調整 ………………………………………… 147
  - 6・2・1 測板の検査と調整 …………………………………… 147
  - 6・2・2 アリダードの検査と調整 …………………………… 147
  - 6・2・3 高低差を測定する場合に必要な検査と調整 ……… 149
  - 6・2・4 求心器の検査と調整 ………………………………… 149
- 6・3 平板の据え付け …………………………………………………… 150
  - 6・3・1 致　　心 ……………………………………………… 150
  - 6・3・2 整　　準 ……………………………………………… 150
  - 6・3・3 定　　位 ……………………………………………… 151
- 6・4 平板測量の方法 …………………………………………………… 152

- 6·4·1 放射法 ·· 152
- 6·4·2 道線法 ·· 153
- 6·4·3 前方交会法 ·· 154
- 6·4·4 側方交会法 ·· 155
- 6·4·5 後方交会法 ·· 156

6·5 平板測量の応用 ··· 159
- 6·5·1 傾斜角の測定 ··· 159
- 6·5·2 距離測量（アリダードによるスタジア測量，スタジア法）············ 159
- 6·5·3 水準測量 ··· 159

6·6 平板測量の許容精度と誤差 ································· 162
- 6·6·1 許容精度 ··· 162
- 6·6·2 平板の据え付けに対する許容誤差 ··················· 162
- 6·6·3 測量の方法による誤差 ······························· 165
- 6·6·4 その他の誤差 ··· 168

演習問題 ·· 173

7. 水準測量

7·1 水準測量に関する用語 ······································ 176
- 7·1·1 水準面その他 ·· 176
- 7·1·2 標高その他 ·· 177
- 7·1·3 工事用基準面 ·· 178

7·2 水準測量の分類 ··· 180
- 7·2·1 測量の方法による分類 ······························· 180
- 7·2·2 目的による分類 ······································ 180
- 7·2·3 基本水準測量 ·· 180
- 7·2·4 国土交通省の行う公共測量 ·························· 181

7·3 水準測量用器械・器具 ······································ 182
- 7·3·1 標尺 ·· 182
- 7·3·2 レベル ·· 183

7·4 レベルの検査と調整 ··· 190
- 7·4·1 チルチングレベルの検査と調整 ····················· 190
- 7·4·2 自動レベルの検査と調整 ····························· 191

7·5 直接水準測量の方法 ··· 192

7・5・1　直接水準測量作業 ……………………………… 192
　7・5・2　用　　　語 …………………………………… 193
　7・5・3　野帳の記入方法 ………………………………… 194
　7・5・4　視　準　距　離 ………………………………… 195
　7・5・5　水準測量作業上の注意事項 …………………… 195
7・6　水準測量の誤差 ……………………………………… 196
　7・6・1　概　　　要 …………………………………… 196
　7・6・2　器　械　誤　差 ………………………………… 196
　7・6・3　標尺による誤差 ………………………………… 197
　7・6・4　球差・気差および両差 ………………………… 199
　7・6・5　その他の誤差 …………………………………… 199
7・7　水準測量の許容誤差と誤差の調整 ………………… 200
　7・7・1　水準測量の誤差 ………………………………… 200
　7・7・2　水準測量の許容誤差 …………………………… 201
　7・7・3　水準測量における重さ ………………………… 201
　7・7・4　誤差の調整 ……………………………………… 202
7・8　渡海（河）水準測量 ………………………………… 205
　7・8・1　概　　　要 …………………………………… 205
　7・8・2　交　互　法 …………………………………… 206
　7・8・3　俯仰ねじ法 ……………………………………… 207
　7・8・4　測定にあたっての条件と留意事項 …………… 207
　演習問題 ……………………………………………………… 209

8.　間接距離測量

8・1　略　測　法 …………………………………………… 212
8・2　スタジア測量 ………………………………………… 213
　8・2・1　概　　　要 …………………………………… 213
　8・2・2　スタジア測量の原理 …………………………… 213
　8・2・3　スタジア測量の一般公式 ……………………… 214
　8・2・4　スタジア測量の作業と注意事項 ……………… 215
　8・2・5　スタジア測量の誤差 …………………………… 216
　8・2・6　スタジア測量の精度 …………………………… 218
　演習問題 ……………………………………………………… 218

9. 面積および体積の測定

9·1 面積の計算方法 ……………………………………………… 220
 9·1·1 面積計算法の分類 …………………………………… 220
 9·1·2 面積計算 ……………………………………………… 221
 9·1·3 プラニメーターによる求積 ………………………… 227
9·2 体積の計算方法 ……………………………………………… 230
 9·2·1 体積計算法の分類 …………………………………… 230
 9·2·2 断面法 ………………………………………………… 231
 9·2·3 点高法 ………………………………………………… 235
 9·2·4 等高線法 ……………………………………………… 236
9·3 面積の自動測定 ……………………………………………… 238
 9·3·1 自動面積計 …………………………………………… 238
 9·3·2 測量用自動製図システム …………………………… 238
演習問題 …………………………………………………………… 239

付　　　録 ………………………………………………………… 241
参 考 文 献 ………………………………………………………… 245
演習問題解答 ……………………………………………………… 247
索　　　引 ………………………………………………………… 252

1. 総　　　説

測量は，国土に関する計画や土木工事の計画・設計・施工および検査の基礎となる作業で，土木技術者は測量に関する十分な知識と技能を持ち，かつその理論についての正しい知識がなければならない．本章では，測量に関する基礎的事項について説明する．

1・1 定義と分類

1・1・1 測量の定義

測量〔survey (ing)〕とは，地球の表面またはその付近の諸点の位置を測定する作業をいい，その測定結果に基づいて，地図や図面を作製し，あるいは面積や体積を計算するなどの作業が含まれる．野外で距離・角度・高低差などを測定する作業を**外業** (field work) といい，その結果を整理し，計算し，製図するなどの作業を**内業** (office work) という．

河川測量の**流量測定** (flow measurement)，港湾測量の**潮流観測** (observation of tidal current) なども従来から測量に含まれている〔(2)巻参照〕．

1・1・2 点の位置の決定

点の位置を決定するには種々の方法が考えられるが，測量では，主としてつぎのような方法による．

i) 図1・1(a) で点 P の位置を決定するには，原点 A とこれを通る水平面上に**基準線** (reference line) AN を設けて，**水平距離** L (horizontal distance)・**水平角** α (horizontal angle)・**高低差**（鉛直距離）h (difference of elevation)・**鉛直角**（高度角）β (vertical angle) および**斜距離** l (slope distance, inclined distance) のうち所要の3つの要素を測定すればよい．

高低差を別に測定するものとして，平面位置だけを決定する方法としては，つぎの方法がある．

ii) 図 (b) において，点 A および点 B を既知点として，AB, AP およ

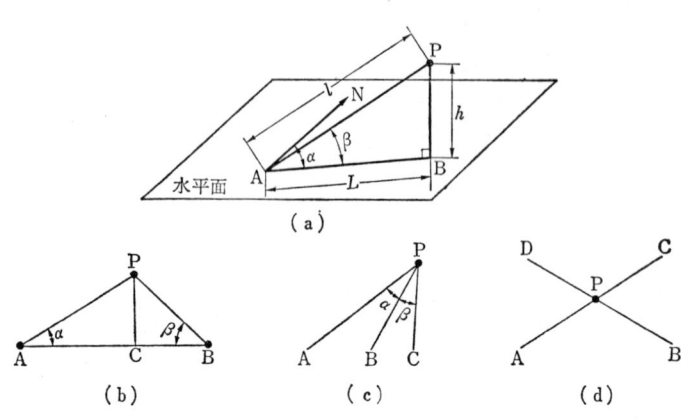

図 1·1 点の位置の決定

び BP を測定する．これを**三辺測量**（trilateration）〔（2）巻 2·4 節参照〕という．

iii）図（b）において，既知線 AB に点 P から垂線 PC を下し，AC および PC を測定する．PC を**オフセット**（offset）という（3·5·3 項参照）．

iv）図（b）において，点 A および点 B を既知とし，AB，α および β を測定する．

v）図（c）において，点 A，B および点 C を既知とし，α および β を測定する（A，B，C，P は同一円周上にないものとする）．

vi）図（d）において，既知の 2 直線 AC および BD の交点として P を決定する．

1·1·3 測量の分類

測量は，測量地域の大・小，目的および使用器械などによって，つぎのように分類することができる．

（a）測量地域の大・小による分類

（1）平面測量　地表面の一部を平面と考えた測量を**平面測量**（plane surveying）という．距離の精度を 10^{-6} 以内とすると，半径約 11 km の範囲内を平面と考えることができる．本書では，主として平面測量について説明する．

(2) **大地測量（または測地学的測量）** 地球の曲率を考えに入れた測量を大地測量（geodetic surveying）という．土木関係の測量は一般に平面測量であるが，広地域にわたる工事の場合は大地測量として考える必要があることもある．

(b) **目的による分類** 測量は 1·1·2 項に説明したように，主として距離・角度および高低差を測定するのが主な目的で，つぎのように分類する．

　i) 距離測量（distance survey）
　ii) 角測量（measurement of angle）
　iii) 水準測量（leveling）

(c) **使用器械による分類** これは，つぎのように分類される．

　i) チェーン測量（chain surveying）
　ii) トランシット測量（transit surveying）
　iii) 平板測量（plane table surveying）
　iv) レベル測量（leveling）
　v) スタジア測量（stadia surveying）
　vi) セキスタント測量（sextant surveying）
　vii) コンパス測量（compass surveying）
　viii) 写真測量（photogrammetry）

(d) **測量対象による分類** これは，つぎのように分類される．

　i) 地形測量　　ii) 地籍測量　　iii) 市街地測量
　iv) 農地測量　　v) 森林測量　　vi) 港湾（海洋）測量
　vii) 河川測量　　viii) 路線測量　　ix) トンネル測量
　x) 鉱山測量　　xi) 工事測量　　xii) 建築測量
　xiii) 天文測量

(e) **精度を考慮した分類**

(1) **骨組測量または基準点測量** 広い地域を測量するには，まずその地域全体を覆う基準となる点（基準点）を設けて，それらの点の位置を所要の精度で測量する．これを**骨組測量**または**基準点測量**（skeleton surveying or

control point surveying) という.

骨組測量には，つぎのようなものがある.

　　i)　三角測量（triangulation）
　　ii)　トラバース（多角）測量（traversing）
　　iii)　平板などによる図根（点）測量[1]（topographic control surveying）
　　iv)　水　準　測　量

（2）細 部 測 量　　基準点の位置が決定したら，これらの点を基として，精度の低い測量方法で細部の測量を行う. これを**細部測量**（detail surveying）という. 骨組測量と細部測量とを所要精度に応じて，適切に組み合わせることにより正確な測量を迅速かつ経済的に行うことができる.

（f）　測量法による分類

（1）基 本 測 量　　すべての測量の基礎となる測量で，**国土地理院**（The Geographical Survey Institute）の行うものを**基本測量**（basic survey）という. 具体的には一～四等三角測量，一～二等水準測量，重力測量，磁気測量，1 : 25 000 および 1 : 50 000 の地形測量などと，これに伴う標識設置，空中写真撮影，あるいはこれらからつくられる 1 : 200 000, 1 : 500 000, 1 : 1 000 000 などの地図作成などが含まれる.

（2）公 共 測 量　　測量に要する費用の全部もしくは一部を国（国土交通省，農林水産省など）または地方公共団体が負担し，あるいは補助する測量で，基本測量以外の測量（局地的なものや高い精度を要しない測量を除く）を**公共測量**（public survey）という.

（3）基本測量および公共測量以外の測量　　基本測量または公共測量の測量成果を使用して行う測量（局地的なものや高い精度を要しない測量を除く）で，基本測量および公共測量以外の測量をいう. たとえば，電力会社が自社の経費で行う大規模な測量などをいう.

（4）測量法の適用を受けない測量　　小道路（小規模土木工事なども）も

---

[1] 基準点の不足を補うため増設する精度の低い基準点を**図根点**（supplementary control point）という.

しくは建物のためなどの局地的測量や高い精度を要しない測量(測量法施行令で規定)をいう.

(g) **基準点測量の分類(建設省の公共測量作業規程)**[1]

(1) **一級基準点測量**

i) 二級基準点測量,その他の測量の基準の点の設置.

ii) トンネルなどの測量で,特に高精度の場合.

(2) **二級基準点測量**

i) 三級基準点測量,その他の測量の基準の点の設置.

ii) 土木工事の調査,設計,施工など,特に精度を要する場合.

iii) 地形その他の制約で,一級基準点測量を実施することが困難な場合.

(3) **三級基準点測量**

i) 四級基準点測量,その他の測量の基準の点の設置.

ii) 土木工事の調査,設計および施工などの基準の点の設置.

iii) 縮尺 1/500 地図作成のための図根点測量の基準の点の設置.

(4) **四級基準点測量**

i) I.P.(路線測量)などの設置,その他各種工事に必要な測量の基準の点の設置(工事用多角測量).

ii) 縮尺 1/1 000 以下の地図作成のための図根点測量の基準の点の設置.

本書では,主として「機械による分類」に従って記述し,(2)巻では,主として「測量対象による分類」に従って記述している.

1・2 測量の歴史

1・2・1 外国における測量の発達

歴史的な記録による測量の起源は,エジプト(B.C. 4 000〜2 000)にさかのぼる.エジプトでは毎年のナイル河の洪水で,課税のための境界線が不明と

---

[1] 前項の測量法による公共測量を行う測量計画機関は,それぞれの作業規程を定めることになっている(同法第 33 条).この規程は,建設省が直轄の公共測量を実施する場合におけるもので,この規程のなかに示された基準点測量の誤差の許容範囲などは,土木測量を行う場合の参考となる.

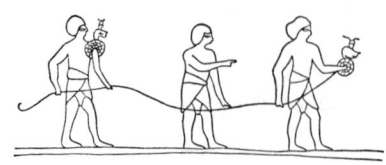

図 1·2 エジプトの測量手

なり，王の命令による測量手により，境界線の再測を行った．当時の測量は主として，結節をもった綱で行ったようで，測量手は rope-stretchers と呼ばれた．

図 1·2 は，大英博物館にあるエジプトの墳墓から復元された図で，測量手は綱のコイルの上に神の象徴である羊の頭を飾りとしてつけている（近藤泰夫博士の模写による）．

現存のピラミッドの最長辺と最短辺の差は，平均辺長 230.36 m に対し 20.07 cm であり，西北隅から東南隅に向かって上りこう配は約 1.27 cm にすぎず，ほぼ水平であり，四隅の直角についての誤差は最大 3.5′ で，辺はほとんど正しく真北に向いている．これらのことから，当時の測量技術が驚くべき精度で行われていたことがうかがえる．

近代的測量技術の発祥は 17，18 世紀といわれ，**オランダ人**（Snellius）により三角測量の理論が発表され（1617 年），**ドイツ人**（K.F. Gauss）(1777〜1855) が発表した**誤差論**（theory of errors）により，測量の誤差が理論的に処理できるようになった．この間，精密な角度測定機であるトランシットも 18 世紀につくられ，測量は精密測定の分野へ発展した[1]．

1·2·2 わが国における測量の発達

わが国における土地測量の起こりは，聖徳太子（593 年）の創意といわれ，6 間四方（36 坪）を 1 畝とし，その 10 倍を 1 反と定めたという．その後，まもなく中国との交通が始まり，唐の比較的進歩した測量法や算法が導入され，大化の改新（645 年）の班田の収授に関して使用された．当時，僧行基（729〜748 年）は日本全国を布教し，橋をかけ，道路を開いたが，彼がつくったと伝えられる「海道図」（図 1·3）は日本最古の地図である．

その後，大規模な測量としては，豊臣秀吉の太閤検地（1598 年），「正保古国絵図」（1657 年）などがある．

わが国の測量の歴史のなかで特筆すべきものは，伊能忠敬（1745〜1818 年）

---

1) 写真測量の発達については (2) 巻で述べる．

1·2 測量の歴史

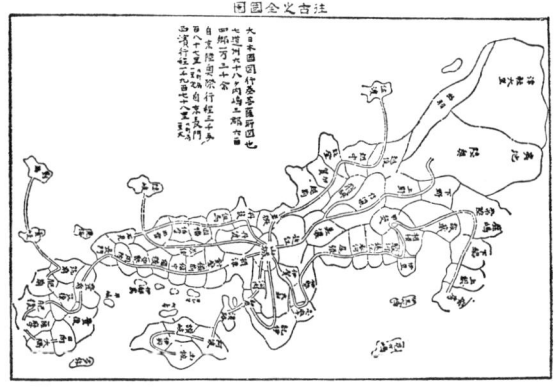

図 1·3 海 道 図

図 1·4 伊能小図（小縮尺地図）

図 1·5 伊能忠敬碑

が幕府の命によって，18 年の歳月（1800〜1818 年）を費やして，「大日本沿海実測図」を完成したことである．この測量は，主として磁石による道線法（6·4 節参照）により行われ，その累積する誤差は，天体観測によって地点の経緯度を求めて補正したもので，明治維新以後の測量の基礎となった[1]（図 1·4，1·5）．

明治時代に入って，欧米文化の吸収が盛んとなり，新しい測量技術が導入さ

---

1) 「伊能図」は大図（1：36 000），中図（1：216 000），および小図（1：432 000）の3種がある．

れ，近世式の測量が初めて行われた．明治元年（1868年）新政府に民部省・兵部省・工部省などが設置され，それぞれが測量を行ったが，明治5年に兵部省が廃止され，陸軍省と海軍省が分置され，陸軍が陸地測量，海軍は水路測量を担当することになった．この間，内務省は「伊能図」を基礎として「日本全国輿地図」を作成した．

また陸軍の陸地測量部は，明治25年（1892年）以来34年を費やして大正14年（1925年）に，わが国本来の旧領土全般の1:50000の基本（地形）図[1]（basic map）を完成し，海軍の水路部は大正6年に一通りの沿岸測量を終わった．

第2次大戦後，陸海軍の解体に伴い，陸地測量部と水路部の業務はそれぞれ，建設省地理調査所（昭和35年に国土地理院と改称）と運輸省海上保安庁水路部に引き継がれて現在に至っている．

国土地理院は，戦後，1:25000の基本図の作成を計画し，一部離島を除いて昭和52年度に全国を完成している．現在は，1:50000の地形図は，1:25000を編集してつくられる．UTM座標系〔(2)巻8・6・2項参照〕を使用している．

国土地理院の作成する「基本図」と別に，昭和36年から，「国土基本図」事業が発足した．これは従来，国（各省）や地方公共団体などが，それぞれの計画や調査の目的に応じてつくられていた各種の大縮尺の地図を，全国的に統一した規格で作成して，一般に利用できるようにするものである．実際には，国土地理院の助言と審査などを通じて，精度の確保や測量の重複の排除などが図られている．「国土基本図」は，利用度の高い主要な地域（主として平野および丘陵地）は1:5000，都市計画区域については1:2500（都市計画図）の縮尺で作成され，日本平面直角座標系〔1・3節参照〕を使用している．

戦後の地図の需要は膨大となり，従来，各官公庁自体で行っていた測量は，その大半は民間の測量会社によって行われるようになった．

---

1) 基本図とは，一国の全土を覆う最大縮尺の地図をいう．

1·2·3 第2次大戦以降の測量技術の発達

第2次大戦中の技術の発達と戦後の技術革新により，年々歳々新しい器械が開発され，その応接にいとまのないありさまである．さらに，電子計算機の導入とLSI(大規模集積回路)などによる電卓（卓上電子計算機）の計算機構の超小形化，人工衛星を初めとする宇宙技術の画期的発展などにより，測量技術はハード（器械技術）とソフト（計算・運用技術）の両面で，文字どおり日進月歩の質的変革をしつつある．以下，その主要なものを挙げれば，つぎのようである．

i) トランシットやレベルに精度の高い簡便軽量な新形式のものがつくられた．これにより，使用法や調整法も変化した．

ii) 電磁波，特に光波による測距儀が開発され，インバール尺や鋼巻尺に比して，遠距離，近距離とも，より簡単・迅速に精度の高い測定ができるようになった．距離測定の精度が向上したため，三角測量は三辺測量に転換され，より精密な測量が行われ，また多角測量（トラバース測量）もより長い測線を高い精度で測定できるので，三角測量に代わって基準点測量として用いられるようになった．

iii) 写真測量技術の発達によって，地形測量は主として写真測量で行われ，従来の平板測量の方法は補助的手段となった．

iv) 電子計算機の導入によって，従来の対数計算は真数計算で行うことができ，また精密な調整計算ができるようになった．計算機がLSIなどにより超小形化して，トランシットなどに組み込まれ，現場で計算や検算ができるようになった（4·8·2項参照）．

v) 現場で角度や距離の測定値を自動的にカセットテープなどに記録し，そのテープで直接電子計算機に入力して，座標，面積などの計算をし，さらにオンラインで自動図化機で作図することもできる．この方式によると，**野帳**（**観測手簿**，field note）も不要となる（8·3節参照）．

vi) 宇宙的測地測量によって，数千kmの大陸間距離や，海上数百kmの離島などの位置を，数cmの精度で測定できるようになった．

① VLBI（超長基線電波干渉計，Very Long Baseline Interferometer）システムは，特定の電波星（準星という）からの電波の2点への到達時間差を 10^{-10} 秒の精度で測定して，その距離を求める．

② NNSS（米国海軍航行衛星方式，Navy Navigation Satellite System），GPS（汎地球的測位方式，Global Positioning System）は NNSS 衛星または GPS 衛星を地上の数点から同時観測し，三次元三辺測量網から，地上点の位置を決定するものである．前項の VLBI も本方式もその地点の鉛直線方向には無関係に結果を求められる．

vii) リモートセンシング（遠隔探査技術，remote sensing）は，中国では遙感ともいわれ，対象物や現象に関する物理的情報を遠隔から収集し，その対象物や現象の識別，判読などを行う技術をいう．この定義からすると，写真測量もリモートセンシングに含まれるが，狭義には人工衛星（たとえば LANDSAT）や航空機で，地上からの可視光線を含む広範囲の反射電磁波を波長別に記録することをいっている．リモートセンシングにより，植生図，土地利用図，土壌図，水系図などが作成でき，これによって，環境調査，資源調査，気象調査，森林農業調査などの国土に関する情報が得られる．

1・3 測量の基準

地球は，厳密にいうと東西方向の **長半径**（semi-major axis）が南北方向の**短半径**（semi-minor axis）よりやや長い**回転だ円体**（spheroid）で，従来，**ベッセル**（Bessel），**クラーク**（Clarke），**ヘイホード**（Hayford）らがその数値を発表しているが，わが国では，平成14年4月1日施行された測量法の一部改正により，経緯度の測定は，これまでの日本測地系にかえ世界測地系に従がって行わなければならないことになり「地球を想定した扁平な回転だ円体の長半径および扁平率」としての条文の規定より

  長半径 6 378 137.00 m
  扁平率 298.257 221 01 分の1
とあらたに規定された．

1・3 測量の基準

図 1・6 原点方位角

図 1・7 日本水準原点

（a） **日本経緯度原点** (Japanese standard datum of triangulation or geographic coordinates)

地　点　　東京都港区麻布台 2-18-1　日本経緯度原点金属標の十字の交点

原点数値　経度 (departure)　　東経　139° 44′ 28″ 8759

　　　　　緯度 (latitude)　　　北緯　35° 39′ 29″ 1572

　　　　　原点方位角 32° 20′ 44″ 756 〔日本経緯度原点の地点において真北を基準として右回りに測定した茨城県つくば市北郷一番地内つくば超長基電波干渉計観測点金属標の十字の交点の方位角のことである〕（**図1・6**）

（b） **日本水準原点** (Japanese standard datum of leveling or original bench-mark)（**図 1・7**）（図 7・2）

地　点　　尾崎記念公園内水準点標石の水晶板の零分画線の中心

原点数値　東京湾平均海面上〔7・1・2（b）項参照〕24.4140 m

（c） **距離および面積**　　距離および面積は水平面上の値で表示する．

（d） **点の位置**　　点の位置は，**地理学的経緯度**(geographical longitude and latitude) および平均海面からの高さで表示する．ただし，場合により直角座標または極座標で表示することができる．

直角座標系としては，建設省告示第 952 号（昭 47.5.15）により改正された表1・1の平面直角座標系を基本測量および公共測量の基準とするように定められている（**図 1・8**）〔（2）巻 2・1・2 項参照〕．

1. 総　説

表 1·1　日本平面直角座標系

座標系番号 地域		原点の経緯度 経　度	緯　度	適　用　区　域
九州西	I	129°30′0″,000	33°0′0″,000	長崎県および北方北緯32°南方北緯27°西方東経128°18′東方東経130°を境界線とする区域内（奄美群島は東経130°13′までを含む）にある鹿児島県所属のすべての島・小島・環礁および岩礁を含む．
九州東	II	131°0′0″,000	33°0′0″,000	福岡県・佐賀県・熊本県・大分県・宮崎県および第I系の区域内を除く鹿児島県
中国西	III	132°10′0″,000	36°0′0″,000	島根県・広島県・山口県
四国	IV	133°30′0″,000	33°0′0″,000	徳島県・香川県・愛媛県・高知県
中国東	V	134°20′0″,000	36°0′0″,000	兵庫県・鳥取県・岡山県
近畿	VI	136°0′0″,000	36°0′0″,000	福井県・三重県・滋賀県・京都府・大阪府・奈良県・和歌山県
中部西	VII	137°10′0″,000	36°0′0″,000	富山県・石川県・岐阜県・愛知県
中部東	VIII	138°30′0″,000	36°0′0″,000	新潟県・山梨県・長野県・静岡県
関東	IX	139°50′0″,000	36°0′0″,000	東京都（XIV系，XVIII系およびXIX系に規定する区域を除く）・福島県・栃木県・茨城県・埼玉県・千葉県・群馬県・神奈川県
東北	X	140°50′0″,000	40°0′0″,000	青森県・岩手県・宮城県・秋田県・山形県
北海道西	XI	140°15′0″,000	44°0′0″,000	小樽市・函館市・胆振支庁管内のうち有珠郡および虻田郡・桧山支庁管内・後志支庁管内・渡島支庁管内
北海道中	XII	142°15′0″,000	44°0′0″,000	札幌市・旭川市・稚内市・留萠市・美唄市・夕張市・岩見沢市・苫小牧市・室蘭市・士別市・名寄市・芦別市・赤平市・三笠市・滝川市・砂川市・江別市・千歳市・歌志内市・深川市・紋別市・富良野市・石狩支庁管内・網走支庁管内のうち紋別郡・上川支庁管内・宗谷支庁管内・日高支庁管内・胆振支庁管内（有珠郡および虻田郡を除く）・空知支庁管内・留萠支庁管内
北海道東	XIII	144°15′0″,000	44°0′0″,000	北見市・帯広市・釧路市・網走市・根室市・根室支庁管内・釧路支庁管内・網走支庁管内（紋別郡を除く）・十勝支庁管内
小笠原	XIV	142°0′0″,0000	26°0′0″,0000	東京都のうち北緯28°から南であり，かつ東経140°30′から東であり東経143°から西である区域
沖縄	XV	127°30′0″,0000	26°0′0″,0000	沖縄県のうち東経126°から東であり，かつ東経130°から西である区域
	XVI	124°0′0″,0000	26°0′0″,0000	沖縄県のうち東経126°から西である区域
	XVII	131°0′0″,0000	26°0′0″,0000	沖縄県のうち東経130°から東である区域
東京	XVIII	136°0′0″,0000	20°0′0″,0000	東京都のうち北緯28°から南であり，かつ東経140°30′から西である区域
	XIX	154°0′0″,0000	26°0′0″,0000	東京都のうち北緯28°から南であり，かつ東経143°から東である区域

1·3 測量の基準　　　　　　　　　　13

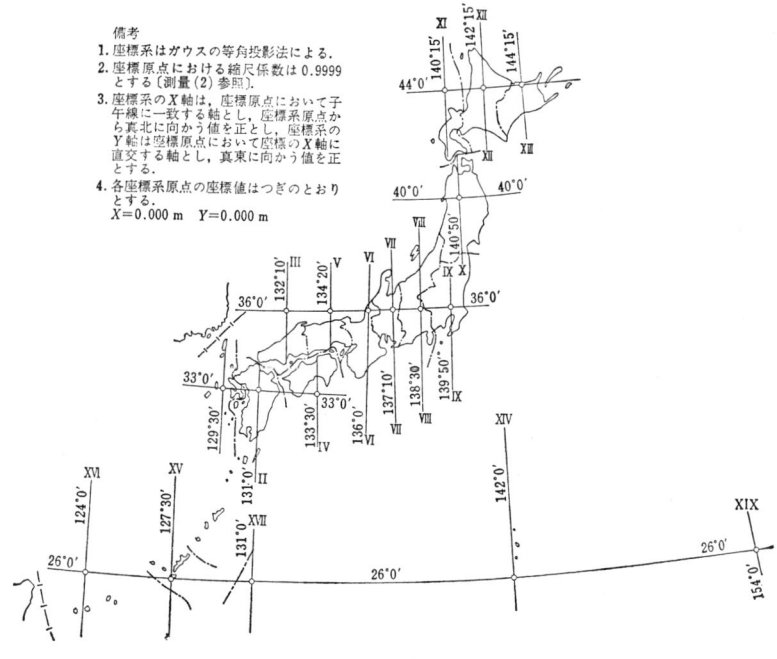

図 1·8　日本平面直角座標系

（e）**日本測地系と世界測地系**　わが国では，明治時代に近代国家として不可欠な全国の正確な5万分の1地形図を作る目的で，ベッセルだ円体と測値基準点成果が使用されてきた．この測値基準系を「日本測地系」と呼んでいる．これを基準に設置された基準点の経度・緯度は，日本経緯度原点を絶対的な位置の基準として構築された．

近年，宇宙技術の発達やVLBIにより地球規模の観測が可能になり，日本測地系は必ずしも地球全体として見ると共通した測地基準系であると言えなくなってしまった．

一方，地球全体によく適合した測地基準系として，人工衛星観測やVLBI

観測を用いた科学的観測により明らかとなったその位置の経度・緯度は，高い精度で求められるようになった．このようにして決定された測地基準系を「世界測地系」と呼んでいる．

1・4 測量関係の法規，測量士・士補試験

1・4・1 測　量　法

測量関係の法規のうち，基本的なものは**測量法**（Survey Law）（昭和24年）であり，国もしくは公共団体の行う測量の重複を省き，地図の正確さを確保するとともに，各種測量の調整および測量制度の改善発達を図ることを目的としたものである．そして，その細部は測量法施行令・同施行規則などによって規定されている．

1・4・2　そのほかの関係法規

そのほか測量に関係ある法規としては，国土総合開発法・国土調査法・土地家屋調査士法・都市計画法・土地区画整理法などがある．

具体的な作業規定としては，国土地理院の各種の実行法，建設省の公共測量作業規程，地籍調査作業規程準則，国有林野測定規程，およびJR建設規程などがある．

測量器械の規定としては，度器などを定める計量法，計量器検定令，JIS（**日本工業規格**，Japanese Industrial Standards）などがある．

1・4・3　測量士・士補の国家試験

測量法で，技術者として基本測量または公共測量に従事するものは，測量士（resistered surveyor）または測量士補（assistant resistered surveyor）でなければならないことが定められている．測量士・士補は，学歴や実務経歴によっても資格を得られるが，国家試験は年齢・性別・学歴および実務経歴に関係なく受験ができ，それぞれの試験に合格すれば，測量士または士補の資格が与えられる．受験参考書も各種のものが出版されている．本書にも，国家試験の問題を多く採用して受験するものの便を図った．

2. 測量の計算と誤差の取り扱い方

外業で得られた資料から所要の数値を求める計算は，測量では一般にその手順が様式化されている．この計算を間違いなく速く行うことは，測量技術者の肝要な条件であるから，経験と修練を重ねる必要がある．

また，測量の測定には誤差が必ず生じるから，誤差の性質を十分理解して，所要の精度の測定法や計算法を選定して，能率のよい作業をすることが必要である．

本章では，測量の計算に必要な基礎的事項と誤差に関する基本的事項について説明する．詳細な誤差の理論は，(2)巻で述べる．

2・1 測量計算のための基礎的事項

2・1・1 有 効 数 字

ある長さを，cm 単位の布巻尺を使用して，mm 単位は四捨五入し，cm 単位まで読み取ったところ，48.36 m となった．使用した巻尺は 30 m のもので，巻尺の使用1回当たり ±5 mm の誤差があるとすると，2回使用のため ±0.01 m の誤差が起こり得る．したがって，48.36 m の小数2位の6には誤差が入ってくる．この場合，mm 単位まで推読し，48.36̇2 m と測定しても誤差は ±0.01 m であるので，小数3位の2の数字はまったく意味がない．しかし，6は誤差が含まれている数字を表している点で物理的に意味がある．このように，物理的に意味のある数字を並べて書いたとき，その数字を**有効数字** (effective digit, significant figure) という．

一般に，n けたの有効数字の第1位の数字の右に小数点があれば，小数 ($n-1$) 位の数字にある程度の誤差が入ってくるのが n けたの有効数字である．この例の場合は，4.836×10 m であるので，4けたの有効数字となる．

また，同様に，mm 単位のスチール巻尺で測定したら 48.367 m となり，誤差は ±0.001 m とすると，この測定値の有効数字は5位である．

このように，測定値は使用する器具，器械や測定方法によってけた数の多いものが得られる．このけた数は，その数値の「精密さ」あるいは「信頼度」を示すもので，有効数字の**けた数**または**位数**という．48.36 m は 4836 cm，または 0.04836 km と表しても有効数字は4位である．また，48.3 m という測定値があるとき，これを 4830 cm と書くのは，前者は有効数字のけた数が3位で，後者は4位となるので誤りとなる．正しくは 4.83×10^3 cm と書かなければならない．

2·1·2 数値の丸め方

数値の丸め方 (rules for rounding of numerical values) は，測定または計算によって得られた数値を有効数字 n けたに丸めることで，つぎの3方法がある．

（a） **切り捨て・切り上げ**　有効数字 $(n+1)$ けた目の端数(は)を切り上げまたは切り捨てる．たとえば，地籍調査作業規程準則の地積の表示では，つぎのように定められている．

ⅰ） 宅地および鉱泉地の地積は，平方メートルを単位とし，1平方メートルの 1/100 未満の端数は切り捨てる．

ⅱ） 宅地および鉱泉地以外の地積は，平方メートルを単位とし，1平方メートル未満の端数は，切り捨てる．ただし，1筆地[1]の地積が 10 平方メートル未満のものについては，1平方メートルの 1/100 未満の端数は，切り捨てる．

（b） **四捨五入**　この方法は一般に広く用いられている方法である．5を切り上げるので，数多くの計算をすると，切り上げられた数が多くなり精確さが下がるので，基本測量などの測量では，つぎの五捨五入法が採用されている．

（c） **五捨五入**　JIS Z 8401 で規定されている方法である[2]．

ⅰ） $(n+1)$ けた目以下の数値が，n けた目の1単位の 1/2 未満の場合は切り捨てる（例：1.234→1.23, 72.5499→72.5）．

ⅱ） $(n+1)$ けた目以下の数値が，n けた目の1単位の 1/2 をこえる場合

---

1) 土地台帳に登記する単位の土地をいう．
2) 数値を丸めるには，1段階で行わなければならない．
　 例：76.148→76.15→76.2 のように丸めてはいけない．

2·1 測量計算のための基礎的事項　　　　　17

は切り上げる（例：4.876→4.88, 3 765 001→3.77×10⁶）．

　iii) $(n+1)$ けた目以下の数値が，n けた目の1単位の 1/2 であることがわかっているか，$(n+1)$ けた目以下の数値が切り捨てたものか，切り上げたものかわからない場合には，つぎのように丸める[1]．

　① n けた目の数値が 0, 2, 4, 6, 8 ならば切り捨てる．
　② n けた目の数値が 1, 3, 5, 7, 9 ならば切り上げる．

　iv) $(n+1)$ けた目以下が，切り捨てたものか切り上げたものであることがわかっている場合には，上記の i) または ii) の方法によらなければならない．

例題-2·1　つぎの数値の有効数字4けた目が正しく5であることがわかっているとき，これらを有効数字3けたに丸めよ．
　1) 2.345　　2) 0.460 5　　3) 17.55　　4) 8.915
解答　1) 2.34,　　2) 0.460,　　3) 17.6,　　4) 8.92

例題-2·2　つぎの数値の有効数字4けた目以下が，切り捨てたものか，切り上げたものかわからないとき，これらを有効数字3けたに丸めよ．
　1) 3.165　　2) 0.298 50　　3) 57.95　　4) 64.150
解答　1) 3.16,　　2) 0.298,　　3) 58.0,　　4) 64.2

例題-2·3　つぎの3けたの数値が（　）内の数値を丸めたことがわかっているとき，これらを2けたに丸めよ．
　1. 7.45 (7.446)　　2. 1.35 (1.352)　　3. 0.695 (0.694 8)
解答　1. 7.4　　2. 1.4　　3. 0.69

2·1·3　有効数字の四則計算に対する影響

前項で説明したように，数値はすべて最終けたのつぎのけたを，何らかの方法で丸めた結果である．たとえば 1 000～9 999 の4けたの数字は，末位で最大 ±1 の誤差，すなわち，1/1 000～約 1/10 000 の誤差がある．このことを考えて，以下説明するように四則計算を行わなければならない．

（a）加減算　つぎのような計算では，75.8 m が小数点以下1けた

---
[1] 上記の iii) の ①,② の場合，末尾はいずれの場合も偶数となる．

までしか測定されていないから，この計算の答を 147.65 m と書いても，小数第 2 位は意味がないから，147.6 m とすべきである．すなわち，加減算では計算結果の精度は，各測定値のなかで最終のけた位の最も大きい数によって決まる（この例では 75.8）．したがって，各測定値はすべて最終のけたの位を同じにするように測定するのがよい（40.29 m＋75.8 m＋31.56 m＝147.65 m）．

（b）乗　除　算　　乗除算の場合は，その結果の精度は測定値のなかの最も精度の小さい値によって決まるので，結果の有効数字のけた数は各測定値のなかの有効数字の最も小さい測定値のけた数と同じになる．したがって，加減算の場合と違って，各測定値はすべて有効数字が同じになるように測定するのがよい．たとえば，細長い面積を測定する場合，幅 $a=2.13$ m，長さ $b=15.32$ m と cm 単位まで測定したとすると，面積 $A=2.13×15.32=32.6316$ m² となるが，これは 32.6 m² と有効数字 3 位と書くのが正しい．この場合 $a=2.134$ m と測定すると $A=32.69$ m² と 4 位となる．

2·1·4　ラジアンによる計算

測定では，通常，角度を度，分および秒で表すが，計算によっては**ラジアン**（radian）で表したほうが便利なことがある．図 2·1 に示すように，ある角 θ のラジアンとは，θ を中心角とする円弧の長さ $\widehat{AB}$ を，その半径 r で除した値をいう．このことから，1 ラジアンとは，$\widehat{AB}=r$ となるような ∠BOA をいい，このような角の表し方を**弧度法**という．したがって，円の中心角をラジアンで表したとき，半径と中心角の積が，この中心角に含まれる円周となることがわかる．すなわち，$r·\theta=\widehat{AB}$ となる．また，

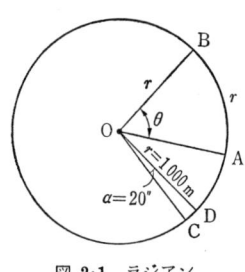

図 2·1　ラジアン

全円周は $2\pi r$ であるから，全円周に対する中心角は

$$\frac{2\pi r}{r}=2\pi \text{ ラジアン}$$

である．すなわち

$$360°=2\pi \text{ ラジアン}, \quad 180°=\pi \text{ ラジアン}$$

したがって

$$1\text{ラジアン} = \frac{180°}{\pi}$$

となる．1ラジアンを度単位で表したものを $\rho°$（ロー度）といい，分および秒単位で表したものを，それぞれ，ρ', ρ'' という．

すなわち

$\rho° = 180°/\pi = 57°295\ 780$　　　$\rho' = 180° \times 60'/\pi = 3\ 437'75$

$\rho'' = 180° \times 60' \times 60''/\pi = 206\ 265''$[1] $\fallingdotseq 2'' \times 10^5$

これらの値は，度，分，秒で表されている角度をラジアンに換算するときに使用するもので，特に ρ'' については簡単にするため $\rho'' = 2 \times 10^5$ が用いられることが多い．

例題-2・4 角を測定するとき，20秒の誤差があると 1 000 m 先で何 cm ほどの位置がずれるか（図 2・1）．

解答 OC が 1 000 m とすると，それに比べて CD はひじょうに小さいから $\stackrel{\frown}{CD} \fallingdotseq \overline{CD}$ とみてよい．ゆえに，$\overline{CD} = OC \times$ 中心角（ラジアン）となる．

$$\overline{CD} = 1\ 000 \times 10^2 \times \frac{20''}{2 \times 10^5} = 10\ \text{cm}$$

2・1・5 測量計算に関する注意

測量では，測定されたデータを使用して，所要の計算をする手順は一般に様式化されていて，複雑なものではないが，これを迅速にかつ正確に行う必要がある．

以下に，測量計算に関する注意事項を列挙する．

ⅰ) 所要の精度を考えて計算方法を選定する．

ⅱ) 最近は，電子計算機が比較的容易に利用できるようになったから，対数計算をしないで真数計算をすることも考える．

---

[1] 半径 1 000 m の円の中心角 1″ に対する弧の長さは約 4.8 mm である．
関数表に角度をラジアンに換算した表が入れてあるものもある．
欧州では 360° を 400 等分した角を 1 グラード (grade) と称して，1 g で表し，その 1/100 を 1 c または 1 cg（センチグラード），さらにその 1/100 を 1 cc（センチ・センチグラード）と呼ぶ十進法による角度表示が使われるようになった．すなわち，1 直角は 100 g で表され，$\rho\ \text{cg} = 400\ \text{g} \times 100\ \text{cg}/(2\pi) = 6\ 366\ \text{cg}$ である（昭 42 士補の試験にも cg で角度を表した問題が出ている）．

iii） 点検のできる計算方法を採用する．

iv） 別の方法で計算して点検をする．

v） 図を描いて概算してみる（たとえば，面積やトラバース計算など）．

vi） 各種の数表を活用する．

vii） コンピュータの活用も考える（特に大量の計算がある場合）．

viii） 同じ計算を繰り返して行う場合は，これをあらかじめ表やグラフにしておく．

ix） 暗算でできるような簡単な計算に案外間違いが多いから，特に注意を要する．

x） 数表などの読み違いをしない（たとえば，sin と cos の読み違いや，93 354 を 93 345 と読み違える）．

xi） 明瞭な数字を書き，読み誤りを防ぐ（たとえば 0 と 6，1 と 7）．

xii） 数字を訂正する場合は，消しゴムで消さず，2本線を引いて訂正しておくほうが，あとで点検するとき便利である．

2·2 誤差の取り扱い方

2·2·1 誤差の種類

ある未知の量を知ろうとして，熟練した人が精密な器械で，最大の努力をしても何回か測定をすると，その測定値は完全に一致するものではない．したがって，どれが真の値であるかを知ることはできない．**測定値**(observed value) と**真の値**（真値，true value）との差を**誤差**という．これらの誤差をその性質から分けると，過誤，定誤差および不定誤差の3種に大別できる．

（**a**） **過　　誤**　　測定する者の不注意や未熟によって起きる誤りである．たとえば，器械の取り扱い方の間違い，測定目標の取り違い，目盛の読み違い，および記帳の間違いなどをいう．**過誤**(mistake)による誤差は，理論的に発見したり補正したりすることができないので，測定者は十分注意して過誤の生じないようにしなければならない．過誤は過失または**錯誤**とも呼ばれる．

（**b**） **定　誤　差**　　一定の条件のもとでは，符号も大きさも一定な誤差を

いい，**系統（的）誤差**（systematic error）とも呼ばれる．また，この誤差は測定を重ねると累積するので，**累差**または**累積誤差**（cumulative error）とも称される．**定誤差**（constant error）には，つぎのようなものがある．

（1）**個人誤差**　測定者の癖で，目盛の中間を読むときに，つねに大きく読んだり，小さく読んだりする場合などに生じる誤差で，癖が一定であれば**補正**（correction）ができる．巻尺の前端と後端の読み手を，往路と復路で交代して距離を測定するのは，この**個人誤差**（personal error）を消去するためである[1]．

（2）**器械誤差**　たとえば，基準と比較して長い鋼巻尺を用いて距離を測定すると，測定値は短くなる．また，温度が基準温度より高いときも同様に短くなる．これらは，正しい尺との間で長さを検定しておいたり，また鋼巻尺の膨張係数と温度がわかれば補正計算を行って正しい測定長を知ることができる．また，視準軸や水平軸の調整不完全なトランシットで測角する場合にも誤差が入ってくるが，望遠鏡の正・反による観測をし，その平均値をとれば，この誤差は消去できる．このように，理論的に補正もでき，測定の方法によっても消去できる測定器械による誤差を**器械誤差**（instrumental error）という．

（3）**自然誤差**　温度や光の屈折などの物理的条件によって生じる誤差を**自然誤差**（natural error）といい，条件がわかれば補正できる．これを**物理的誤差**（physical error）ともいう．

（c）**不定誤差**　上記（a）および（b）の誤差は，測定を注意深く行い，かつ測定条件がわかれば補正または消去できるが，測定値にはそれでもなお，原因不明の誤差が生じる．これを**不定誤差**（accidental error）という．これは測定時の条件が一時的に不測の変化をするとか，測定器械や対象物が偶然に微小の震動をするなどの原因によるものと考えられるので，**偶然誤差**（accidental error）または**偶差**ともいう．不定誤差は，測定を繰り返すと，＋と－の異符号のものがだいたい同数起きて消し合う性質があるので，**消合い誤差**（compensating error）とも，**償差**とも呼ばれる．以下，本書では特別

---

[1] 測定者の癖を考慮しない場合の読取り誤差は，（c）の不定誤差である．

の場合を除いて，誤差といえば不定誤差のことを指すことにする．

2·2·2 誤差の3公理と確率曲線

前節で述べたように，不定誤差の生じる原因は不明であるが，測定の回数がきわめて多いときには，つぎのような法則に従って起きる．

i) 同じ大きさの正負の誤差は同じ回数生じる．

ii) 小さい誤差は，大きい誤差より起きる回数が多い．

iii) ひじょうに大きい誤差はほとんど起きない．

これが**誤差の3公理** (three axioms of error) といわれるものである．

いま，測定値を l, X をその真値とすれば，誤差 Δ は $l-X$ で表される．ひじょうに多数の測定を行ったとき，誤差 Δ の生じる確率（誤差 Δ の起きた回数の測定総回数に対する割合）を y として，誤差の3公理に基づいて計算すると，y は式 (2·1) で示される．

$$y=\phi(\Delta)=\frac{h}{\sqrt{\pi}}e^{-h^2\Delta^2} \qquad (2\cdot1)$$

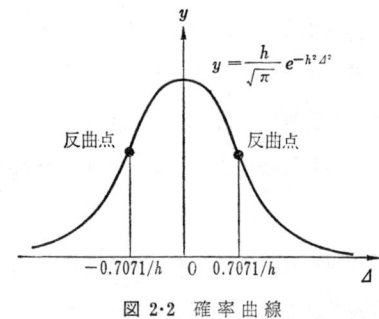

図 2·2 確率曲線

ここに，π は円周率，e は自然対数の底，h はその測定によって定まる定数とする．$\phi(\Delta)$ をガウスの確率関数といい，これを図示すると**図 2·2** のようになる．この曲線は**確率曲線**(probability curve) または**誤差曲線** (error curve) といわれ，$\Delta=0$ で $y=h/\sqrt{\pi}$ $=0.5642h$ となる．また，誤差曲線 $y=\phi(\Delta)$ と x 軸とで囲まれた面積，すなわち誤差 Δ が $-\infty$ から $+\infty$ の間にある確率は，定義から1でなければならないから，式で示すと $\int_{-\infty}^{+\infty}\phi(\Delta)d\Delta=1$ となる．

2·2·3 測定の精度の表示法

確率関数は h が変化すると，**図 2·3** のように変化する．すなわち，h が大きくなると，中央の山が高くとがってくる．いいかえると，小さな誤差が起きる確率が大きくなる．ある測定の結果を確率関数で表したとき，h が大きいほ

ど，測定値のばらつきが小さいことを示すことになり，測定値の信頼度が高いことを示す1つの目安となるので，h を測定の精度 (precision, accuracy) または精度指数 (index of precision) と呼ぶ．しかし，この h は実用には不便なので，実際には h と密接な関係にある他の数値量で測定精度を比較することになる．このような目的で用いられる誤差は，つぎのようなものがある．

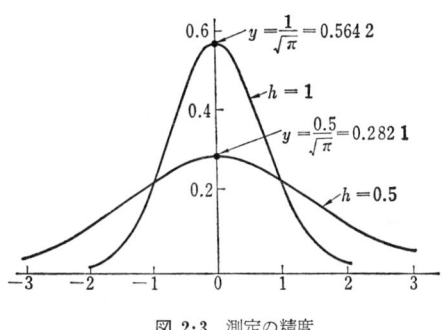

図 2·3 測定の精度

(a) 確率誤差 ある誤差 r を境として，その誤差より大きい誤差の起きる確率と，小さい誤差の起きる確率とが等しい誤差 r を**確率誤差**または**推差** (probable error) といい，p.e. と略記することがある．

これを図 2·4 で説明すれば，確率誤差 $\pm r$ で囲まれた曲線の面積は 1/2 で，これを積分の式で表せば，つぎのようになる．

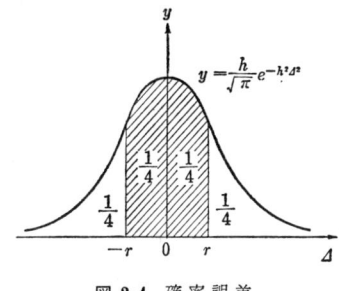

図 2·4 確率誤差

$$\text{斜線部分の面積} = \int_{-r}^{r} y d\varDelta = \frac{h}{\sqrt{\pi}} \int_{-r}^{r} e^{-h^2 \varDelta^2} d\varDelta = \frac{2h}{\sqrt{\pi}} \int_{0}^{r} e^{-h^2 \varDelta^2} d\varDelta = \frac{1}{2}$$

以上の式から積分計算をすると，確率誤差 r と精度 h とには，つぎの関係がある．

$$hr = 0.4769, \quad r = 0.4769/h$$

この式を用いると，確率誤差で測定精度を比較することができ，その関係は r が小さくなればなるほど，それに伴って h が大きくなることがわかる．

(b) 標準偏差（平均二乗誤差） 1個の未知量（真値）X を n 回測って得た値を $l_1, l_2, \cdots, l_n$ とし，それらの偏差（測定値と真値との差）を $\varDelta_1$,

$\Delta_2, \cdots, \Delta_n$ とおけば，1観測すなわち $l_i (i=1, 2, \cdots, n)$ の持つ偏差 Δ_i は $l_i - X$ となり，偏差 Δ_i の2乗の和 $\left(\sum_{i=1}^{n} \Delta_i^2\right)$ を測定回数 n で割ったものを分散（または平方偏差）といい，s^2 または σ^2 で表す．

$$s^2 = \frac{1}{n}\sum_{i=1}^{n}(l_i-X)^2 = \frac{1}{n}\sum_{i=1}^{n}\Delta_i^2$$

分散は偏差の2乗を平均しているので，これの正の平方根をとったものを考え，これを**標準偏差**（standard deviation）という．標準偏差 m[1] は次式となる．

$$m = \sqrt{\frac{1}{n}\sum_{i=1}^{n}(l_i-X)^2} = \sqrt{\frac{\Delta_1^2+\Delta_2^2+\cdots+\Delta_n^2}{n}} = \sqrt{\frac{[\Delta\Delta]}{n}}^{[2]} \quad (2\cdot 2)$$

標準偏差 m は，図 $2\cdot 2$ に示す誤差曲線の反曲点となり，m と h との関係は $m = 1/\sqrt{2}h = 0.707\,1/h$ となる．

（c）平均誤差 一連の測定誤差 $\Delta_1, \Delta_2, \cdots, \Delta_n$ の絶対値の平均を**平均誤差**（average error）という．$[|\Delta|]$ を Δ_i の絶対値の総和とするとき，平均誤差 η は次式で表される．

$$\eta = \frac{[|\Delta|]}{n}$$

η と h の関係は誤差曲線から，$\eta = 1/\sqrt{\pi}h = 0.564\,2/h$ となる．

以上のように，測定値の精度を示す上記の3種類の誤差を**特殊誤差**（particular error）と称し，相互の関係を整理するとつぎのようになる．

$$\frac{1}{h} = \frac{r}{0.476\,9} = \frac{m}{0.707\,1} = \frac{\eta}{0.564\,2} \quad (2\cdot 3)$$

これらの関係は真誤差 Δ と精度 h との相互関係であり，Δ の個数が無限大というほどひじょうに多いと仮定して求めたもので，測定群中の各1回の測定に対する精度である．

以上の精度の示し方は一般的なもので，測量では距離測量，角測量などの個

---

[1] 誤差の2乗の和を平均するという意味から，平均二乗誤差あるいは**中等誤差**〔mean (square) error, m.e.〕といわれる．測量学では中等誤差がよく用いられてきたが，最近は標準偏差が用いられ，記号は s または σ（σ は s のギリシャ文字）である．しかし平均二乗誤差，中等誤差の m または M が従来からよく用いられているので，本書も m と M を用いることにする．

[2] 有限個の測定値からは真値 X は求められないので，$[\Delta\Delta]$ も求められない．したがって，実際は，後述の残差を用いた式 $(2\cdot 25)$ から求めることになる．

々の測量で特別の表し方をする場合もある．たとえば，距離測量では測定値の平均値と標準偏差または確率誤差との比や，往復2回の測定値の平均値と2回の測定値の差との比で精度を示す．

2·2·4 最小二乗法の原理

測定値には各種の誤差が介入し，そのうち定誤差は補正または消去することができるが，不定誤差は取り除くことはできないので，われわれは正しい測定値（真値）を求めることは不可能である．

数多くの測定を繰り返して，その測定値から，理論的に最も確からしい値〔真値に近い値で，**最確値** (most probable value) という〕を求める方法が**最小二乗法** (method of least squares) である．

いま，ある量を同じ精度 h で測定した値を $l_1, l_2, \cdots, l_i, \cdots, l_n$ とし，その真値を X とする．この場合，誤差 $\varDelta_i$ は $l_i - X$ で表され，それぞれ $\varDelta_1 = l_1 - X$, $\varDelta_2 = l_2 - X, \cdots, \varDelta_n = l_n - X$ で表される．これらの誤差の生じる確率 $y_1, y_2, \cdots, y_n$ は

$$y_1 = \frac{h}{\sqrt{\pi}} e^{-h^2 \cdot \varDelta_1^2}, \quad y_2 = \frac{h}{\sqrt{\pi}} e^{-h^2 \cdot \varDelta_2^2}, \quad \cdots, \quad y_n = \frac{h}{\sqrt{\pi}} e^{-h^2 \cdot \varDelta_n^2}$$

である．おのおのは独立事象であるから，これらの事象が同時に起こる確率 P はこれらの積となる．

$$P = y_1 \cdot y_2 \cdot \cdots \cdot y_n = \left(\frac{h}{\sqrt{\pi}}\right)^n e^{-h^2(\varDelta_1^2 + \varDelta_2^2 + \cdots \varDelta_n^2)}$$

測定値が真の値より大きくか，小さくか，遠ざかれば遠ざかるほど，誤差の絶対値は大きくなり，$y_1, y_2, \cdots, y_n$ は小さくなる．したがって，上式の P の値は小さくなる．測定は誤差を最小にしようとするのであるから，P が最大になればよい．最確値はこの場合に相当する値となり，P の最大は $\varDelta_1^2 + \varDelta_2^2 + \cdots + \varDelta_n^2$ を最小とするときとなる．いいかえると，誤差の2乗の総和を S とすると，この S を最小にするような値が最確値である．最小二乗法といわれるのはこのためである．しかし，この場合，真値 X が不明であるから，$\varDelta_i = l_i - X$ から誤差 $\varDelta_i$ は求められない．そこで，最確値 x を仮定すれば，$\delta_i = $

l_i-x の値は求められる。この δ を誤差 $\varDelta$[1] と区別して**残差** (residual) という。

ここで，誤差 $\varDelta$ と同じ性質の，この残差 δ を用いて

$$S=\delta_1{}^2+\delta_2{}^2+\cdots+\delta_n{}^2=[\delta\delta]=最小 \tag{2・4}$$

の条件のもとに最確値 x を求めればよいことになる。これを式で表すと次式となる。

$$\frac{\partial S}{\partial x}=\frac{\partial(\delta_1{}^2+\delta_2{}^2+\cdots+\delta_n{}^2)}{\partial x}=\frac{\partial[\delta\delta]}{\partial x}=0 \text{[2]} \tag{2・5}$$

以上の理論は，測定精度が異なる場合でも応用でき，たとえば，それぞれの測定値の精度指数が $h_1, h_2, \cdots, h_n$ である場合には

$$S=h_1{}^2\delta_1{}^2+h_2{}^2\delta_2{}^2+\cdots+h_n{}^2\delta_n{}^2=最小 \tag{2・6}$$

の条件から最確値を求めればよい。

2・2・5 等精度直接観測の最確値

長さ・角度・重さなどの量を直接に一定の条件（方法・使用器械・気候条件など）で測定することを**等精度直接観測**[3] (direct observations of equal weight) という。一連の等精度直接観測により，ある量の測定値を得たとき，その量の最確値はそれらの測定値の算術平均であることが，最小二乗法により証明される。すなわち，測定回数を n，測定値を $l_1, l_2, \cdots, l_n$，最確値を x，残差を $\delta_1, \delta_2, \cdots, \delta_n$ とすると，式 (2・4) から

$$S=(l_1-x)^2+(l_2-x)^2+\cdots+(l_n-x)^2=最小$$

$$\frac{\partial S}{\partial x}=2(x-l_1)+2(x-l_2)+\cdots+2(x-l_n)=0$$

$$nx-(l_1+l_2+\cdots+l_n)=0$$

$$x=\frac{1}{n}(l_1+l_2+\cdots+l_n)=\frac{[l]}{n} \tag{2・7}$$

---

1) 誤差 $\varDelta$ を残差と区別して特に**真誤差** (true error) という。
2) $[\delta\delta]$ は誤差論で使用される表示法で，$[\delta\delta]=\delta_1{}^2+\delta_2{}^2+\delta_3{}^2+\cdots+\delta_n{}^2$ を示している。また $[\delta\delta]$ は残差平方和という。
3) 観測と測定をしいて区別すると，つぎのようである。観測とは自然現象をそのままの状態で測ることをいい，実験室で，人為的に装置によって測ることを測定という。本書では"測定"を統一して使用するが，"観測"が慣用されているような場合は，それに従った。

この x が算術平均(相加平均)であり,この測定値の最確値である.

2・2・6 測定の重さ

測定値の信頼度を数値で表したものを**重さ**(重量,weight)という.同じ条件で2回または3回の測定をして平均値を得た場合,2回の平均値と3回の平均値との重さの比は 2:3 であるとする.重さを定めるには測定回数のほか,測定値の特殊誤差,水準測量における測定距離などが使用される.

これらの要素との間には,つぎのような関係がある.

i) 重さ p は観測回数 n に比例する.
$$p_1:p_2:p_3\cdots=n_1:n_2:n_3\cdots \tag{2・8}$$

ii) 重さは標準偏差 m の2乗に反比例する.
$$p_1:p_2:p_3\cdots=1/m_1{}^2:1/m_2{}^2:1/m_3{}^2\cdots \tag{2・9}$$

iii) 重さは路線長 s に反比例する.
$$p_1:p_2:p_3\cdots=1/s_1:1/s_2:1/s_3\cdots \tag{2・10}$$

2・2・7 異精度直接観測の最確値

測定値を $l_1,l_2,\cdots,l_i,\cdots,l_n$,各測定値の重さを $p_1,p_2,\cdots,p_i,\cdots,p_n$ とすれば,最確値 x は**重量平均**または**加重平均**(weighted mean)である.

式 (2・6) と,$p_1:p_2:\cdots:p_n=h_1{}^2:h_2{}^2:\cdots:h_n{}^2$〔式 (2・3), (2・9)〕から
$$S=p_1(l_1-x)^2+p_2(l_2-x)^2+\cdots+p_n(l_n-x)^2$$
この S を最小にするような x が最確値であるから
$$\frac{\partial S}{\partial x}=2p_1(x-l_1)+2p_2(x-l_2)+\cdots+2p_n(x-l_n)=0$$
$$x(p_1+p_2+\cdots+p_n)=p_1l_1+p_2l_2+\cdots+p_nl_n$$
$$x=\frac{p_1l_1+p_2l_2+\cdots+p_nl_n}{p_1+p_2+\cdots+p_n}=\frac{[pl]}{[p]} \tag{2・11}$$

このような重さの異なった測定を**異精度観測**(observations of different weight)という.

2・2・8 誤差伝播(拡張)の法則

測定値を用いて,これらと関数関係にあるほかの量を計算した場合,測定値に誤差があれば,計算した量にもその誤差が影響してくる.このような状態・

現象を**誤差伝播**または**誤差の拡張**といい，これを数学的手法で示したものを**誤差伝播の法則** (law of propagation off error) という．

いま，2つの独立変数 x, y の関数 $z=f(x,y)$ において，たとえば，図 **2·5** に示すように長方形の面積を z とし，幅 x と長さ y を測定し，$z=xy$ から z を求める場合に

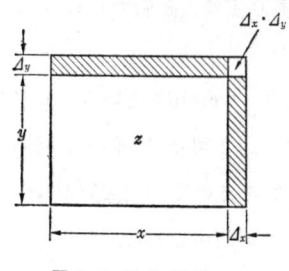

図 2·5 誤差伝播

ついて考えてみよう．

まず，1回の測定値 x, y の誤差（増分）Δ_x, Δ_y によって，z の誤差（増分）Δ_z は近似的に z の全微分 dz となり，次式で示される．

$$\Delta_z \fallingdotseq dz^{1)} = \frac{\partial f}{\partial x}\Delta_x + \frac{\partial f}{\partial y}\Delta_y \qquad (2\cdot12)^{2)}$$

z を求める場合は，1回の測定から求めるのではなく，一般に n 回測定して求めることになる．したがって，幅は $x_1, x_2, \cdots, x_n$，長さは $y_1, y_2, \cdots, y_n$ となり，式 (2·12) は n 個成立する．

$$\Delta_{z_1} = \frac{\partial f}{\partial x}\Delta_{x_1} + \frac{\partial f}{\partial y}\Delta_{y_1}$$

$$\Delta_{z_2} = \frac{\partial f}{\partial x}\Delta_{x_2} + \frac{\partial f}{\partial y}\Delta_{y_2}$$

$$\vdots$$

$$\Delta_{z_n} = \frac{\partial f}{\partial x}\Delta_{x_n} + \frac{\partial f}{\partial y}\Delta_{y_n}$$

ここで，両辺を 2 乗して，辺々相加えると

$$[\Delta_z \Delta_z] = \left(\frac{\partial f}{\partial x}\right)^2 [\Delta_x \Delta_x] + \left(\frac{\partial f}{\partial y}\right)^2 [\Delta_y \Delta_y] + 2\left(\frac{\partial f}{\partial x}\right)\left(\frac{\partial f}{\partial y}\right)[\Delta_x \Delta_y]$$

---

1) 図 2·5 の場合，$z=xy$，$\frac{\partial z}{\partial x}=y$，$\frac{\partial z}{\partial y}=x$ ∴ $dz=y\Delta_x + x\Delta_y$

$\Delta z = f(x+\Delta_x, y+\Delta_y) - f(x,y) = (x+\Delta_x)(y+\Delta_y) - xy$
$= y\Delta_x + x\Delta_y + \Delta_x\Delta_y$

Δ_x, Δ_y は十分小さいので $\Delta_x\Delta_y \fallingdotseq 0$ とすると，全微分 $dz \fallingdotseq$ 増分 Δ_z となる．

2) 独立変数については，増分を微分と等しいとするから $\Delta_x = dx$，$\Delta_y = dy$ とすると，$z=f(x,y)$ の全微分 dz を求める式は次式となる．

$$dz = \frac{\partial f}{\partial x}dx + \frac{\partial f}{\partial y}dy$$

ここで，$\frac{\partial f}{\partial x}$, $\frac{\partial f}{\partial y}$ をそれぞれ x および y に関する偏微分係数という．

2·2 誤差の取り扱い方

右辺第3項は微小から近似的に0とし,両辺を n で割ると

$$\frac{[\Delta_z \Delta_z]}{n} = \left(\frac{\partial f}{\partial x}\right)^2 \frac{[\Delta_x \Delta_x]}{n} + \left(\frac{\partial f}{\partial y}\right)^2 \frac{[\Delta_y \Delta_y]}{n}$$

$[\Delta\Delta]/n$ は,式 (2·2) から標準偏差の2乗であるから,z の標準偏差を M,x,y の標準偏差をそれぞれ m_x,m_y とすると

$$[\Delta_z \Delta_z]/n = M^2,\quad [\Delta_x \Delta_x]/n = m_x{}^2,\quad [\Delta_y \Delta_y]/n = m_y{}^2$$

$$M^2 = \left(\frac{\partial f}{\partial x}\right)^2 m_x{}^2 + \left(\frac{\partial f}{\partial y}\right)^2 m_y{}^2 \tag{2·13}$$

以上のことから,1回の直接測定値に含まれる誤差が,関数関係にある計算値の結果に及ぼす誤差を求める場合は,式 (2·12) を用いるとよい.また,n 回測定値を求め,測定値の精度を示す標準偏差 m(他の特殊誤差も同じ)が明らかで,この m から間接測定値の結果の精度を示す標準偏差 M を求めるときは,式 (2·13) を用いることになる.以上のことは,2変数の関数関係についてであるので,多変数の一般式としてまとめるとつぎのようになる.

独立した多変数の測定量 $x_1, x_2, \cdots, x_n$ をそれぞれについて n 回測定し,おのおのの標準偏差が $m_1, m_2, \cdots, m_n$ とわかっているとき,これらの測定量と関数関係にある未知量 $z \, [z = f(x_1, x_2, \cdots, x_n)]$ の標準偏差 M は次式となる.これを**誤差伝播の一般式**という.

$$M = \sqrt{\left(\frac{\partial f}{\partial x_1}\right)^2 m_1{}^2 + \left(\frac{\partial f}{\partial x_2}\right)^2 m_2{}^2 + \cdots + \left(\frac{\partial f}{\partial x_n}\right)^2 m_n{}^2} \tag{2·14}$$

ここで,$\partial f/\partial x_1$ の記号は,変数は $x_1, x_2, \cdots, x_n$ とあるが,x_1 以外の変数は定数と考え,x_1 だけを変数として,x_1 について微分するという意味であり,x_1 で偏微分するという.

ここでいう誤差は不定誤差のことであり,定誤差のときは誤差の伝播を適用することはできない.つぎに簡単な z の関数の場合について示す.

 i) $z = ax$ の場合(a:定数)　測定値 x とその標準偏差 m を知って,$z = ax$ で表される関数 z の標準偏差 M は,$f = ax$ として微分すると

$$\frac{\partial f}{\partial x} = a \quad \therefore \quad M = \sqrt{\left(\frac{\partial f}{\partial x}\right)^2 m^2} = \sqrt{a^2 m^2} = am \tag{2·15}$$

ii) $z = x_1 + x_2 + x_3 + \cdots + x_n$ の場合　独立に測定した n 個の測定値 x_1, $x_2, x_3, \cdots, x_n$ の標準偏差を $m_1, m_2, m_3, \cdots, m_n$ を知って，z の標準偏差 M を求めると，$f = x_1 + x_2 + \cdots + x_n$ について偏微分すると

$$\frac{\partial f}{\partial x_1} = 1, \quad \frac{\partial f}{\partial x_2} = 1, \quad \frac{\partial f}{\partial x_3} = 1, \cdots$$

$$\therefore M = \sqrt{m_1^2 + m_2^2 + m_3^2 + \cdots + m_n^2} \tag{2・16}$$

もし，$m_1 = m_2 = \cdots = m_n = m$ のときは

$$M = \sqrt{n}\, m \tag{2・17}$$

iii) $z = a_1 x_1 + a_2 x_2 + a_3 x_3 + \cdots + a_n x_n$ の場合

$$\frac{\partial f}{\partial x_1} = a_1, \quad \frac{\partial f}{\partial x_2} = a_2, \cdots, \quad \frac{\partial f}{\partial x_n} = a_n$$

となるから

$$M = \sqrt{a_1^2 m_1^2 + a_2^2 m_2^2 + \cdots + a_n^2 m_n^2} \tag{2・18}$$

iv) $z = x_1 x_2$ の場合

$$\frac{\partial f}{\partial x_1} = x_2, \quad \frac{\partial f}{\partial x_2} = x_1$$

となるから

$$M = \sqrt{x_2^2 m_1^2 + x_1^2 m_2^2} \tag{2・19}$$

v) $z = \dfrac{x_1}{x_2}$ の場合

$$\frac{\partial f}{\partial x_1} = \frac{1}{x_2}, \quad \frac{\partial f}{\partial x_2} = -\frac{x_1}{x_2^2}$$

となるから

$$M = \sqrt{\left(\frac{1}{x_2}\right)^2 m_1^2 + \left(-\frac{x_1}{x_2^2}\right)^2 m_2^2}$$

$$= \frac{x_1}{x_2}\sqrt{\left(\frac{1}{x_1}\right)^2 m_1^2 + \left(\frac{1}{x_2}\right)^2 m_2^2} \tag{2・20}$$

例題-2・5　三角形の底辺 a と高さ h を測定してつぎの結果を得た．三角形の面積 A とその標準偏差 M を求めよ．

$a = 33.074\,\text{m} \pm 0.018\,\text{m}\,(m_a), \quad h = 14.862\,\text{m} \pm 0.012\,\text{m}\,(m_h)$

ここで，m_a, m_h は底辺 a と高さ h の測定値の標準偏差である．

解答
$$A = \frac{1}{2}ah, \quad \frac{\partial A}{\partial a} = \frac{h}{2}, \quad \frac{\partial A}{\partial h} = \frac{a}{2}$$

$$\therefore M = \sqrt{\left(\frac{\partial A}{\partial a}\right)^2 m_a{}^2 + \left(\frac{\partial A}{\partial h}\right)^2 m_h{}^2} = \sqrt{\left(\frac{h}{2}\right)^2 m_a{}^2 + \left(\frac{a}{2}\right)^2 m_h{}^2}$$

$$= \sqrt{\left(\frac{14.862}{2} \times 0.018\right)^2 + \left(\frac{33.074}{2} \times 0.012\right)^2} = 0.24$$

$$A = \frac{ah}{2} = \frac{33.074 \times 14.862}{2} \fallingdotseq 245.77$$

答 245.77 m² ± 0.24 m² [1]

例題-2・6 三角点 A から，三角点 B までの水平距離 S を求めるため，斜距離 L と高度角 θ とを測定した．いま，それぞれの測定値とその標準偏差が $L = 2000\,\text{m} \pm 2\,\text{cm}$，$\theta = 30° \pm 20''$ であるとき，S の標準偏差はいくらか．正しいものをつぎのなかから選べ．ただし，$\rho'' = 2'' \times 10^5$ とする．

(1) ± 3 cm   (2) ± 5 cm   (3) ±10 cm
(4) ±12 cm   (5) ±22 cm   (昭 51 土)

解答 水平距離 S は次式で求められる．
$$S = L \cos\theta$$

いま，S, L, θ の標準偏差をそれぞれ M_S, m_L, m_θ とすれば

$$m_\theta = 20'', \quad m_\theta\,[\text{rad}] = 20''/2'' \times 10^5, \quad \frac{\partial S}{\partial L} = \cos\theta, \quad \frac{\partial S}{\partial \theta} = L\sin\theta$$

$$M_S = \sqrt{\left(\frac{\partial S}{\partial L}\right)^2 m_L{}^2 + \left(\frac{\partial S}{\partial \theta}\right)^2 m_\theta{}^2} = \sqrt{\cos^2\theta \cdot m_L{}^2 + L^2 \sin^2\theta \cdot m_\theta{}^2}$$

$$= \sqrt{0.75 \times 2^2 + 200000^2 \times 0.25 \times \left(\frac{20''}{2'' \times 10^5}\right)^2} \fallingdotseq 10\,\text{cm}$$

これから，(3) が正解である．

角度の誤差は，普通，度，分，秒で表されるが，角度の誤差によって生じる高さや距離などの誤差計算をするときは，これをラジアンに直さなければならない．

例題-2・7 基線長を4区間に分けて測定して，つぎの値を得た．基線の全長とその確率誤差 (p.e.) を求めよ．

$$L_1 = 149.5512\,\text{m} \pm 0.0014\,\text{m} \quad (\text{p.e.})$$
$$L_2 = 149.8837\,\text{m} \pm 0.0012\,\text{m} \quad (\text{p.e.})$$

[1) 誤差は通常有効数字2けたで表すが，最初の数字が大きい場合には，1けたにとどめる場合がある．最確値の有効数字も以上のことを考えて決めるが，一般には，誤差の有効数字のけたで計算すればよい．

$L_3 = 149.3363 \text{ m} \pm 0.0015 \text{ m}$　(p.e.)

$L_4 = 149.4488 \text{ m} \pm 0.0015 \text{ m}$　(p.e.)

解答　全長 $L = L_1 + L_2 + L_3 + L_4 = 598.2200$ m. 式 (2·16) は確率誤差についても適用できる．

$$R_L = \sqrt{r_1^2 + r_2^2 + r_3^2 + r_4^2}$$
$$= \sqrt{(0.0014)^2 + (0.0012)^2 + (0.0015)^2 + (0.0015)^2}$$
$$= 0.0028$$

答　$598.2200 \text{ m} \pm 0.0028 \text{ m}$　(p.e.)

2·2·9　最確値の誤差

1個の未知量 X の値を求めるためには，たとえば，同一精度で多数の測定を行い，測定値 $l_1, l_2, \cdots, l_n$ の算術平均によって，真値の代わりに最確値 x が求められたとする．この最確値は真値を示すものではなく，決して一定ではない．さらに，測定を繰り返して平均を求めると別な値が得られる．このように最確値にも誤差が含まれていて，ばらつきがある．このばらつきを示すものとして，最確値の精度が標準偏差で示される．

（a）同一重みの場合　個々の測定値の精度を標準偏差 m，最確値 x の標準偏差を M で表すと，M は誤差伝播の法則から，つぎのようにして求められる．同一精度の最確値 x は式 (2·7) から

$$x = \frac{1}{n}l_1 + \frac{1}{n}l_2 + \cdots + \frac{1}{n}l_n$$

式 (2·18) から

$$M = \sqrt{\left(\frac{1}{n}\right)^2 m^2 + \left(\frac{1}{n}\right)^2 m^2 + \cdots + \left(\frac{1}{n}\right)^2 m^2}$$

$$M = \sqrt{\frac{n}{n^2}m^2} = \frac{m}{\sqrt{n}} \quad (2\cdot21)$$

この式は1観測（1回の測定）の標準偏差 m を知って，算術平均（最確値）の標準偏差 M を求める式である．この式から1測定の誤差 m を一定とすれば，測定回数 n が大きいほど M は小さく精度が高くなることがわかる．しかし，n を増すに従って，M の減少する割合は次第に小さくなるので，定誤差を考えて効果的な測定回数を決めるべきである．

(b) **重みの異なる場合**　重み付き最確値 x は次式である．

$$x = \frac{p_1 l_1}{[p]} + \frac{p_2 l_2}{[p]} + \cdots + \frac{p_n l_n}{[p]}$$

それぞれの測定値の標準偏差を $m_1, m_2, \cdots, m_n$ とし，最確値 x の標準偏差を M とすると，式（2·18）の誤差伝播の法則から

$$M^2 = \left(\frac{p_1}{[p]}\right)^2 m_1^2 + \left(\frac{p_2}{[p]}\right)^2 m_2^2 + \cdots + \left(\frac{p_n}{[p]}\right)^2 m_n^2 \tag{2·22}$$

ここで，式（2·21）の $M = m/\sqrt{n}$ をもう一度考えると，この式は同一重み（同じ標準偏差 m を持つ）n 個の測定値から求めた算術平均の標準偏差 M を求める式である．いいかえると，測定回数が n 回の結果得られた最確値の重みは n であり，M は重み n の測定値の標準偏差である．したがって，測定値の数 n の代わりに重み p で置き換えることができる．すなわち，$M = m/\sqrt{p}$ となり，これは，重み付き測定値の標準偏差 M と重み1の測定値の標準偏差 m との関係を示す式となる．

以上のことから，重み $p_1, p_2, \cdots, p_n$ の測定値の標準偏差 $m_1, m_2, \cdots, m_n$ を重み1の測定値の標準偏差 m に直すと次式となる．

$$m_1 = \frac{m}{\sqrt{p_1}}, \quad m_2 = \frac{m}{\sqrt{p_2}}, \quad \cdots, \quad m_n = \frac{m}{\sqrt{p_n}} \tag{2·23}$$

式（2·23）を式（2·22）に代入すると

$$M^2 = \left(\frac{p_1}{[p]}\right)^2 \left(\frac{m}{\sqrt{p_1}}\right)^2 + \left(\frac{p_2}{[p]}\right)^2 \left(\frac{m}{\sqrt{p_2}}\right)^2 + \cdots + \left(\frac{p_n}{[p]}\right)^2 \left(\frac{m}{\sqrt{p_n}}\right)^2$$

$$M = \sqrt{\left(\frac{m}{[p]}\right)^2 (p_1 + p_2 + \cdots + p_n)} = \frac{m}{\sqrt{[p]}} \tag{2·24}$$

2·2·10　同一重みの測定値と最確値の標準偏差

測定値 $l_i (i = 1, 2, \cdots, n)$ と真値 X との差を $\varDelta_1, \varDelta_2, \cdots, \varDelta_n$ とすれば，1測定の標準偏差 m は定義より式（2·2）の $m = \sqrt{[\varDelta\varDelta]/n}$ となる．しかし，真値 X は求められず，$\varDelta$ もまた求められない．いま，未知量 X の最確値を x，残差を δ とおくと

$$\delta_i = l_i - x$$

$l_i = X + \varDelta_i$ を代入すると

$$\delta_i = X + \varDelta_i - x$$
$$\varDelta_i = \delta_i + (x - X)$$

両辺を2乗すると

$$\varDelta_i \varDelta_i = \delta_i \delta_i + 2\delta_i(x-X) + (x-X)^2$$

以上の式を n 個 $(i=1, 2, \cdots, n)$ たて，辺々相加えると

$$[\varDelta \varDelta] = [\delta \delta] + 2[\delta](x-X) + n(x-X)^2$$

ここで，$[\delta]=0$，$(x-X)$ は最確値の持つ真誤差であるが，求めることができないから，近似値として最確値の標準偏差 M で置き換え，$M=m/\sqrt{n}$ を代入すると

$$[\varDelta \varDelta] = [\delta \delta] + nM^2$$
$$= [\delta \delta] + m^2$$

ここで，標準偏差の定義から $m^2 n = [\varDelta \varDelta]$ を代入すると

$$m^2 n = [\delta \delta] + m^2$$
$$m = \sqrt{\frac{[\delta \delta]}{n-1}} \qquad (2\cdot 25)$$

この式が残差を用いて計算する1測定の標準偏差 m を求める式である．そして，残差を用いて計算する最確値の標準偏差 M を求める式は，式 (2・21) から，つぎのようになる．

$$M = \sqrt{\frac{[\delta \delta]}{n(n-1)}} \qquad (2\cdot 26)$$

例題-2・8 精密なプラニメーターを使って，ある区域の面積を毎回独立に測定してつぎの結果を得た．この結果から平均値を求め，また平均値の平均二乗誤差（中等誤差）を計算せよ．

(1) 149.568 cm² (2) 149.586 cm² (3) 149.572 cm²
(4) 149.577 cm² (5) 149.580 cm² (昭 34 士補)

解答 平均値（最確値）

$$A = \frac{[a]}{n} = 149.576\ 6\ \mathrm{cm}^2$$

平均値の平均二乗誤差

$$M=\sqrt{\frac{[\delta\delta]}{n(n-1)}}=\sqrt{\frac{0.000\ 195}{5\times(5-1)}}$$
$$=0.003\ 1\ \text{cm}^2$$

各測定値の平均二乗誤差（参考）
$$m=\sqrt{\frac{[\delta\delta]}{n-1}}=\sqrt{\frac{0.000\ 195}{4}}$$
$$=0.006\ 9\ \text{cm}^2$$

答　$149.576\ 6\ \text{cm}^2\pm 0.003\ 1\ \text{cm}^2$ (m. e.)

2・2・11　重み付き測定値と最確値の標準偏差

いま，$l_1, l_2, \cdots, l_n$ をそれぞれ重み $p_1, p_2, \cdots, p_n$ の測定値，x をその最確値，$\delta_1, \delta_2, \cdots, \delta_n$ を残差とすると

$$\delta_1 = l_1 - x \quad\text{——重み } p_1$$
$$\delta_2 = l_2 - x \quad\text{——重み } p_2$$
$$\vdots \qquad\qquad \vdots$$
$$\delta_n = l_n - x \quad\text{——重み } p_n$$

となる．これら残差方程式は重みの異なる測定値についてであるので，重み1の式に統一する必要がある．式 (2・23) から，$m = m_1\sqrt{p_1},\ m = m_2\sqrt{p_2}, \cdots$ で，重み p の測定値を重み1の測定値に直すには，その測定値に $\sqrt{p_i}$ 乗ずればよいので

$$\sqrt{p_1}\,\delta_1 = \sqrt{p_1}\,l_1 - \sqrt{p_1}\,x$$
$$\sqrt{p_2}\,\delta_2 = \sqrt{p_2}\,l_2 - \sqrt{p_2}\,x$$
$$\vdots \qquad \vdots \qquad \vdots$$
$$\sqrt{p_n}\,\delta_n = \sqrt{p_n}\,l_n - \sqrt{p_n}\,x$$

とすれば，各式は重み1に対するものであるので，これを式 (2・25) に適用すると，つぎのようになる．

$$m^2 = \frac{(\sqrt{p_1}\delta_1)^2 + (\sqrt{p_2}\delta_2)^2 + \cdots + (\sqrt{p_n}\delta_n)^2}{n-1}$$
$$= \frac{p_1\delta_1^2 + p_2\delta_2^2 + \cdots + p_n\delta_n^2}{n-1} = \frac{[p\delta\delta]}{n-1}$$
$$m = \sqrt{\frac{[p\delta\delta]}{n-1}} \tag{2・27}$$

この式は，重み1の測定値の標準偏差である．この m と最確値の標準偏差 M との関係は，$M = m/\sqrt{[p]}$ であるから，M は次式となる．

$$M=\sqrt{\frac{[p\delta\delta]}{[p](n-1)}} \qquad (2\cdot 28)$$

例題-2・9　AB 2 点間の距離を測定して，表 2・1 の結果を得た．この結果に基づいて，AB 2 点間の最確値とその平均二乗誤差（中等誤差）とを計算せよ．ただし，各回の測定は同一精度で行われたものとする．

表 2・1

測定群	測定値 [m]	測定回数
I	150.18	3
II	150.25	3
III	150.22	5
IV	150.20	4

(昭 29 土)

解答　各回の測定が等精度で行われているので，各群の重みは測定回数で表せる．よって，式 (2・11) および (2・28) から計算する．

$$x=\frac{3\times 150.18+3\times 150.25+5\times 150.22+4\times 150.20}{3+3+5+4}$$

$$=150+\frac{3.19}{15}=150.213 \text{ m}$$

$$M=\sqrt{\frac{[p\delta\delta]}{[p](n-1)}}=\sqrt{\frac{8\,295\times 10^{-6}}{15\times(4-1)}}=0.013\,6 \text{ m}$$

答　150.213 m ± 0.014 m (m. e.)

計算は簡略化して，表 2・2 のようにする．

表 2・2

測定群	測定値 l [m]	重み p	pl	$\delta(\times 10^{-3})$ [m]	$\delta\delta(\times 10^{-6})$ [m²]	$p\delta\delta(\times 10^{-6})$ [m²]
I	150.18	3	0.54	−33	1 089	3 267
II	150.25	3	0.75	+37	1 369	4 107
III	150.22	5	1.10	+ 7	49	245
IV	150.20	4	0.80	−13	169	676
		$p=15$	$pl=3.19$			$p\delta\delta=8\,295\times 10^{-6}$

例題-2・10　A および B の 2 人が同じトランシットで同じ方法で，測角を 5 回行って表 2・3 の結果を得た．この場合，2 人の相対的な重さを求めよ．

表 2・3

測定	A	B
1	46°27′30″	46°27′20″
2	46°27′35″	46°27′30″
3	46°27′40″	46°27′40″
4	46°27′40″	46°27′50″
5	46°27′45″	46°28′00″
計	190″	200″
平均	38″	40″

解答　A および B の平均値（最確値）とその標準偏差とを計算すると，表 2・4 のようになる．

表 2・4

	A	B
平均値（最確値）	46°27′38″	46°27′40″
残差平方和（秒）²	130	1 000
標準偏差 M	$\sqrt{\dfrac{130}{5\times 4}}$	$\sqrt{\dfrac{1\,000}{5\times 4}}$

誤差の理論によれば〔式 (2·9)〕，重さは標準偏差の平方に反比例するから，A および B の重さの比は，つぎのように求められる．

$$p_A : p_B = \frac{1}{M_A{}^2} : \frac{1}{M_B{}^2} = \frac{1}{130} : \frac{1}{1\,000}$$

答 100 : 13

2·2·12 一次方程式の係数の決定法

測量では，スタジア測量で夾長から距離を求めたり，流速計で回転翼の回転数から流速を求める場合に**間接観測** (indirect observation) がある．このときは，つぎのような一次式から計算する．

$$y = ax + b \tag{2·29}$$

実際には x を測定して y を計算するのであるが，係数 a, b が不明なとき，または不確かのときには，x, y を測定して逆に a, b を求める必要を生じる．

この場合，係数が 2 個であるから，数学的には (x_1, y_1), (x_2, y_2) の 2 組みの値から a, b を求められる．測量では，x, y の測定の誤差も考えて (x_1, y_1), (x_2, y_2), …, (x_n, y_n) の n 組みの測定から，最小二乗法により，a, b の最確値を次式で求める．

$$a = \frac{n[xy] - [x][y]}{n[xx] - [x]^2}, \quad b = \frac{[xx][y] - [x][xy]}{n[xx] - [x]^2} \tag{2·30}$$

n は 10 回以上がよい〔細部は（2）巻参照〕．

例題-2·11 スタジア定数を決定するために，平らな場所で，トランシットから正しく，50.00 m および 100.00 m 離れた地点に標尺（箱尺）を鉛直に立てて，トランシットのスタジア線ではさんだ長さを読み取った．数回の読みの平均がそれぞれ 0.507 m および 1.018 m であったとすれば，このトランシットのスタジア定数はいくらか．

また，このトランシットで同じように 120.00 m 離れた点について測定したところ，夾長 1.226 m を得た．この値も入れてスタジア定数を決めるにはどうしたらよいか．また，スタジア定数はどれだけ違ってくるか．（昭 31 土）

解答 距離を D，夾長を l，スタジア乗定数を K，スタジア加定数を C とすれば，平らな場所でのスタジア公式はつぎのようである（8·2·2 項参照）．

$$D = Kl + C$$

i) 2箇所で測定した場合は，つぎの連立一次方程式から2つの係数 K, C を求められる．

$$50.00 = K \times 0.507 + C$$
$$100.00 = K \times 1.018 + C$$

これを解けば，$K=97.85$, $C=0.390$ を得る．この場合，スタジア公式は次式となる（図 2·6）．

$$D = 97.85\,l + 0.390$$

ii) 測定が2個の際は図2·6のように，測定された2点を結ぶことになるが，3個の場合は式（2·30）によって K, C の最確値を求めればよい．K, C を求めるには，表2·5をつくるのが通常である．

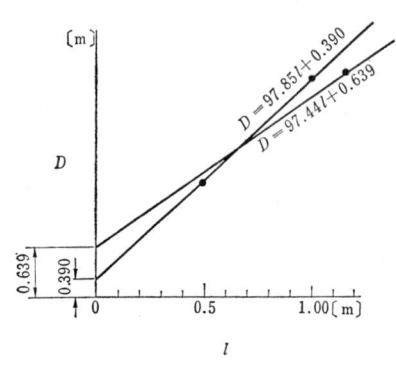

図 2·6 スタジア定数の決定[1]

表 2·5 スタジア係数の計算表

測定	D 〔m〕	l 〔m〕	ll 〔m²〕	lD 〔m²〕
1	50.00	0.507	0.257 049	25.350
2	100.00	1.018	1.036 324	101.800
3	120.00	1.226	1.503 076	147.120
$n=3$	〔D〕=270.00	〔l〕=2.751	〔ll〕=2.796 449	〔Dl〕=274.270

$$K = \frac{n[lD]-[l][D]}{n[ll]-[l]^2} = \frac{3 \times 274.27 - 2.751 \times 270.00}{3 \times 2.796\,449 - 2.751^2}$$

$$= \frac{822.81 - 742.77}{8.389\,347 - 7.568\,001} = \frac{80.03}{0.821\,346} = 97.44$$

$$C = \frac{[ll][D]-[l][lD]}{n[ll]-[l]^2} = \frac{2.796\,449 \times 270.00 - 2.751 \times 274.270}{0.821\,346}$$

$$= \frac{755.041\,23 - 754.516\,77}{0.821\,346} = \frac{0.524\,46}{0.821\,346} = 0.639 \text{ cm}^{[2]}$$

よって，スタジア公式は次式となる．

$$D = 97.44\,l + 0.639 \text{ m}$$

答 2測定から $K=97.85$, $C=0.390$
  3測定から K は 0.41 減少し，C は 0.249 増加する．

2·2·13 簡単な条件付き観測

測定値の間に満たさなければならない条件が存在するとき，これを**条件付き**

---

1) 図 2·6 は模式化して描いたものである．
2) K, C の計算は，C の分子のように，有効数字の上位が等しくて，相殺されることがあるから，けた数を余分に求めておく必要がある．計算尺では計算できない．

観測 (conditional observation) という．本節では，三角形の内角を測定した場合についてだけ例題で説明する．

例題-2·12 3個の三角形の内角を観測して，**表 2·6** のような結果を得た．各三角形について，内角の閉合差を各角に配布し，補正した結果を平均秒欄に記入せよ．

表 2·6

三角形	内 角	平均秒	三角形	内 角	平均秒	三角形	内 角	平均秒
A	68° 8′50″		D	122°18′22″		G	52°42′44″	
B	55 59 39		E	29 34 37		H	109 51 10	
C	55 51 22		F	28 6 54		I	17 26 7	
和			和			和		
閉合差			閉合差			閉合差		

(昭 29 土補)

解答 測定した3つの角の和と 180° との差 ω を閉合差 (error of closure) という（多角形についてもいえる）．

$$\angle A + \angle B + \angle C - 180° = \omega$$

いま $\angle A, \angle B, \angle C$ についての補正値をそれぞれ $\delta_1, \delta_2, \delta_3$ とすれば

$$(\angle A + \delta_1) + (\angle B + \delta_2) + (\angle C + \delta_3) - 180° = 0$$
$$\therefore \quad \delta_1 + \delta_2 + \delta_3 + \omega = 0$$

この場合，$\angle A, \angle B, \angle C$ の測定の精度が等しければ，最小二乗法の原理により，$\delta_1 = \delta_2 = \delta_3 = -\omega/3$ となるから，ω を3等分した値を，各角の補正値とすればよい．

三等分して端数の $\pm 1″$ が生じたときは，角誤差が辺に及ぼす影響を少なくするために，90° に近い角に端数を配分する（平均とは補正の意味である）．

表 2·7

三角形	内 角	平均秒	三角形	内 角	平均秒	三角形	内 角	平均秒
A	68° 8′50″	53″	D	122°18′22″	25″	G	52°42′44″	44″
B	55 59 39	42	E	29 34 37	39	H	109 51 10	9
C	55 51 22	25	F	28 6 54	56	I	17 26 7	7
和	179 59 51	120	和	179 59 53	120	和	180 0 1	60
閉合差	−9″	0	閉合差	−7″	0	閉合差	+1″	0

例題-2·13 点 O において $\angle AOB, \angle BOC$ および $\angle AOC$ を測定して，それぞれ，$32°25′29″, 16°37′56″, 49°03′34″$ を得た．$\angle AOB, \angle BOC$ および $\angle AOC$ の最確値を求めよ（**図 2·7**）．

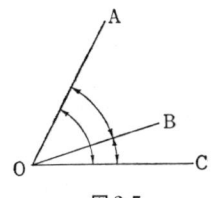

解答 閉合差を ω とすれば

$$\omega = \angle AOB + \angle BOC - \angle AOC$$
$$= 32°25'29'' + 16°37'56'' - 49°03'34''$$
$$= -9''$$

各角の補正値をそれぞれ, δ_1, δ_2, δ_3 とすれば

$$(\angle AOB + \delta_1) + (\angle BOC + \delta_2) - (\angle AOC + \delta_3) = 0$$
$$\therefore \quad \delta_1 + \delta_2 - \delta_3 + \omega = 0$$

図2·7　　各角の測定の精度が等しいときは，最小二乗法の原理から，$\delta_1 = \delta_2 = (-\delta_3) = -\omega/3$ となるから，ω を3等分して（±3″）を補正すればよい．

答　$\angle AOB = 32°25'32''$, $\angle BOC = 16°37'59''$, $\angle AOC = 49°03'31''$

演 習 問 題

（1）つぎに挙げる距離測定の誤差のうち，不定誤差（偶然誤差・偶差）はどれか．
1. 測尺の長さが正しくないために生じる誤差．
2. 測尺の傾斜を補正しなかったために生じる誤差．
3. 検定時における張力と異なった一定の張力で，測定したために生じる誤差．
4. 測尺の温度補正に使用した膨張係数が正しくなかったために生じる誤差．
5. 尺度の読取り誤差．

（2）スチールテープを用いて，ある区間をAおよびBの2人が5回測定してつぎの結果を得た．それぞれの最確値およびその標準偏差を求めよ．また，測定値の信頼性の大きいのは2人のうちどちらか．

A——1) 87.645 m, 2) 87.643 m, 3) 87.647 m, 4) 87.649 m, 5) 87.646 m
B——1) 87.640 m, 2) 87.646 m, 3) 87.643 m, 4) 87.650 m, 5) 87.651 m

（昭57　士補類）

（3）異なる光波測距儀を用いて，AB間の距離の測定を行い**表2·8**の結果を得た．最確値はいくらか．最も近いものをつぎの中から選べ．

1. 3 352.36 m　　2. 3 352.37 m　　3. 3 352.38 m　　4. 3 352.39 m
5. 3 352.40 m

表2·8

測　定　値〔m〕	標準偏差〔cm〕
$L_1 = 3\,352.33$	3
$L_2 = 3\,352.37$	4
$L_3 = 3\,352.41$	6
$L_4 = 3\,352.42$	7

（平成8　士）

（4）トランシットを用いてある水平角を4回に分けて観測し，**表2·9**の結果を得た．これから求められる水平角の最確値はいくらか．つぎの中から選べ．ただし，観測対回

演 習 問 題   41

表 2·9

観　測　値	観測対回数
80°20′10″	4
15″	6
20″	2
25″	3

数を重量とする．
1. 80°20′14″　2. 80°20′16″　3. 80°20′18″　4. 80°20′20″
5. 80°20′22″

(平成 3　士補)

(5) 点 A において，点 B 方向の高低角 α と斜距離 D を測定して，**表 2·10** の結果を得た．点 A, B 間の高低差の標準偏差はいくらか．つぎの中から選べ．ただし，$\rho'' = 2'' \times 10^5$ とする．また，器械高と目標高は同じ高さとし，気差，球差は考えないものとする．
1. 0.05 m　2. 0.10 m　3. 0.15 m　4. 0.20 m　5. 0.25 m

表 2·10

	測　定　値	測定値の標準偏差
高低角 α	+30°0′0″	±10″
斜距離 D	2 000.000 m	±0.10 m

(昭 57　士，平成 7　士)

(6) 2 人の観測者が所定の目標に対して 5 回ずつ水平角観測を行い，**表 2·11** のような結果を得た．この観測結果から，各組の観測値の平均 2 乗誤差（標準偏差）および重みを求めよ．また，これら 2 組の算術平均と重みを用いて，この水平角の最確値を求めよ．

表 2·11

第 1 組		第 2 組	
番　号	水　平　角	番　号	水　平　角
1	68°46′27″	1	68°46′25″
2	20″	2	21″
3	32″	3	20″
4	24″	4	24″
5	29″	5	21″

(昭 36　士)

(7) ある距離を 2 つの区間に分けて，同じテープ（巻尺）で 4 組の班が，それぞれ測定して，**表 2·12** の結果を得た．この測定結果から，おのおのの区間および全区間の距離の最確値と中等誤差（標準偏差）とを求めよ．
　また，おのおのの区間の最確値と中等誤差からも，全区間の距離の最確値と中等誤差

2. 測量の計算と誤差の取り扱い方

表 2·12

班 名	1 区 間 (m)	2 区 間 (m)	全 区 間 (m)
1	130.43	86.32	216.75
2	130.47	86.29	216.76
3	130.54	86.35	216.89
4	130.36	86.28	216.64

を求めて，前の結果と比較して，異なる場合は，その理由を付記せよ．

(昭30 士)

(8) 図 2·8 に示す既知点 A において，求点 B に対し方向角 $T=210°0'0''$，距離 $S=200.00$ m を得た．方向角 T の標準偏差を $10''$，距離 S の標準偏差を 10 mm とすると，点 B の X 座標の標準偏差はいくらか．つぎの中から選べ．ただし，$\rho''=2''\times10^5$ とし，点 A の座標誤差はないものとする．

1. 5.0 mm　　2. 7.1 mm　　3. 8.7 mm
4. 10.0 mm　　5. 14.1 mm

(平成6 士)

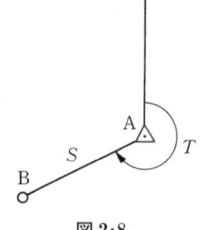

図 2·8

(9) 図 2·9 の水準路線を観測し，表 2·13 の結果を得た．点 P の標高の最確値と標準偏差はいくらか．つぎの中から選べ．ただし，既知点 A，B，C の標高は A=15.496 m，B=8.174 m，C=35.447 m とする．

	最確値	標準偏差
1.	23.294 m	5 mm
2.	23.299 m	5 mm
3.	23.299 m	8 mm
4.	23.302 m	5 mm
5.	23.302 m	8 mm

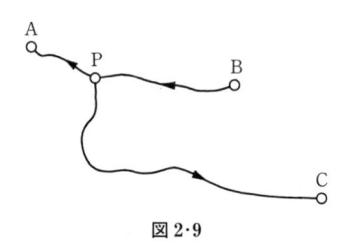

図 2·9

表 2·13

路 線	距 離 (km)	観測比高 (m)
P→A	2	−7.798
B→P	5	+15.136
P→C	20	+12.145

(平成3 士)

演 習 問 題　　　　　　　　　43

(10) 距離測定の標準偏差を1 cm，水平角観測の標準偏差を$2''$とする．このとき，距離測定の重量を1とすると，水平角観測の重量はいくらか．つぎの中から選べ．ただし，測定距離は1 000 m，$\rho''=2''\times10^5$とする．
　1. 4　　2. 2　　3. 1　　4. 0.5　　5. 0.25
　　　　　　　　　　　　　　　　　　　　　　　（平成6　士補）

(11) 多角測量では，距離と水平角の測定精度がつりあいのとれたものであることが望ましい．いま，500 mの距離を$\pm5\,\text{mm}\pm D\times10^{-5}$の精度で測定したとき（光波測距儀），水平角の測定精度をいくらにすればよいか．つぎの中から選べ．ただし，Dは距離を表し，$\rho''=2''\times10^5$とする．
　1. $\pm2''$　　2. $\pm3''$　　3. $\pm4''$　　4. $\pm5''$　　5. $\pm6''$
　　　　　　　　　　　　　　　　　　　　　　（昭54　士，50，53　士補）

3. 距離測量

　距離の測定は，測量において最も基本的なものである．測定には巻尺を主として使用するが，その巻尺には製造上の誤差があり，また，測定方法による誤差もあるから，**距離測量** (distance survey, measurement of distance, taping) の誤差については特に慎重に考える必要がある．

　巻尺によらない測距方法である間接距離測量については，第8章で説明する．間接距離測量のうち，電磁波による測距，特に光波測距儀による測定の精度が著しく向上し，かつ普及し，基準点測量の測距には光波測距儀を採用するようになった．そこで本書では，特に例外として，電磁波測距儀を本章で説明することにした．

3・1 距離の定義と距離測量の分類

3・1・1 距離の定義

　図 3・1 で，2 点 A, B を結ぶ直線に沿って測定した長さ AB を**斜距離**といい，斜距離 AB の水平面上（厳密には平均海面上，7・1・1 項参照）の正射影 AC を**水平距離**という．測量では単に**距離**といえば，水平距離を指す．

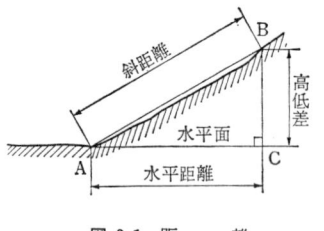

図 3・1　距　　　離

3・1・2 距離測量の分類

　距離測量は，つぎのように大別される．

　（a）**直接距離測量**　　巻尺などで直接に距離を測定する方法で，これを**直接距離測量** (direct measurement of distance) という．

　（b）**間接距離測量**　　幾何学的または物理学的な原理を利用して間接に距離を測定する方法で，これを**間接距離測量** (indirect measurement of distance) という．本書では，略測法もこれに含めた（第8章参照）．

3・2 直接距離測量

3・2・1 概　　要

　直接距離測量に使用する巻尺などの度器は，精度の高いものから低いものまで各種のものがある．また，土地の起伏の状態により測定の精度が左右される．測量にあたっては，所要の精度に応じた器具を用い，また，精度に応じた測定方法や誤差の処理方法を採用しなければならない．

3・2・2 距離測量に必要な器具

（a）　巻尺などの度器

（1）　**ガラス繊維巻尺**　　2万～3万本のガラス繊維をそろえて，合成樹脂で固め，さらに強い樹脂で被覆して目盛を印刷した上に，透明な塩化ビニル樹脂をかけたものである（図 3・2）．ガラス繊維が主体であるので，折れ曲がりに強く，膨張係数も小さく，かつ電気絶縁体である．ガラス繊維巻尺は価格が安く，取り扱いも便利であるが，検定公差（3・2・3 項参照）が大きいから，高い精度の測量には使用できない．

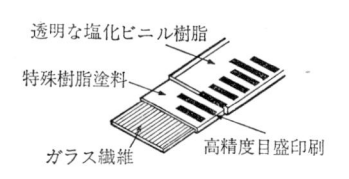

図 3・2　ガラス繊維巻尺

（2）　**鋼　巻　尺**　　鋼巻尺は，幅約 10 mm，厚さ約 0.5 mm の帯状の鋼に，mm 単位の目盛がついている．高い精度を要する測定には，鋼巻尺を使用し，必要があれば，温度などに対する補正を行う．最近では，ステンレススチール巻尺や，鋼を心材として樹脂などで焼付塗装して，その上に目盛を印刷し，さらにナイロン樹脂などで被覆した巻尺が製造されている（図 3・3）．鋼巻尺は折れやすいので，取り扱いに注意が必要である．

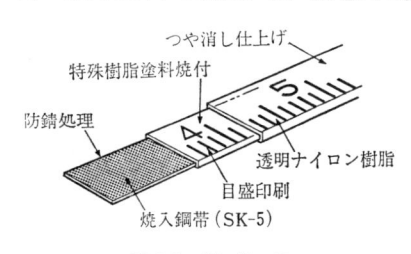

図 3・3　鋼　巻　尺

（3）　**インバールワイヤー**　　インバールワイヤー（invar wire）は，ニッ

ケルと鋼との合金で，膨張係数が鋼 (0.000 011 7/°C) に比し 0.000 000 9/°C ぐらいと小さく，張力に対する伸びも少ないので，三角測量の基線の測定など精密な測定に使用される．

インバールワイヤーには中間の目盛はなく，両端に端尺(はじゃく) (reglet, end scale) がついていて，両端の端尺の読みから距離が求められるようになっている (図 3·4)．

図 3·4　端　　尺

（4） 測量ロープ (間(けん)なわ)　測量ロープ (measuring rope) は，構造はガラス繊維巻尺とほぼ同じであるが，断面は約 6 mm×2 mm で，最小目盛は 5 cm である．山林や水辺などでの概測に便利である (図 3·5)．

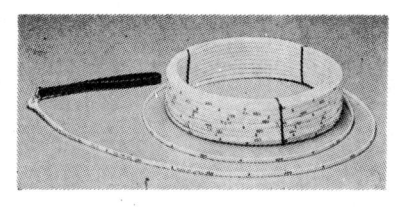

図 3·5　測量ロープ

(b)　補　助　用　具

（1） ポ ー ル　ポール (pole, lining pole, range-pole) は，直径 3 cm, 長さ 2～5m の木または金属でつくられた棒で，先端に石突きをはめ込んである．遠方から見やすいように 20 cm または 30 cm ごとに赤白に塗り分

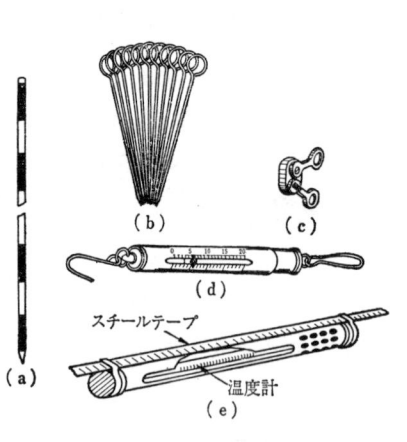

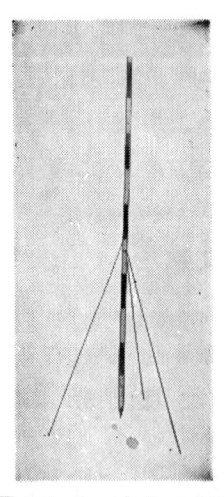

図 3·6　補　助　用　具　　　　　図 3·7　ポールとポールたて

けられている〔図 3·6(a)〕.

ポールは測点の明示，測線の方向の決定，測線の延長などに使用され，また距離の略測もできる．ポールを正確に立てるためには，**図 3·7** に示す**ポールたて**（pole stand）を使用する.

（2）**測量用ピン**　測量用ピン（chaining pin）は，巻尺を繰り返し使用して長い距離を測定するとき，巻尺の端の位置を示したり，繰り返し数を確かめるために使用する．通常 10 本 1 組みで使用する〔図 3·6(b)〕.

（3）**にぎり柄，スプリングバランスなど**　図 3·6(c)の**にぎり柄**（grip handle）は，鋼巻尺を任意の位置で引っ張るのに用い，**スプリングバランス**（spring balance）〔図 3·6(d)〕は 10 ～ 15 kgf[1] のもので，鋼巻尺などの張力を測定する．鋼巻尺の測定時の温度を測定するには，通常の棒状温度計のほか，図 3·6(e)のような巻尺用温度計が使われる.

（4）**クリノメーター**　主として，地層の傾斜角を測定する器具であるが，測量で簡易な傾斜角測定器として利用できる（**図 3·8**）.

（5）**ハンドレベル**　最も簡単な水準測量用器具である．高度付きハンドレベルは傾斜角も測定できる.

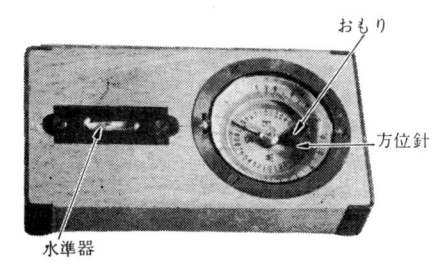

図 3·8　クリノメーター

3·2·3　巻尺の公差および基準巻尺

（a）**検定公差**　巻尺は計量器であるから，計量法に基づく計量器検定検査令により一定の誤差の範囲（検定公差または許容差という）内にないものは製造販売することが禁止されていたが，平成 5 年 10 月に計量器検定検査令が廃止され，検定を受けていない多種多様な巻尺が市販されるようになった.

（b）**JIS の許容差**　検定検査令とは別に JIS では，鋼製巻尺（JIS

---

1) 力や重量の単位に kg や t を用いているものもあるが，本書では，すべて kgf, tf で統一した.

B 7512-1993) と**繊維製巻尺** (textile tape measures) (JIS B 7522-1993) とについて，その種類および等級・呼び寸法・材質・性能などを規定している．繊維製巻尺は，目盛の種類によって，1種（線目盛）と2種（境目盛）とがある（**図3·9**）．それらの長さの許容差は**表3·1**のように規定されている．

（c）基準巻尺 JIS で規定した 1 級あるいは 2 級の許容差内の精度を保証する巻尺であっても，その巻尺自身の個々の器差の大きさは明記されてい

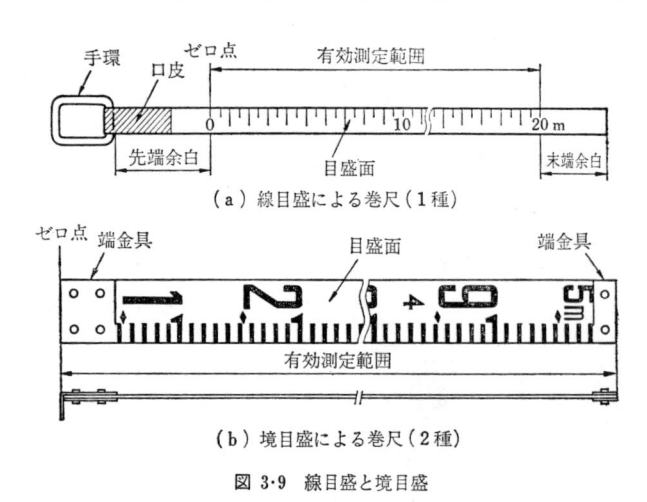

（a）線目盛による巻尺（1種）

（b）境目盛による巻尺（2種）

図 3·9 線目盛と境目盛

表 3·1 巻尺の JIS の許容差

種　別	等　級	JIS 1 級	JIS 2 級
鋼 製 巻 尺		$\pm(0.2+0.1L)$ mm	$\pm(0.25+0.15L)$ mm
繊維製巻尺	1種　線目盛	$\pm(0.6+0.4L)$ mm	$\pm(1.2+0.8L)$ mm
	2種　境目盛	$\pm(1.2+0.8L)$ mm	$\pm(2.4+1.5L)$ mm

（注1）鋼製巻尺の長さの許容差は，温度 20 ℃を基準とし，かつ，所定の張力をテープの軸線方向に加えた状態（コンベックスルールおよび細幅巻尺は，張力を加えない状態）において，基点からの任意の長さおよび任意の 2 目盛線間の長さに応じ，上式のとおりとする．ここに，L は測定長（単位は m）で，端数は JIS Z 8401 によって整数位に丸める．また，2 級の許容差は，この計算式で求めた値の小数点以下第 2 位を整数位に丸めたものとする．

（注2）繊維製巻尺の許容差は，表記されている張力（張力が表記されていないものは，呼び寸法が 2 m 以下で 5 N，および幅が 50 mm 以上のものについては 50 N）で，軸線方向に加えた状態で上式のとおりとする．また，端面を基点とする巻尺の場合，基点からの長さの許容差は，上式の値に ±0.5 mm を加えたものとする．その他は鋼製巻尺と同様である．

3・2 直接距離測量

ない．また，市販されているそれ以外の巻尺については，長さの許容差がどの程度の大きさか不明である．したがって，長さの標準器と呼ばれる基準巻尺があれば便利である．計量法旧法では，1級基準巻尺もしくは1級基準直尺が定められており，これと比較検定することにより巻尺の器差を測定することができた．

平成5年11月に計量法が改訂となったので，今後は，新たに認定事業所に指定された機関によって，検定を受けた基準尺を標準器として用いるようになる．

例題 -3・1 長方形の土地の縦横を布巻尺で測定して，それぞれ 37.8 m, 28.9 m を得た．この場合，布巻尺の公差は 30 m につき 4.7 cm であるが，これによって生じ得る面積の最大誤差は，つぎのうちどれか．

ただし，距離測定の誤差は全長に比例するものとする．

1. 0.003 m^2, 2. 0.3 m^2, 3. 2.47 m^2, 4. 3.40 m^2,
5. 3.60 m^2 （昭 32 士補）

解答 この問題では，公差は誤差と同様に使用されている．辺長に対する最大誤差は題意によりつぎのようになる．

$$37.8 \text{ m に対する誤差} = 37.8 \times \frac{0.047}{30} = 0.059 \text{ m}$$

$$28.9 \text{ m に対する誤差} = 28.9 \times \frac{0.047}{30} = 0.045 \text{ m}$$

面積に生じる最大誤差 ΔF は次式で示される．

$$\Delta F = (37.8 + 0.059) \times (28.9 + 0.045) - 37.8 \times 28.9$$
$$\fallingdotseq 37.8 \times 0.045 + 28.9 \times 0.059 = 3.40 \text{ m}^2$$

答 （4）

3・2・4 巻尺の検定とその特性値

巻尺には上記のように器差が明記されていない．また，長期間使用していると巻尺は伸びてくるので，精密な距離測定をするときは，温度，張力および測定方法などを一定にして，標準の長さと比較検定する必要がある．検定の結果によって，測定値に対する補正値が求められる．この補正値を**特性値**または**尺定数**（characteristic value, constant of scale）という．

たとえば，標準の長さ 50.000 m を 50 m の巻尺で測定したら 50.007 5 m

あったとすれば，その巻尺の特性値は $-0.0075\,\mathrm{m}$ であるという．いいかえると，長さ S と称する巻尺の特性値が $-\delta$ であるとき，この巻尺で測定して l の長さがあったとすれば，正しい距離 L は，次式で計算した補正値 C_c を加えて求められる（図 3·10）．

$$L = l + C_c , \quad C_c = -\frac{\delta l}{S} \tag{3·1}$$

【証明】 図 3·10 で，$S:(-\delta)=L:C_c$ なので

$$S:(-\delta)=(l+C_c):C_c$$

$$\therefore\ C_c = \frac{\delta l}{S+\delta} \fallingdotseq -\frac{\delta l}{S}$$

が得られる．

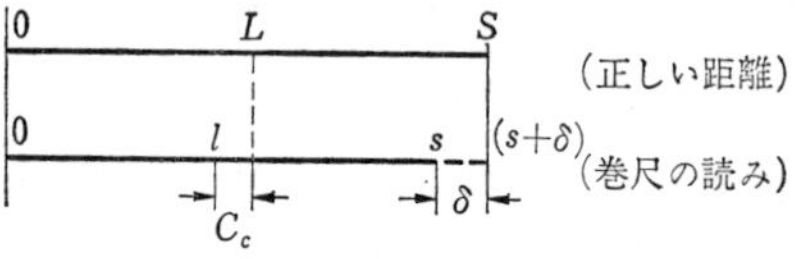

図 3·10 巻尺の特性値

繊維製巻尺および鋼巻尺の特性値は，基準巻尺と比較して求める．また必要があれば，東京都など全国 11 箇所に国土地理院が設けてある比較基線場で検定すればよい〔(2) 巻 2·3·3 項参照〕．

例題-3·2 20 m の巻尺を標準尺と比較したところ，2 cm 伸びていたという．この布巻尺を使用して距離を測定し，240.5 m の読みを得たとすれば，その正しい距離はいくらか． （昭 30 士補）

解答 この巻尺の特性値は $+2\,\mathrm{cm}$ であるから，式 (3·1) で C_c を求めれば

$$C_c = \frac{240.5\times(+0.02)}{20.000} = +0.2405\,\mathrm{m}$$

正しい距離 $=240.5+0.24=240.74\,\mathrm{m}$

3·3 直接距離測量の方法

3·3·1 平坦地の場合

平坦地の場合 (method on level ground) は，図 3·11 のように AB の距離を点 A から測定する場合について説明する．

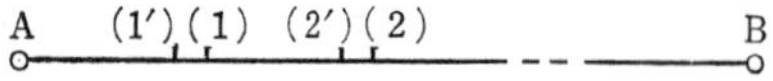

図 3·11 平坦地の測量

ⅰ) 前測点 B にポールを立てる．

ⅱ) 前手は巻尺の先端（零点）を持って，AB 線上を点 B に向かって進み，歩測で見当をつけて，巻尺の全長より約 20 cm 手前の点 (1′) に止まり，

その位置で体を測線 AB から外して，ポールを AB 線上の点（1′）に立てる．

iii) 後手は点 A にポールを立て，班長は点 A と点 B のポールを見通して，前手の立てたポールを手で合図して正しく測線 AB 上に入れる（図 3·12）．

iv) 前手は点（1′）の位置を確認して，巻尺を測線上に延ばす．

図 3·12 測線の見通し

v) 後手は巻尺の終端目盛を点 A に合わせ，前手は適当な張力で巻尺を張り，零点の位置（1）を定めて測量用ピンを正確に立てる．これで，AB 線上に点 A から正しく巻尺の長さに等しい距離にある点（1）が定められる．

vi) つぎに，後手は前進して，点（1）の約 20 cm 手前にポールを立てる．前手が点（2′）に立てたポールを見通したのち，点（1）のピンの位置に巻尺の最終目盛を合わせる．前手は点（2′）で前記と同じ作業をする．かくして，点（1）から巻尺の長さだけ離れた点（2）を定める．

vii) 後手は，点（2）の位置が定まったら点（1）のピンを抜き取って前進する．以下，同様の方法を繰り返して前進し，最後の端数は前手が点 B に巻尺の零点を合わせて，後手が端数を読んで，AB の距離の測定を完了する．

測量用ピンは前手が 10 本持って出発し，最後に前手と後手の持っているピンの数の和が 10 本であることを確かめて，繰り返し数を確認する．

最後の端数は必ず上記の方法により行い，巻尺の終端を使用して，逆読みをしてはならない．

同一距離は少なくとも 2 回測定しなければならない．この場合は，個人誤差を除くため，前手と後手は交代をする．

3·3·2 傾斜地の場合

傾斜地の場合（method over sloping ground）で水平距離を測定するのには，つぎの 2 つの方法がある．

（a）降　　測　図 3·13（a）のように，AB 間の水平距離を段階的

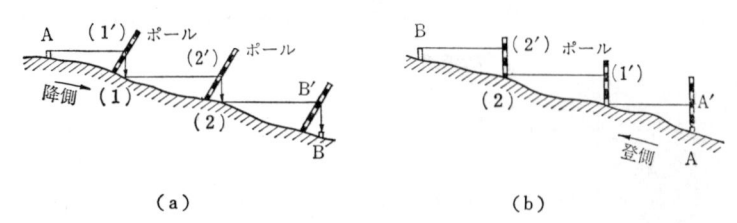

図 3·13 傾斜地の測量

に高い地点から，低い地点に向かって測定する方法を**降測**（chaining by downhill）という．すなわち，後手は点 A に巻尺の零点を合わせ，前手は巻尺をポールにそえて，水平に引っ張り，点 (1′) を下げ振りで鉛直に地上の点 (1) に下ろして，印をつけ，同時に (1′) の巻尺の目盛を読み取る．この際，班長はハンドレベルまたはクリノメーターで水平を確かめる．同様のことを繰り返して，(AB の距離)＝A (1′)＋(1)(2′)＋(2) B′ とする．

(b) 登　　測　　降測と逆に，図 3·13（b）のように，AB 間の水平距離を段階的に低い地点から，高い地点に向かって測定する方法を**登測**（chaining by uphill）という．一般に，降測は登測に比較して，作業も容易で精度もよいから，なるべく降測によるべきである．

3·3·3　斜距離を測定して水平距離を求める方法

斜面の傾斜が図 3·14 のように一定の場合は，斜距離 l を斜面に沿って 3·3·2 項の方法に準じて測定して，つぎの式で計算して，水平距離 L を求める．

高低差 h をレベルまたはハンドレベルで測定した場合は式 (3·2) で求める．

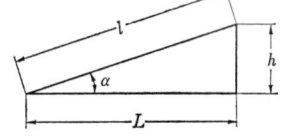

$$L = \sqrt{l^2 - h^2} \quad (3·2)$$

図 3·14 傾斜地の距離測量

この場合，高低差 h が斜距離 l と比較して小さければ，式 (3·2) を変形して，つぎの式 (3·3) で近似的に求めてよい〔式 (7·5) 参照〕．

$$L = l\sqrt{1 - \left(\frac{h}{l}\right)^2} \fallingdotseq l - \frac{h^2}{2l} \quad (3·3)$$

トランシットまたはクリノメーターで傾斜角（鉛直角）α を測定した場合は，式 (3·4) で計算する．

$$L = l \cos \alpha \tag{3.4}$$

3·3·4 インバールワイヤーによる精密測定

インバールワイヤーによって，距離を測定する場合は，図 3·15 のようにワイヤーの長さに大略等しい距離にくいを打ち，その頭部に金属の指標を打ち込み，その上にワイヤーの端尺をのせて，所定の張力で引っ張り（おもりで滑車を通して引っ張る），両端の読み手が班長の合図で同時に端尺を拡大鏡で読んで距離を求める．別に測定時の気温を測定しておく．

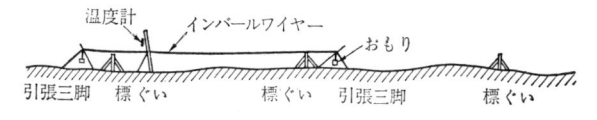

図 3·15 インバールワイヤーによる測量

測定は数回行って最確値（算術平均）を求める．両端の読み手は個人誤差を除くため，端を交代して測定する．

インバールワイヤーでは，所定の温度と張力（通常 15 ℃, 10 kgf である）で測定した場合は，たるみ補正〔3·4·3（f）項参照〕をしないでも，両端の端尺の読みの差から距離が求められる〔(2)巻 2·3·3 項参照〕．

3·3·5 鋼巻尺による精密測定

鋼巻尺によって距離を測定する場合は，図 3·16 のような準備をする．A および B の測点のくいの上には，薄いブリキ板か，厚紙を打ちつけて，トラン

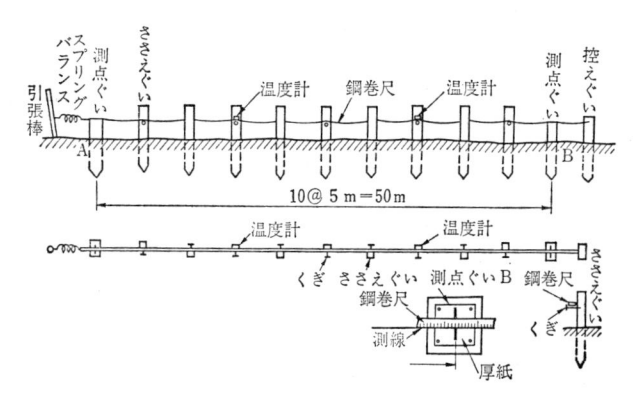

図 3·16 鋼巻尺による距離測量

シットで正しく見通して，正確に十字線を描く．測定の要領は，3·3·4 項に準じて行う．鋼巻尺は膨張係数が大きいから，曇天または朝夕の気温変化が少なく，風のないときを選んで行う．

鋼巻尺の場合は，ささえぐいの間隔に対するたるみ補正をする必要がある．

3·3·6 距離測量の精度の表示方法

3·3·4 項および 3·3·5 項の精密測定をした場合は，測定値の平均値（最確値）と標準偏差または確率誤差との比をもって**距離測量の精度**とする．また，往復 2 回の測量をした場合は，その測定値の平均値（最確値）と 2 回の測定値の差（discrepancy，較差(かくさ)，往復差または出合差(であいさ)という）の比で精度を示す．

例題-3·3 ある区間を測定して，最確値と確率誤差を，それぞれ 149.551 2 m と 0.001 4 (p.e.) と得た．この測定の精度を求めよ．

解答
$$\frac{0.001\,4\,\text{m}}{149.551\,2\,\text{m}} \fallingdotseq \frac{1}{107\,000}$$

例題-3·4 往復 2 回の測定値が 95.641 m および 95.623 m であった．この場合の較差と精度を求めよ．

解答　較差 = 95.641 m − 95.623 m = 0.018 m
これを平均値に対する比で示すと
$$\text{平均値（最確値）} = (95.641 + 95.623) \div 2 = 95.632\,\text{m}$$
$$\text{精度} = \frac{0.018\,\text{m}}{95.632\,\text{m}} \fallingdotseq \frac{1}{5\,300}$$

3·4 距離測量の誤差と精度

3·4·1 概　　要

距離測量に生ずる誤差も 2·2·1 項に示したように，過誤，定誤差および不定誤差の 3 種類がある．過誤については，十分な注意をすることで，その介入を防ぐ方法しかなく，定誤差はその条件を明確にして補正をし，また不定誤差については，第 2 章に説明した方法によって処理する．

3·4·2 過　　誤

ⅰ) 測量用ピンの数え違い．

ii) 巻尺のよじれや草などに引っ掛かって曲がったり，風でまっすぐに張れない場合．

iii) 数字の読み違い（たとえば，98 を 86 と読んだ場合）．

iv) 読み取った数値の報告の間違い（記帳者の聞き違いや誤記）．

3·4·3　定誤差の種類とその補正

（a）　特性値による誤差　巻尺を検定して，その特性値を求めておき，補正値 C_c を式（3·1）によって計算する．

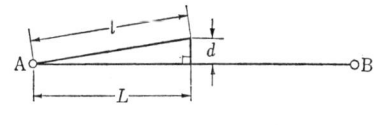

（b）　測線上を正しく測定しない誤差　3·3·1 項に説明したように，測線上を繰り返して測定するとき，測量用ピンを測線から外れて打った場合に生じる誤差である．図 3·14 と図 3·17 を比較して式（3·3）に準じて次式を得ることが理解されよう．

図 3·17　測線から外れた距離測量

$$C_a = L - l \fallingdotseq -d^2/2l, \quad L = l + C_a \quad (3·5)$$

ここで，l は測線から外れた測定値，L は正しい距離，d は測線から外れた距離である．

C_a は，$l=30\,\mathrm{cm}$（巻尺の全長），$d=0.1\,\mathrm{m}$ とすれば，$d^2/2l=0.17\,\mathrm{mm}$ 程度であって，距離測量の誤差としては最も小さいものである．したがって，ポールの見通しは，極度に厳密に行わなくてもよいことがわかる．C_a はつねに負である．

（c）　巻尺が水平でないための誤差（傾斜補正）　2点間の高低差を h，斜距離を l（図 3·1），正しい距離を L とすれば，補正値 C_g は（h は L に比較して小さいものとして）式（3·3）に準じて次式で計算する．

$$C_g = L - l \fallingdotseq -h^2/2l, \quad L = l + C_g \quad (3·6)$$

平坦に見える所で測定する場合でも，測定の精度を考えて補正をしないと誤差を生じる．補正値 C_g と L の関係を示すと表 3·2 のようになる．表 3·2 から $L=100\,\mathrm{m}$ に対して高低差が 3 m であるとき，精度を 1/1 000 で測定しようとするならば，**傾斜補正**（correction for grade）は必要のないことがわ

3. 距 離 測 量

表 3・2 傾斜補正の値　　　　　　（$L=100$ m とする）

h [m]	1.0	2.0	3.0	4.0	5.0	7.5
α （傾斜角）	0°34′	1°09′	1°43′	2°17′	2°52′	4°17′
$-C_g=h^2/2l$ [mm]	5	20	45	80	125	281
$-C_g/L$	1/20 000	1/5 000	1/2 200	1/1 250	1/800	1/360

かる．C_g もつねに負である．

例題-3・5　AB 間の高低差は 2 m であった．測定距離 40 m に対する傾斜補正量はいくらか．　　　　　　　　　　　　　　（昭 52 士補類）

解答　傾斜補正 C_g は式（3・6）で求める．
$$C_g=-2^2\div(2\times 40)=-0.05 \text{ m}$$
　　　　　　　　　　　　　　　　　　　　答　-50 mm

（d）　検定温度で測定しないための誤差（温度補正）
$$C_t=\varepsilon l(T-T_0) \tag{3・7}$$

ただし，C_t は**温度補正**（correction for temperature），ε は巻尺の線膨張率〔/°C〕，l は T〔°C〕で測定した長さ，T_0 は検定温度〔°C〕，T は測定時の温度〔°C〕である．

ε は鋼で 0.000 012/°C，インバールで 0.000 000 9/°C 程度である．また，検定温度は JIS B 7512（鋼巻尺）では 20 °C と規定している．

例題-3・6　A, B 2 点間の距離を鋼巻尺で測定したところ 350.000 m であった．このときの鋼巻尺の尺定数は，50 m+3.6 mm，気温は 20 °C（尺定数の標準温度は 15 °C），尺の膨張係数 0.000 012，AB 間の比高は 8.00 m である．正しい距離はいくらか．　　　　　　　　　　　　（昭 45 士補類）

解答　尺定数が +3.6 mm であるから C_c を式（3・1）で求めると，つぎのようになる．
$$C_c=+\frac{0.003\,6\times 350.000}{50}=+0.025\,2 \text{ m}$$
補正した距離$=350.000+0.025\,2=350.025\,2$

温度補正 C_t を式（3・7）で求める（膨張係数は線膨張率と同じ）と，つぎのようになる．
$$C_t=0.000\,012\times 350.025\,2(20-15)=+0.021\,0$$
補正した距離$=350.025\,2+0.021\,0=350.046\,2$

傾斜補正 C_g を式（3・6）で求めると，つぎのようになる．

$$C_g = -\frac{(8.000)^2}{2 \times 350.0462} = -0.0914$$

求める正しい距離＝350.0462−0.0914＝349.9548≒349.955 m[1)]

(e) 検定した張力で測定しないための誤差（張力補正）

$$C_p = \frac{(P-P_0)l}{AE} \qquad (3\cdot 8)$$

ただし，C_p は**張力補正**（correction for pull），P は測定時の張力，P_0 は検定時の張力，l は P で測定したときの長さ，A は巻尺の断面積，E は巻尺の弾性係数である．

鋼の弾性係数は 2.1×10^6 kgf/cm^2 程度である．検定張力は JIS B 7512（鋼巻尺）では 2 kgf，B 7522（繊維製巻尺）では 1 kgf と規定されている．

(f) **巻尺のたるみによる誤差（たるみ補正）** 巻尺が図 3·18 のように両端で支持され，中間にたるみがあるとき生じる誤差である．たるみ曲線をカテナリー（catenary，懸垂線）として計算すれば，AB 間の曲線長 l（測定値）は，近似的に次式で示される．

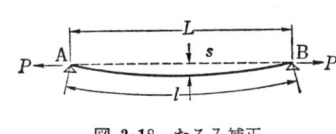

図 3·18 たるみ補正

$$l = L + \frac{8s^2}{3l} \qquad (3\cdot 9)$$

$$\therefore \quad C_s = -\frac{8s^2}{3l}$$

また，張力を P，巻尺の単位長さ当たり重量を w とすれば，つぎの関係がある．

---

1) 一般に C_c，C_t，C_g などの補正量は L に比し小さいので，つぎのようにして計算すればよい〔3·4·3·(g) 項参照〕．

$C_c = +0.0036 \times 350.000/50 = +0.0252$ m
$C_t = 0.000012 \times 350.000(20-15) = +0.0210$
$C_g = -(8.000)^2/(2 \times 350.000) = -0.0914$

全補正量を C とすれば
$$C = C_c + C_t + C_g$$
正しい距離　$L = l + C = l + C_c + C_t + C_g$
$\qquad = 350.000 + 0.0252 + 0.0210 - 0.0914 = 349.9548$
$\qquad ≒ 349.955$ m

$$s = \frac{wl^2}{8P} \quad (3\cdot10)$$

式 (3·9) と式 (3·10) から s を消去すれば，次式を得る[1),2)]．

$$C_s = -\frac{w^2 l^3}{24 P^2} = -\frac{W^2 l}{24 P^2} \quad (3\cdot11)$$

ただし，C_s は**たるみ補正**（correction for sag），w は巻尺の単位長さ当たりの重量，l は測定した長さ，P は測定時の張力，W は巻尺の重量（$W=wl$）である．

（g）**補正の重ね合わせ法則**　　上記の各種の誤差が生じる測定条件が重なったときの全補正量 C は，例題 3·6 でわかるように，各個の補正量の代数和となる．これは応用力学などに説明されている**重ね合わせの法則**（law of superposition）と似ている．たとえば，温度補正，張力補正およびたるみ補正を必要とするような測定をしたときの全補正量 C は，次式で示される．

$$C = C_t + C_p + C_s$$
$$L = l + C$$

3·4·4　不定誤差

距離測量に生じる不定誤差としては，測定時の温度や張力の不測の変化などによる誤差，巻尺の読取り誤差のほか，つぎのようなものがある．

　i）登測または降測において，巻尺の端を地上に下ろすときの誤差は 1 回ごとに 1～3 cm 程度と考えられる．

　ii）測量用ピンを打ち，巻尺の端をこれに合わせるときの誤差は 1 回ごとに 3 mm 程度である．

これらの誤差は不定誤差であるから，巻尺の繰り返し数の平方根に比例して増大する．

3·4·5　距離測量の精度

距離測量の精度は使用する度器と測定の方法により異なるが，だいたいつぎのようである．

---

1) 検定張力が P_0 であれば，前項の張力補正を行う．
2) 式 (3·11) は AB の傾斜が約 10° までならば使用してもよい．

ビニール被覆巻尺	1/2 000 〜 1/5 000
鋼　巻　尺	1/5 000 〜 1/10 000
鋼　巻　尺	1/10 000 〜 1/50 000（温度その他の補正を行う）
基準巻尺（またはインバールワイヤー）	1/50 000 〜 1/1 000 000（温度その他の補正を行う）

3・4・6 許容誤差

許容誤差（allowable error）とは，許容することのできる最大の誤差で，その目的や地形などによって異なるが，おおむね，つぎに示すものが技術的な標準と考えられる．そして，その許容精度に応じて，度器や測定方法を選定しなければならない．

山　　地	1/500 〜 1/1 000
平らな土地	1/2 500 〜 1/5 000
市　街　地	1/10 000 〜 1/50 000

3・5 チェーン測量

3・5・1 概　　要

主として巻尺だけで行う測量を**チェーン測量**（chain survey）という．この場合，高低差はハンドレベルなどで測定する．

チェーン測量は図根（点）測量（または骨組測量）と細部測量（オフセット測量）とに分けられる．

図根測量は基準となる**図根点**（測点）〔1・1・3(e)(1)iii)項参照〕の関係位置を定める骨組測量で，細部測量は図根点を結ぶ測線（本線ともいう）を基準として，地形や地物の位置を測量するもので，主としてオフセット測量が利用される．

3・5・2 図根測量

図根測量には，つぎのような各種の方法があり，地形や障害物の有無により，適宜な方法を採用する．

　（**a**）　**三角区分法**　　図根点によって形成された多角形を，対角線または適

当な直線によって，なるべく正三角形に近い三角形に区分して，その3辺の長さを測定して，各図根点の位置を定める方法を**三角区分法**（triangular division method）と

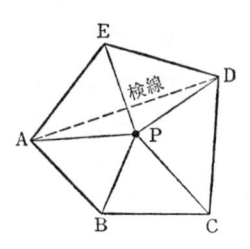

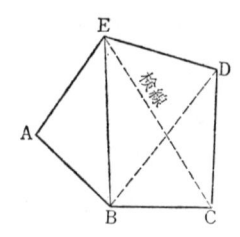

図 3・19　三角区分法

いう．**図 3・19** で，**検線（チェック線）**（check line）というのは，現場で実測値を求めておいて，多角形を製図したとき，図上の長さと実測値とを比較して，測量結果の点検をするための線をいう．

（b）つなぎ線法　測量区域の内部に障害物が多い場合に，対角線の代わりに，**図 3・20** のように，2測線上またはその延長上にそれぞれ任意の点を定めて，破線のような，**つなぎ線**（tie-line）をとり，これによってできる小さい三角形の3辺を測定して，多角形を定める方法を**つなぎ線法**（tie-line method）という．

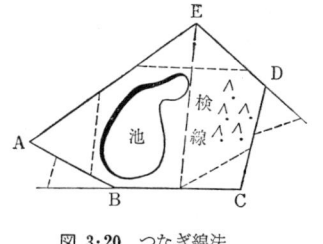

図 3・20　つなぎ線法

3・5・3　オフセット測量

図根測量で骨組となる測線が決定されたならば，これを基準として地形や地物の位置を測線までの**垂直距離**〔**オフセット**（offset）という〕を測って定める．この細部測量の方法を**オフセット測量**（または支距測量）（offsetting）という．オフ

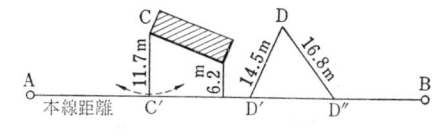

図 3・21　オフセットと斜めオフセット

セット測量はチェーン測量のみならず，後に述べるトラバース測量などによる骨組測量に引き続いて行う細部測量にも応用できる方法である．

オフセットをとるには，**図 3・21** のように，巻尺の零点を図根点 A に合わせて，本線 AB（測線）に沿って伸ばし，ほかの巻尺の零点を測定すべき点 C に合わせて，このオフセット尺を本線上に左右に動かし最小の読みを求めれ

ば，それが求めるオフセット CC′ である．そして，同時に本線距離 AC′ を求めると点 C の位置が定められる．

オフセットが長い場合，または特に重要な点の位置を定める場合は，図 3·21 の点 D のように，DD′ および DD″ の**斜めオフセット**（diagonal offset）をとる．

3·5·4　オフセット野帳のつけ方

オフセット測量の結果を野帳に記録する方法には，つぎの2つの方法がある．いずれの場合も，記入事項が多くなるので，測定もれのないように整然と記帳し，再測をしないですむように注意すべきである．

（a）**見 取 図 式**　図 3·22 のように見取図をかく方法でこれを**見取図式**（sketch method）といい，測量区域が狭く，記入事項が簡単なときに便利な方法である．

（b）**縦 欄 式**　図 3·23 のように，野帳の中央に幅約 2 cm の縦線〔市販のオフセットノート（offset notebook）は赤線が引いてある〕〕を引き，

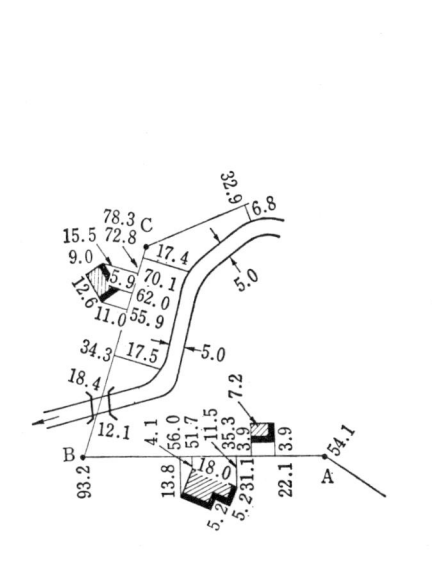

図 3·22　見取図式（単位：m）　　　図 3·23　縦欄式（単位：m）

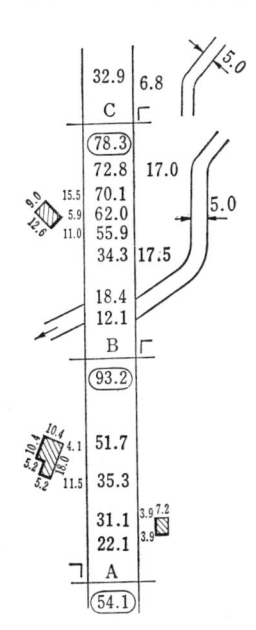

その間に図根点からの追加距離を下から上に向かって書き，その両側にオフセットを記入する方法で，これを**縦欄式**（column method）という．1測線が終わったら，横線を引いて，つぎの測線の記入を続ける．

3·6 電磁波測距儀

3·6·1 概要

電波または光波によって，距離を測定する器械を，それぞれ電波測距儀，光波測距儀といい，これらを総称して**電磁波測距儀**と呼び，EDM (electromagnetic distance measuring instrument) と略称されている．

電磁波測距儀，特に光波測距儀は最近の電子技術の発達によって，精度も高く，かつ軽量小型で作業能率のよいものが普及している．公共測量作業規程でも高精度の基準点測量には電磁波測距儀を使用するように定めている．

3·6·2 電磁波測距儀の原理

現在の電磁波測距儀は，電波または光波を一定波長に変調して，この変調波が2点間を往復した場合の位相差を比較測定（位相比較法という）して距離を求める方式を採用している．

いま，光速度を C，変調波の波長を λ，周波数を f とし，変調波が距離 D である2点間を往復 $(2D)$ したとすれば，**図 3·24** のように，次式が成立する[1]．

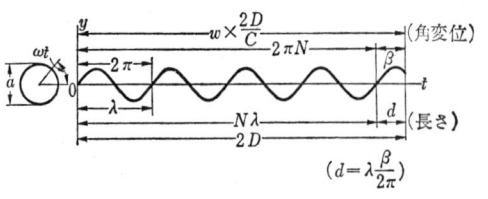

図 3·24 電磁波測距儀の原理

$$2D = N\lambda + d \qquad (3·12)$$

波が λ だけ進むに要する角変位は 2π で，d だけ進む角変位（位相差）を β とすれば

$$d = \frac{\lambda \beta}{2\pi} \quad (\because \ \lambda : d = 2\pi : \beta)$$

---

1) 変調波の波形は $y = a \sin wt$ ($w = 2\pi f$, a は振幅) とする．

3·6 電磁波測距儀

となるから，式 (3·12) はつぎのように変形できる．

$$D = \frac{\lambda}{2}\left(N + \frac{\beta}{2\pi}\right) = \frac{C}{2f}\left(N + \frac{\beta}{2\pi}\right) \tag{3·13}$$

電磁波測距儀は種々の方式があるが，原理的には式 (3·13) の波長数 N と位相差 β を測定して，距離 D を求めることにある．

N（正の整数）は波長の異なる変調波を数種類使用すれば，正確に求められるから，距離 D に対する誤差は，β の測定誤差だけとなる．この β の測定誤差は距離の大小に関係がないのが，電磁波測距儀の利点である．

3·6·3 電波測距儀

電波測距儀 (electromagnetic distance meter) は，電波を FM 変調して使用する．最大測定距離は約 80 km にも達し，見通しがわるくても，また雲や霧などの天候障害を受けても測定できる利点はあるが，湿度の影響が大きいので，測定誤差 ΔD は光波測距儀に比して大きい．ΔD は $\Delta D[\text{mm}] = \pm\{(10 \sim 50) + 3 \times D \times 10^{-6}\}$ 程度である．

電波測距儀の使用度は，わが国ではひじょうに少なく，海上や海外の広い地域で使用されている．その使用は電波管理法の制約を受ける．

3·6·4 光波測距儀

光波測距儀 (electro-optical distance meter) は，赤外線（中・短距離用）またはレーザー光（長距離用）[1] を変調（明るさを変化させる）して，その変調光を基点から発射して，目標点に**プリズム反射鏡** (reflector) を置いて反射させて，往復した変調光の位相差を測定して距離を求める（**図 3·25，3·26**）．

光波測距儀は，光源に発光ダイオードを使用したり，内蔵の電子計算機構により，測距計算や気象補正などを行い，これを数秒間でディジタル表示するなど，ますます取り扱いが簡便となり，かつ小形軽量化して普及した．光波測距儀はつぎのように大別される．

ⅰ) 短距離形簡易測距儀（赤外線）（約 3 km 以下）〔図 3·26(a)〕

---

[1] レーザー (LASER) とは Light Amplification by Stimulated Emission of Radiation の略である．これは，位相のそろった強い単色光を，狭い幅で送り出せるもので，測量のほか工業や医療にも利用されている．

3. 距離測量

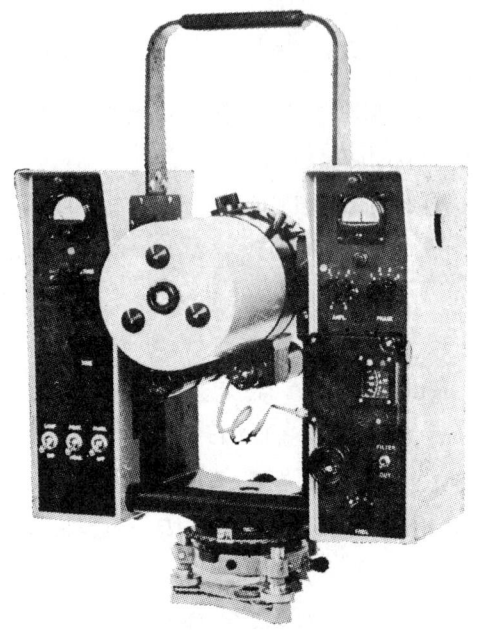

(a) 長距離用測距儀　　　　　　(b) プリズム反射鏡（6素子）

図 3・25　光波測距儀と反射鏡 (1)

ii) 長距離形レーザー測距儀（最大約 60 km）〔図 3・25(a)〕

iii) 総合形としての電子タキメーター（電子的に角度を読み取れるトランシットと測距儀を組み合わせて，斜距離，水平距離，水平角，鉛直角，高低差などをディジタルで表示するもので，トータルステーションと呼ばれる．4・8 節，8・3 節参照）．

iv) 精密形としての多色形測距儀（3・6・7 項参照）

(a) 短距離用測距儀　　(b) プリズム反射鏡（1素子）

図 3・26　光波測距儀と反射鏡 (2)

3·6 電磁波測距儀

表 3·3 光波測距儀の性能表

機　種	東京工学　DM-S 2	SOKKIA　RED 2 L	日本工学　ND-20
測距範囲	4 700 m（9 素子）	6 200 m（9 素子）	1 000 m（3 素子）
公称精度	±(5+3 ppm) mm	±(5+3 ppm) mm	±(5+5 ppm) mm
測距時間	4 秒	6 秒	5 秒
光　源	近赤外発光ダイオード	近赤外発光ダイオード	近赤外発光ダイオード
気象補正	ppm 値入力	ppm 値入力	温度・気温値入力
寸法〔mm〕	166×178×184		
重　量	2.2 kg（内部電源含）	2.4 kg（内部電源含）	2.3 kg（内部電源含）

光波測距儀の性能の一例を示せば，**表 3·3** のようである．表中の「公称精度」については 3·6·7 項に記す．

3·6·5　光波測距儀の検定

（a）器械定数　測距儀およびプリズム反射鏡は，いずれもその光学的中心と機械中心とが一致していない場合がある．その場合は測定値 d に補正値 K を加えて正しい距離 D を求める．

$$D = d + K \tag{3·14}$$

補正値 K は測定距離には関係しない一定値で，これを**器械定数**(instrumental constant) と呼ぶ．

器械定数は，正しい距離のわかっている 2 点間を比較検定して求められる．K はまた，一直線上にある 3 点を A，B および C として，AB，BC および AC を測定すれば，$K = AC - (AB + BC)$ でも求められる．

例題-3·7　電磁波測距儀の器械定数を求めるため，一直線上にある点 A，B，C について，$\overline{AB}$，$\overline{BC}$，$\overline{AC}$ の距離を測定してつぎの結果を得た．

$\overline{AB} = 298.853$ m　　$\overline{BC} = 319.716$ m　　$\overline{AC} = 618.690$ m

器械定数を加えた $\overline{AC}$ の距離はいくらになるか．　　　　　（昭 49　士類）

解答　器械定数を K とすれば，正しい距離はそれぞれ，$(298.853+K)$ m，$(319.716+K)$ m，$(618.690+K)$ m で，AC = AB+BC であるから

$$618.690 + K = (298.853 + K) + (319.716 + K)$$
$$K = 0.121 \text{ m}$$

よって

$$AC = 618.690 + 0.121 = 618.811$$

(**b**) **周 波 数** 現在の電子技術では，測距儀の変調周波数は十分な安定度が確保されているが，特に精密な測定をする場合は，測定の前後に周波数の検定を行う．周波数の変化を Δf とすれば式 (3・13) から，つぎの関係が得られる．

$$\Delta D = -D \times \Delta f / f \tag{3・15}$$

3・6・6 気象補正

式 (3・13) に示すように，光波測距儀による測定距離 D は光の空気中の速度 C に比例する．光の真空中の速度を C_0 とすれば，空気の屈折率 n は次式で定義される．

$$n = C_0 / C \tag{3・16}$$

測距儀が設定している標準屈折率（たとえば 15 ℃, 760 mmHg, 乾燥空気） n_s で測定した距離を D_s とすれば，屈折率 n で測定した正しい距離 D との関係は次式で示される．

$$D = D_s \times (n_s / n) \tag{3・17}$$

一般に屈折率 n は，使用する波長，気温 t [℃]，気圧 P [mmHg] および水蒸気圧 e [mmHg] によって変化し，次式で表される．式中 k は使用する波長に関する定数 $(0.386 \times 10^{-6} \sim 0.401 \times 10^{-6})$ である．

$$n = 1 + \frac{kP - 0.055\,0 \times 10^{-6} e}{1 + (t/273.2)} \tag{3・18}$$

測距儀は，標準屈折率 n_s で測った距離 D_s を表示するので，気象要素が異なった屈折率 n で測定した正しい距離 D は，式 (3・17), (3・18) によって**気象補正** (atmospheric correction) をする必要がある．測距儀には，それぞれ補正計算式や補正図表があり，簡単に補正ができるようになっている．光波測距儀では，通常，水蒸気圧に対する補正は影響が少ないので省略する．また，最近の測距儀は気温，気圧をパネル面にセットすれば，自動的に補正した距離を表示するものが多い（表 3・3）．

使用波長 λ，気温 t [℃]，気圧 P [mmHg]，水蒸気圧 e [mmHg] の測定誤差による距離誤差 ΔD は近似的に次式で示される．

3・6 電磁波測距儀

$$\Delta D = \pm(0.0055\,\Delta\lambda + 1.0\,\Delta t - 0.4\,\Delta P + 0.05\,\Delta e)\times D\times 10^{-6} \quad (3\cdot 19)$$

式 (3・19) から距離を 100 万分の 1 の精度で測定するには，気温は 1 ℃，気圧は 2.5 mmHg，水蒸気圧は 20 mmHg の精度で測定する必要があることがわかる．

例題-3・8　2 点間の距離を電磁波測距儀を用いて測定し，1 234.56 m を得た．このときの気象要素から大気の屈折率を求めたところ，1.000 310 であった．気象補正後の距離はいくらか．ただし，使用した電磁波測距儀の採用している標準屈折率は 1.000 325 とする．　　　　　　　　（昭 53　士類）

解答　式 (3・17) によって補正後の距離を求める．
　$D = D_s \times n_s/n$,　　$D = 1\,234.56\times 1.000\,325 \div 1.000\,310 = 1\,234.58$ m

例題-3・9　つぎの文は，光波測距儀による測距について述べたものである．間違っているものはどれか．つぎのなかから選べ．

（1）気温，気圧，湿度などの変化により，測定値に最も影響を与えるものは気圧である．

（2）光波測距儀の精度は，2 km につきおおむね 1/50 000～1/100 000 である．

（3）光波測距儀による測定値は，斜距離を表す．

（4）測定の誤差には，測定距離に比例する部分と測定距離に関係しない部分とがある．

（5）光波測距儀の周波数の変化は，測定値に影響を与える．

解答　（1）式 (3・19) により，気温が最も影響が大きい．

3・6・7　誤差の表示方法

電磁波測距儀の測定誤差は原理的には，測定距離 D に無関係な誤差 a と，D に比例して生じる誤差 bD とから成る．

ⅰ）誤差 a は式 (3・12) の d の測定誤差，すなわち位相差の測定誤差が主たるもので，その他測距儀や反射鏡の致心誤差も含まれる．単位は通常 mm で示す．

ⅱ）bD は変調波長の微小変動，気象要素の測定誤差，変調波光路内の気

象要素の変動などに起因するもので，通常1km当たり b [mm] として示す．いいかえると，$b \times D \times 10^{-6}$ [mm] または b ppm [mm] と表される．

誤差の理論（2·2·8項参照）によると，上記の誤差の関係は次式で示される．
$$(\Delta D)^2 = a^2 + (b \text{ ppm})^2 \tag{3·20}$$

式（3·20）は一般に簡略化して，つぎのように示している〔3·6·3項，表3·3の「公称精度」，(2)巻2·5·5項参照〕．

$$\Delta D = \pm(a + b \times D \times 10^{-6}) \quad \text{または} \quad \Delta D = \pm(a + b \text{ ppm}) \tag{3·21}$$

上述のように，光路内の気象条件をより精確に求めるために，**多色形測距儀**が開発されている．これは異なった2色の光源を用いて測定した距離から，光路内の気象条件を求めて，波長を補正するもので，約10 km で 1×10^{-7} の精度が得られたと報告されている（3·6·4項参照）．

演 習 問 題

（1） 10 kg の張力をかけた鋼巻尺を用いて距離を測定し，589.647 m を得た．この鋼巻尺の尺定数は 50 m+4.7 mm（15 ℃, 10 kg），線膨張係数は 1×10^{-5}/℃である．尺定数の補正および温度補正を行って得られる距離として，正しいものはどれか．つぎのなかから選べ．ただし，距離測定時の鋼巻尺の温度は 20 ℃とする．
 1. 589.562 m 2. 589.621 m 3. 589.673 m 4. 589.703 m
 5. 589.732 m

(昭62 士補)

（2） 鋼巻尺による距離測定において，つねに実際の長さよりその値が長く読み取れる原因のうち，間違っているものをつぎのなかから選べ．
 1. 起伏地を地表に沿って測定を行った場合．
 2. 鋼巻尺がたるんでいる状態で測定を行った場合．
 3. 鋼巻尺の定数の符号が負である場合．
 4. 鋼巻尺に対する張力が規定の張力より小さい場合．
 5. 鋼巻尺の温度が標準温度より高い場合． (昭49 士補類)

（3） 平たんな土地にある直線上の点 A，B，C について，器械高および反射鏡高を同一にして光波測距儀により AB，BC，AC の距離を測定してつぎの結果を得た．
$$AB = 700.25 \text{ m}, \quad BC = 300.15 \text{ m}, \quad AC = 1\,000.35 \text{ m}$$
光波測距儀の器械定数はいくらか．つぎの中から選べ．
 ただし，反射鏡定数は -0.03 m，測定結果は気象補正済みとし，測定誤差はないもの

演　習　問　題　　　　　　　　　69

とする．
1. $+0.05$ m　2. $+0.02$ m　3. ± 0.00 m　4. -0.02 m　5. -0.05 m
(平成5　士補)

(4)　点Aに光波測距儀およびトランシットを，点Bにプリズム反射鏡を整置して，AB間の斜距離Dおよび高度角αを測定して図3・27のような結果を得た．AB間の水平距離はいくらか．ただし，$D \cos \alpha = 866.03$ mとする．

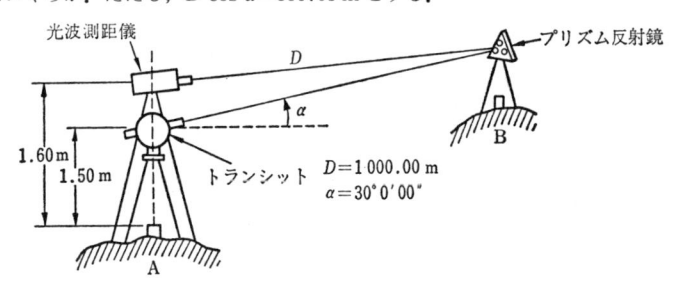

図3・27

$D = 1\,000.00$ m
$\alpha = 30°0'00''$

1.60 m
1.50 m

(昭56　士類)

(5)　2 kmの距離を，変調周波数が3×10^7 Hzの光波測距儀を用いて測定した．測定距離におよぼす気象要素の影響を式(1)，変調周波数の変化の影響を式(2)とする．測定距離の誤差が最も大きいものはどれか．つぎのなかから選べ．

$$\Delta D \fallingdotseq \pm(+1.0\Delta t - 0.4\Delta p + 0.05\Delta e) \times D \times 10^{-6} \tag{1}$$

$$\Delta D \fallingdotseq -D \times \frac{\Delta f}{f} \tag{2}$$

1. 測定温度(t)に2℃の誤差があった場合．
2. 測定気圧(p)に4 mmHgの誤差があった場合．
3. 測定水蒸気圧(e)に10 mmHgの誤差があった場合．
4. 器械定数に10 mmの誤差があった場合．
5. 変調周波数(f)が30 Hz変化した場合．　　　(昭55　士)

(6)　つぎの文は，光波測距儀による距離測定において，各種の誤差が測定距離に与える影響について述べたものである．間違っているものはどれか．
1. 気温測定における1℃の誤差の影響は，測定距離のほぼ百万分の一である．
2. 変調周波数の誤差（基準周波数からのずれ）の影響は，測定距離に比例する．
3. 気圧測定における2.5 mmHgの誤差の影響は，測定距離のほぼ百万分の一である．
4. 位相差の測定誤差の影響は，測定距離に比例する．
5. 器械定数と反射鏡定数の誤差の影響は，測定距離の長短にかかわらず一定である．
(平成4　士補)

4. トランシット測量

トランシット（転鏡儀，transit）[1]は，主として水平角を精密に測定する器械であるが，そのほか，つぎに挙げるような各種の測定ができる．
 i) 水平角および鉛直角の測定（角の測設を含む）．
 ii) スタジア測量
 iii) 直接水準測量
 iv) 磁針による方位の測定
 上記4項目のうち，第 i) 項に関する測量作業をトランシット測量といい，本章では主としてこれについて説明する．

4·1 トランシットの構造

4·1·1 概　　要

トランシットには，大別すると，水平目盛盤が鉛直軸の周りを回転する**複軸形（二重軸形）**(double axis type transit) と回転しない**単軸形**（single axis type transit）とがある．本書では，最も一般的な複軸形トランシットについて説明する．

複軸形トランシットは，**図 4·1** のように，① 上部，② 下部および ③ 底部に大別できる[2]．

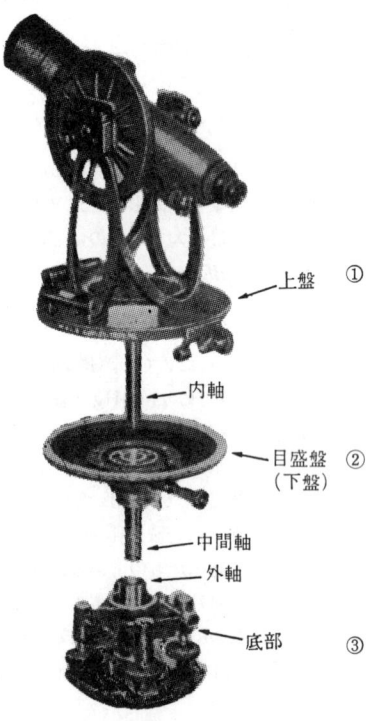

図 4·1 の各部分の名称：上盤 ①，内軸，目盛盤（下盤）②，中間軸，外軸，底部 ③

図 4·1 複軸形の3部分（ガーレー）

---
1) 従来は，トランシットとは，望遠鏡が，これを取り付けた水平軸の周りを 360° 回転できるものをいい，セオドライト（経緯儀）(theodolite) とは，精度が高く，360° 回転できないものをいった．JIS B 7902「トランシット」は，バーニヤ読みのものをいい，JIS B 7909「セオドライト」は，マイクロ読みと規定している．ヨーロッパでは総称してセオドライトといい，トランシットのことを，特にトランシットセオドライトと呼ぶこともある．
2) 図 4·1 は，古い形式であるが，明解に原理を示しているので掲げた．

4・1 トランシットの構造

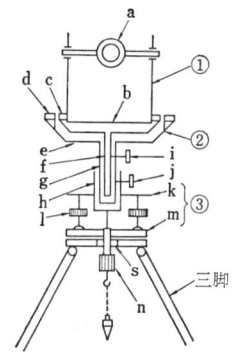

各部の主要な構成部分の名称は，つぎのようである（図4・2）．

① 上　　部　　望遠鏡 a (telescope)，上盤 b (upper plate)，バーニヤ c (vernier)，内軸 f (inner spindle)

② 下　　部　　下盤 e (lower plate)，水平目盛盤 d (horizontal circle)，中間軸 g (outer spindle)[1]，上部締付ねじ i (upper clamp screw)

③ 底　　部　　外軸 h (spider)，下部締付ねじ j (lower clamp screw)，平行上盤 k (upper parallel plate)，整準ねじ l (leveling screw)，平行下盤 m (lower parallel plate)，定心桿（かん）n (bridge screw)，移心装置 s (shifting device)

上部締付ねじをゆるめると，上部が自由に回転する．これを上部運動 (upper motion) という．また，上部締付ねじを締めて，内軸を中間軸に固定し，下部締付ねじをゆるめると，上部と下部とが一体となって，外軸に対して自由に

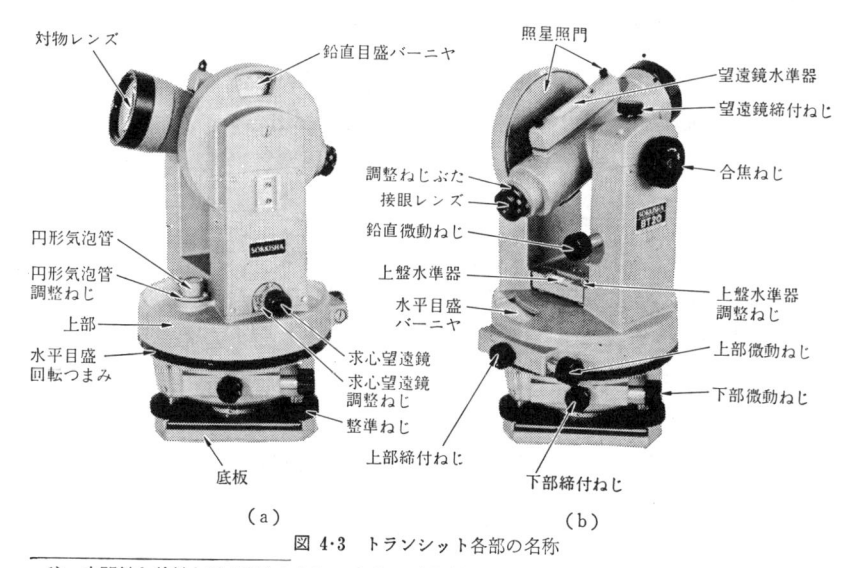

図4・2 複軸形の模式図

図4・3 トランシット各部の名称
(a) (b)

---

1) 中間軸を外軸と呼ぶ場合もある．また，中間軸と内軸とを総称して器械の鉛直軸 (vertical axis) と呼ぶ．

回転する．これを**下部運動**（lower motion）という．

トランシットの各部の名称は，図 4·3 に示すとおりである．

4·1·2 望　遠　鏡

トランシット用の**望遠鏡**（telescope）は，図 4·4 のように，主として，つぎの4つの部分から成っている．

i） **対物レンズ**（objective）　　ii） **十字線**（cross hairs）
iii） **接眼レンズ**（eye piece）　iv） **鏡　筒**（telescope barrel）

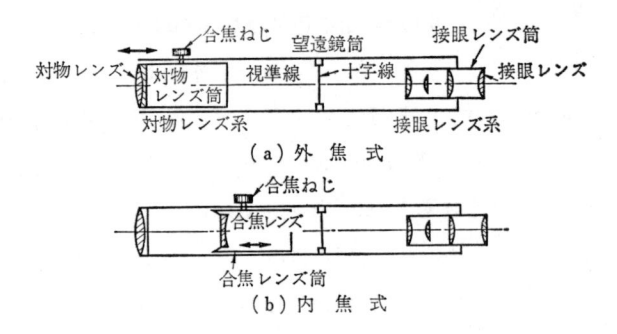

図 4·4　望遠鏡の構造

（**a**）　**対物レンズ**　　これは，図 4·5 に示すように屈折率の異なるガラスによる**合成レンズ**（compound lens）が使われる．これによって，**球面収差**（spherical aberration）や**色収差**（chromatic aberration）により，像がぼやけるのを防ぐ．

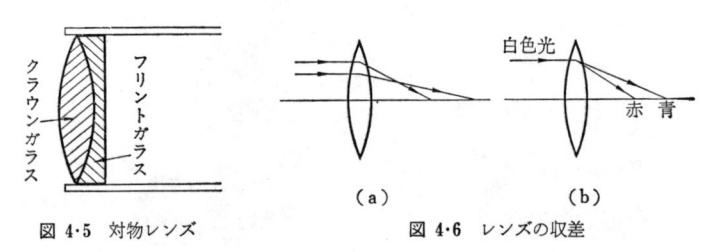

図 4·5　対物レンズ　　　　　図 4·6　レンズの収差

球面収差とは，図 4·6（a）に示すように，レンズの周辺部を通った光線は，中心部を通った光線より強く屈折されて像が一点に集まらないで，像がぼやけることをいう．

色収差とは，図（b）のように，白色光線のなかの各種の波長の色の光が，屈折率の差で，像を結ぶ位置が異なるから，焦点の合わせ方に従って，種々の色の像が見えることをいう．

4·1 トランシットの構造

図 4·4（a）のように**合焦ねじ**（focusing screw）により，対物レンズを前後に動かして焦点を合わせる方式を**外焦式**（external focusing type）というが，最近の望遠鏡は，図 4·4（b）のように，対物レンズ系のなかに**合焦レンズ**（focusing lens）を入れて，この合焦レンズだけを動かして焦準する**内焦式**（internal focusing type）のものになっている．この両方式の得失については，例題 4·1 で研究されたい．

例題-4·1 つぎの文章の括弧内に，下記の数式または字句のうちから正しいものを選んで，その符号を記入せよ．

（　）の望遠鏡の場合，対物鏡の焦点距離を f，対物鏡から物体および像までの距離をそれぞれ a, b とするときに成立する（　）を変形すると，$b=f+f^2/a+\cdots$ となる．無限遠にある物体では，右辺第2項以下は無限小となり，像の距離は一定である．したがって，天体望遠鏡としては差し支えないが，物体の距離が変わると，それに応じて（　）を f^2/a だけ移動させなければならない．このため，視準線は狂いやすく，また器械の密閉度もわるいという欠点がある．

これに反して，対物鏡と焦点鏡との間に（　）をおき，これの移動により，任意距離にある物体の像を一定位置にある十字線の面上に結ばせる形式を（　）という．この形式には大きく分けて4つの特徴がある．

（1）移動部分は鏡筒内にあるから，機械構造が安定となり，ほこりや（　）を防ぐことができる．

（2）対物鏡と合焦レンズとの合成焦点距離となるから，小形で（　）の望遠鏡が得られる．

（3）合焦レンズの視準軸に対する垂直方向の移動によって生じる（　）の変動はひじょうに小さい．

（4）対物鏡と合焦レンズの組み合わせを適当に選べば，無限遠から数 m までの距離にある物体に対して，（　）を実用上ゼロとすることができる．このような利点があるので，内焦式望遠鏡は野外における（　）としてきわめて好適である．

4. トランジット測量

イ. $\dfrac{1}{a}+\dfrac{1}{b}=\dfrac{1}{f}$ ロ. $\dfrac{1}{a}-\dfrac{1}{b}=\dfrac{1}{f}$ ハ. 外 焦 式
ニ. 内 焦 式   ホ. 接 眼 鏡   ヘ. 対 物 鏡
ト. 湿 気   チ. 乾 燥   リ. 凸 レ ン ズ
ヌ. 凹 レ ン ズ   ル. 高 倍 率   ヲ. 低 倍 率
ワ. 視 準 線   カ. 十 字 線   ヨ. 測 量 用
タ. 天体観測用   レ. 加 常 数   ソ. 倍 常 数

(昭 42 士)

解 答 ハ (またはタ), イ, ヘ, ヌ, ニ, ト, ル, ワ, レ, ヨ

〔注〕視準線, (スタジア) 加常(定)数, 倍常(乗定)数については後述する. また, 天体望遠鏡の場合は, ヘ (または ホ) でよい.

(b) 十 字 線 視準線を定めるため, **図 4·7** のように**十字線枠** (reticule) に白金線を十字に張ったものを4個のねじで鏡筒に取り付けてある. ガラス板に十字を刻んで, 十字線枠に取り付けたものは, 線は太い (2/1000～3/1000 mm 程度) が, **照準 (pointing)** が人間工学的に正確に, かつ容易にできるような各種の図形をつくることができる (**図 4·8**).

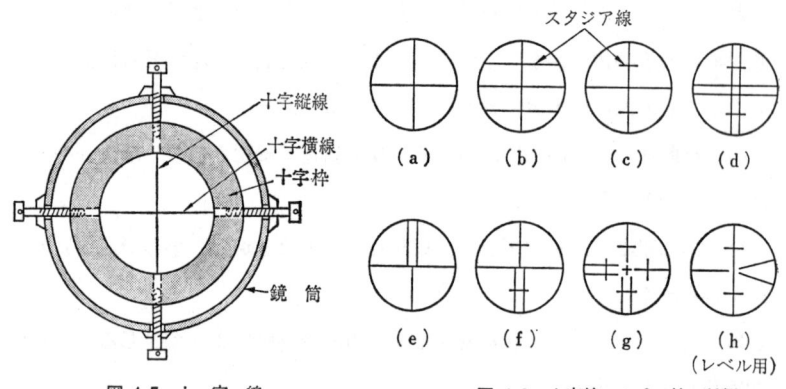

図 4·7 十 字 線

図 4·8 十字線スタジア線の種類

(c) 接眼レンズ 十字線の面に対物レンズにより結ばれた像を拡大して見るためのものである (図 4·5). 対物レンズによる像は倒像で, 一般に接眼レンズによって正像として見るようになっている.

(1) 光 心 図 4·9 において, レンズのある1点を通る光線は,

すべて入射光線と透過光線が平行になる．この点 O をレンズの**光心**（optical center）という．

（2）光軸 図 4·9 において，2つの球面の中心 O_1 および O_2 を結ぶ直線を**光軸**（optical axis）という．光軸を通る光線は屈折しないから，光心は光軸の上にあることになる．望遠鏡では，対物レンズと接眼レンズの光心を結ぶ直線を光軸という．

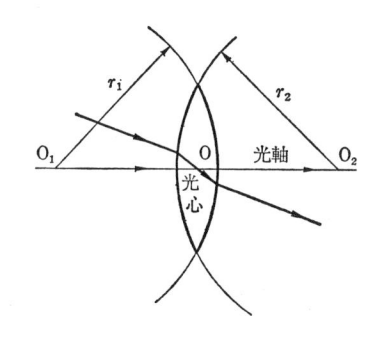

図 4·9 レンズの光軸と光心

（3）視準線 対物レンズの光心と十字線の交点を結ぶ直線を**視準線**（line of collimation）という．これは光軸と一致していなければならない．

（4）視準軸 対物レンズの光心を通り，水平軸に下ろした垂線を**視準軸**（colimation axis）という．視準軸も光軸と一致しなければならない．

（5）主軸 対物レンズの光心と，水平軸と鉛直軸の交点とを結ぶ線を望遠鏡の**主軸**（principal axis）という．視準軸と主軸は一致しなければならない．

（d）焦準の方法 望遠鏡で目標物を視準するときは，つぎの2つの操作により行う．

ⅰ） 接眼レンズを調節して，十字線が明瞭に見えるようにする．この場合は望遠鏡を空に向けるか，白壁などに向けると十字線がよく見える．

ⅱ） つぎに，対物レンズまたは合焦レンズを合焦ねじで調節して，目標物がはっきり見えるようにする．この場合，目標物の像は正しく十字線の面の上にあるはずである．この操作を**焦準**（focusing）という．

もし，目を上下左右に動かして，像が十字線に対して動くような場合は，接眼レンズの焦点が十字線の面と一致していないのであるから，上記ⅰ）およびⅱ）の2つの操作を繰り返して，像が動かなくなるようにしなければならない．この目の位置により像の動くことを**視差**（parallax）という．視差は測定誤差の原因となる．

視準の際の望遠鏡を操作する方法には，つぎのように**正位**（normal state）と**反位**（reverse state）とがある．

i）正　位　　鉛直目盛盤が視準線の左側にある状態で視準するとき，望遠鏡正位で視準するという．慣習的に r で示す．

ii）反　位　　望遠鏡を反転して，鉛直目盛盤が視準線の右側にある状態を望遠鏡の反位という．慣習的に l で示す．

例題-4・2　三角測量で，トランシット正位で視準した状態が図 4・10（a）である場合，反位で視準するときは，図（b）から図（e）までのうち，どれがよいか．

（昭 43　士補）

図 4・10

解答　図（c）

4・1・3　気泡管水準器

気泡管水準器（level tube）は，液体の表面が鉛直線に直角に静止する原理を利用した装置で，鉛直線の方向または水平面を見いだすために使用される．

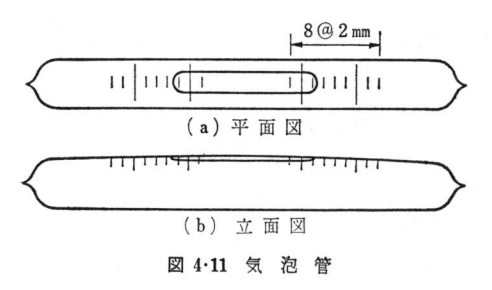

図 4・11　気　泡　管

気泡管（bubble tube）（図 4・11）は，円筒形のガラス管の内側上面を一定の半径になるようにみがき上げ，そのなかに粘性の少ない液体（たとえばアルコール 60％，エーテル 40％ の混合液）を気泡をわずかに残して封入したものである．気泡管の目盛の中央における接線の方向を**気泡管軸**または**水準器軸**（axis of level tube）という．

　（a）　**気泡管水準器の感度**　　気泡管には，図 4・11 に示すように 2 mm ごとに目盛が刻まれている．気泡管軸を α_0'' だけ傾けた場合，気泡がこの 1 目盛だけ移動したとするとき，この α_0'' を**気泡管の感度**（sensitivity）という．

気泡管の感度は，水平からの傾きをどの程度精密に測定できるかという性能を表す値で，管の内面の曲率半径が大きくなるほど感度は高く（秒数は小さく）なる．

（b） 測量器械に使用する気泡管の感度　気泡管水準器は各種の測量器械に取り付けられている．水準器の感度は高いほど，器械を正確に水平に据え付けられるが，逆に気泡を中央に導くのに時間がかかる．また，気泡管が太いほど，気泡が長いほど，その動きは鋭敏となり，静止するのに時間を要する．

それゆえ，測量器械に取り付ける水準器は，その器械の他の部分の性能（たとえば望遠鏡など）と釣り合った寸法と感度のものを採用すべきで，必要以上に感度の高いものを取り付けることは有害無益である（86ページ，表 4·2 参照）．

（c） 気泡管の感度の測定　気泡管の感度を現場で測定するのには，つぎのようにする．

トランシットの望遠鏡水準器により，図 4·12 のように，$L=20\sim60$m 離れたところに標尺を立て，気泡を中央に導いて，そのときの読みを a とし，つぎに望遠鏡をわずかに上または下に α（単位：rad）だけ回転して，そのときの標尺の読みを b とする．

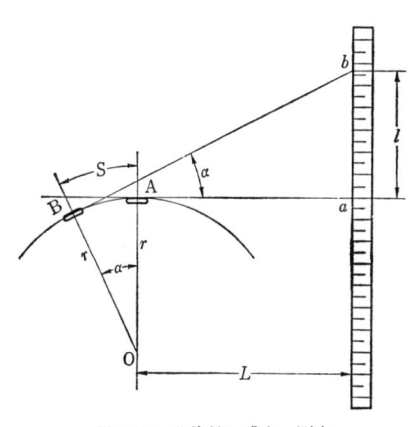

いま，気泡の移動量を S（n 目盛），気泡管の曲率半径を r，1目盛に対する傾斜角（感度）を α_0〔rad〕とすれば，α は微小であるから，つぎの3式が成り立つ．

図 4·12　気泡管の感度の測定

$$S=r\alpha, \qquad l=(b-a)=L\alpha, \qquad \alpha=n\alpha_0 \qquad (4\cdot1)$$

この3式から，S および α を消去すれば，感度 α_0 が得られる．

$$\alpha_0 = \frac{l}{nL} \quad \text{〔rad〕}$$

α_0 を秒に直せば，感度 α_0'' を得る．

$$\alpha_0'' = 206\,265 \frac{l}{nL} \quad [秒] \qquad (4\cdot 2)$$

気泡管には，上述の棒状（または管形）気泡管のほかに，概略の水平を求めるための図 4・13 のような円形（丸形）**気泡管**（円形レベル，circular level, spherical level）があるが，その原理は棒状とまったく同一である．

例題-4・3 レベルの主気泡管の感度を求めるため，レベルから 50 m の距離にある標尺を観測し 1.30 m を得た．つぎに，この気泡管目盛（目盛間隔 2 mm）を 5 目盛ずらして 1.36 m を得た．気泡管の感度はいくらか．ただし $\rho'' = 2 \times 10^5$ とする．　　　　　　　　　　（昭 52 士類）

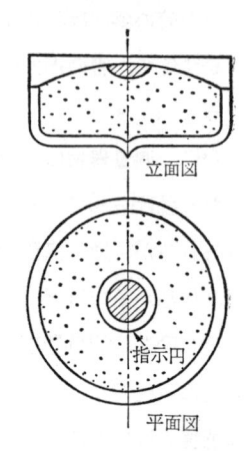

図 4・13 円形気泡管

解答 図 4・12 において，$a=1.30$ m，$b=1.36$ m，$l=0.06$ m，$L=50$ m，$n=5$ とすれば，式 (4・2) から

$$\alpha_0'' = 2 \times 10^5 \times \frac{0.06}{5 \times 50} = 48 \qquad 答\; 48''/2\,\text{mm}$$

4・1・4 整準装置

測量器械を水平に据え付けることを**整準** (leveling) という．整準装置の主要部は，図 4・3 に示される 3 個の**整準ねじ** (leveling screw) で，これを調節してトランジットの上盤を水平にすればよい（鉛直軸が鉛直となる）．整準は図 4・14 のように，まず aa' のねじで，気泡 A を中央に導き，つぎに b のねじだけを回して，B の位置にある気泡を中央に導き，これを繰り返して，A および B の気泡が，ともに中央に静止すれば，トランジットの鉛直軸は鉛直になる．

上記の操作は，平面内の相交わる 2 直線が水平であれば，その平面は水平であるという立体

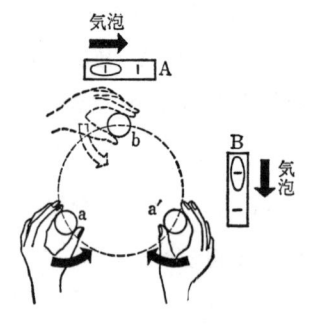

図 4・14 整準の方法

幾何学の原理に基づいている．

気泡を動かすとき，図 4·14 で明らかなように，気泡は左手の親指の動く方向に移動するので，これを**左親指の法則**（left thumb rule）という．

4·1·5 移心装置，シフト装置および求心望遠鏡

図 4·2 の三脚頭部に取り付けてある定心かんによって，トランシットを三脚に固定する．三脚頭部の中央には約 2 cm の穴があけてあり，定心かんをゆるめれば，三脚を動かさないでも，トランシットを自由に動かして，**下げ振り**（plumb bob）を測点に一致させることができる．これを**移心装置**（shifting device）という．

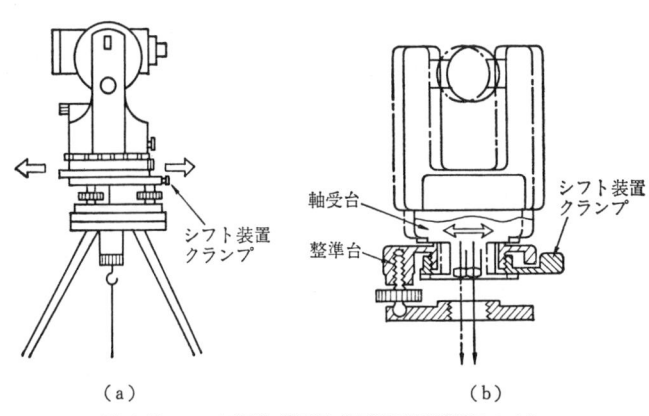

図 4·15 シフト装置（「新版 最新測量機器便覧」から）

最近のトランシットには，上記の移心装置と別に，底部（図 4·2）から上の部分を整準状態を変えることなく，スライドさせて求心ができる．これを**シフト装置**または**センターリング装置**と呼んでいる（図 **4·15**）．

下げ振りは，風のあるときは静止しにくいので，測点に器械の中心を合わせる〔**致心**または**求心**（6·3 節参照）

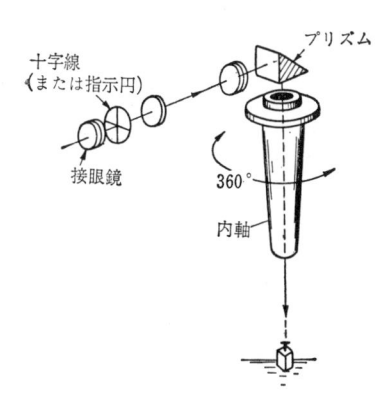

図 4·16 求心望遠鏡

という〕のに時間を要する．このため，最近のトランシットには**図 4・16** のように，鉛直軸のなかを通して測点が見える**求心望遠鏡**がついている．これを**光学垂球**（optical plummet）という．求心望遠鏡を使用する場合は，鉛直軸が鉛直でなければならない．

　求心望遠鏡によりトランシットを測点上に据え付けるには，概略つぎのようにする[1]．

　ⅰ）三脚を頭部面をできるだけ水平にして，測点ほぼ真上に据え付ける．

　ⅱ）求心望遠鏡をのぞきながら，整準ねじで測点を望遠鏡の○印の中心に入れる．

　ⅲ）三脚の任意の1本を基準にして，他の2本の脚だけを伸縮させて，円形気泡管の気泡を中心に入れる．

　ⅳ）上盤水準器によって整準する．

　ⅴ）求心望遠鏡の○印の中心に測点があるかどうか確かめる．

　ⅵ）○印の中心にないときは，定心かんをゆるめるか，シフト装置により中心に合わせる．

　ⅶ）上盤水準器によって整準して，同時に求心望遠鏡の○印の中心に測点が合うまで，上記の操作を繰り返す．

4・1・6　微動ねじ

　望遠鏡や目盛盤をわずかに回転させるためには，**微動ねじ**（tangential screw）を使用する．**図 4・17** は，その構造の模式図である．締付けねじと微動ねじは中間軸に取り付けられ，締付けねじを固定すると，内軸は中間軸に固定されるが，逃げにより多少動くことができる．微動ねじを**時計回り**（clockwise）に回すと，ねじはアームとプランジャーを通してスプリングを押して前進し，内軸は中間軸に対して**反時計回り**（counterclockwise）に動く．微動ねじを反時計回

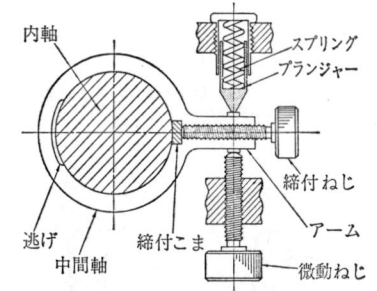

図 4・17　微動ねじ
（「新版 最新測量機器便覧」から）

1）この方式は慣れると案外速いものである．

りに回したときは，上記の逆に内軸は時計回りに動くが，もしスプリングが伸び切っていると，アームが微動ねじとプランジャーとの間に確実に固定されなくなる．それゆえ，微動ねじの最後の操作は，必ずスプリングを押すように時計回りに動かさなければならない．

4·1·7 目盛盤

目盛盤 (graduated circle) には，水平目盛盤と鉛直目盛盤とがある．目盛の刻み方には，図 4·18 に示すように器械により各種のものがあるから，測定に際して確認を要する．

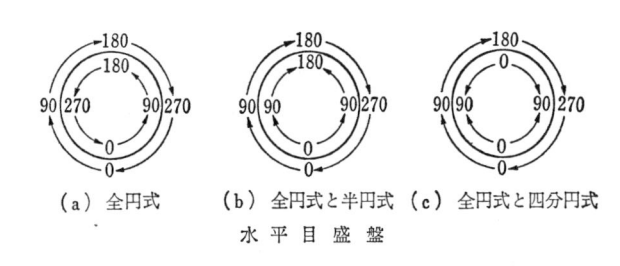

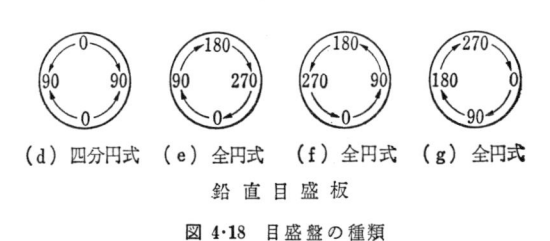

(a) 全円式　　(b) 全円式と半円式　(c) 全円式と四分円式
水 平 目 盛 盤

(d) 四分円式　(e) 全円式　(f) 全円式　(g) 全円式
鉛 直 目 盛 板
図 4·18 目盛盤の種類

4·1·8 バーニヤ

（a） バーニヤの原理　　トランシットの目盛の太さは，約 3/100 mm で目盛を一定限度以上細かくつけることはできないから，それ以上は目分量で読むことになる．この最小目盛以下をさらに正確に読む方法として，1631 年にフランスのピエールバーニヤ (Pierre Vernier) が遊標（または副尺）を主尺 (main scale) に並べる方法を考案した．この遊標を発明者の名をとってバーニヤ (vernier) と呼ぶ．

図 4·19 (a) のように，主尺の (10−1)=9 cm を 10 等分した副尺（バー

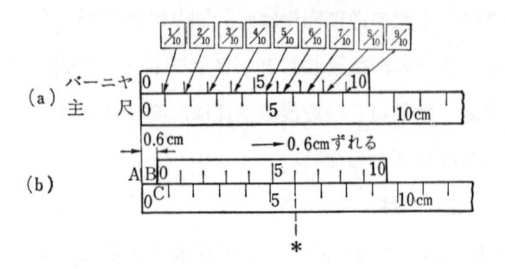

図4·19 バーニヤの原理

ニヤ)をつくり,バーニヤの0目盛を主尺の目盛に一致させたものを調べてみよう.この場合,バーニヤの1, 2, 3, …, 9の目盛と主尺の1, 2, 3, …, 9の目盛とは,それぞれ1/10, 2/10, 3/10, …, 9/10 cmずつずれている.いま,図(b)のように厚さ0.6 cmの板の厚さを測定しようとして,主尺の0目盛に板の端を合わせれば,バーニヤは6/10 cm右へ移動するから,バーニヤの6の目盛が主尺の6の目盛と当然一致することになり(*印),主尺の端数を0.6 cmと正確に読める.これがバーニヤの原理である.

一般的にいえば,主尺の$(n-1)$目盛の長さをn等分したバーニヤをつくれば,バーニヤの1目盛は$(n-1)/n=1-1/n$となり,主尺の目盛とのずれは主尺の1目盛の$1/n$の倍数となり,したがって,バーニヤにより主尺の$1/n$まで正確に読み取ることができることになる.

バーニヤには上述のように,主尺の目盛の増加する方向とバーニヤの目盛の増加する方向が一致している**順読みバーニヤ**(direct vernier)のほか,主尺の$(n+1)$目盛をn等分した**逆読みバーニヤ**(retrograde vernier)もあるが,原理は順読みバーニヤと同じである.

(b) **角度目盛のバーニヤ** トランシットの目盛盤につけられた角度目盛用のバーニヤも,原理は上記とまったく同じであるが,実際には多少注意しないと誤読をするおそれがある.**図4·20**(a)は,主目盛310°00′〜314°30′までの$(30-1)=29$目盛を30等分したバーニヤであるから,主目盛の1/30まで読める.すなわち,主目盛の1目盛は30′であるから30′×1/30=1′となり,これは1′読みバーニヤである.同様に,図(b)および(c)はそれぞ

4·1 トランシットの構造

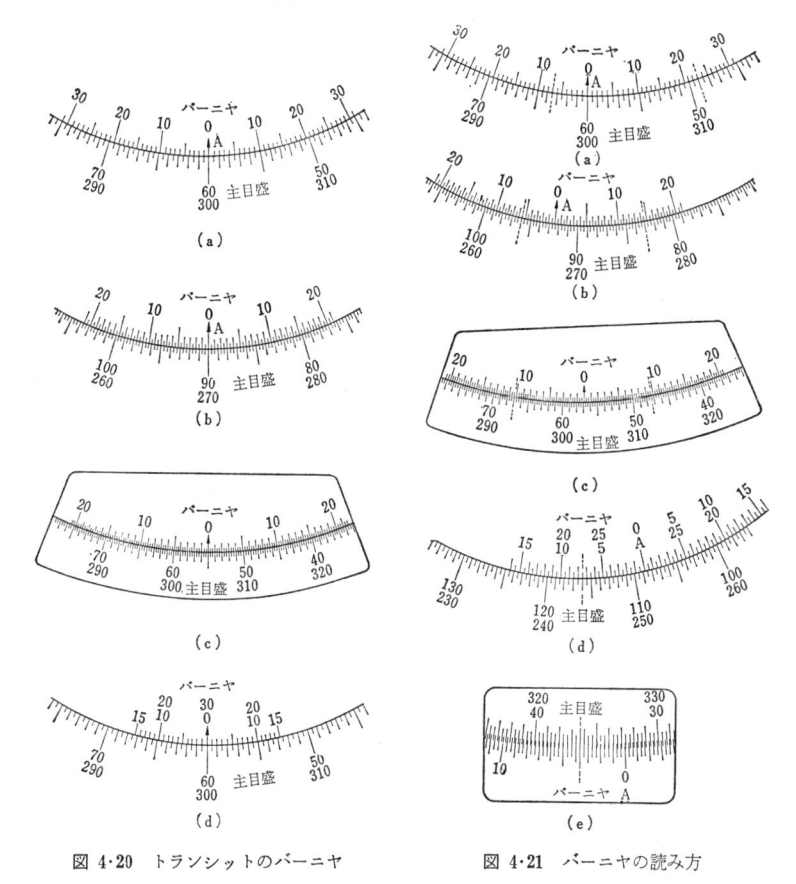

図 4·20 トランシットのバーニヤ   図 4·21 バーニヤの読み方

れ,30″,20″読みのバーニヤである.

　目盛盤には,右回り(時計回り)および左回りに目盛が刻んであるので,バーニヤもこの両方向につけられている.これを**複バーニヤ**(double vernier)という.また,複バーニヤは長さが大きくなるので,図(d)のように**折返し複バーニヤ**(double-folded vernier)も考案されている.

　例題-4·4　図4·21の目盛を右回りおよび左回りに読め.

　解答　(a) 60°07′00″, 299°53′00″　(b) 92°25′30″, 267°34′30″
(c) 56°50′20″, 303°09′40″　(d) 108°37′30″, 251°22′30″
(e) 32°43′40″, 327°16′20″
〔注〕(e)は,ガラスを使用して主目盛とバーニヤを重ねたものである.

一般のトランシットの**水平目盛盤** (horizontal circle) には，2個のバーニヤがつけてあり，望遠鏡正位および反位のときの接眼鏡側にあるものを，それぞれAバーニヤおよびBバーニヤと呼んでいる．バーニヤが2個あるときは，両方の読みの平均を測定値とする．

（c） **マイクロ読みバーニヤ**　最近のトランシットのなかには，バーニヤの代わりに光学的に目盛を細かく読む各種の方式が考案されている．**図4·22**（d）は，水平目盛についての一例を模式化したものである．

反射鏡を経た光aは，bの目盛を通り，プリズムP_1，P_2を通って180°反対

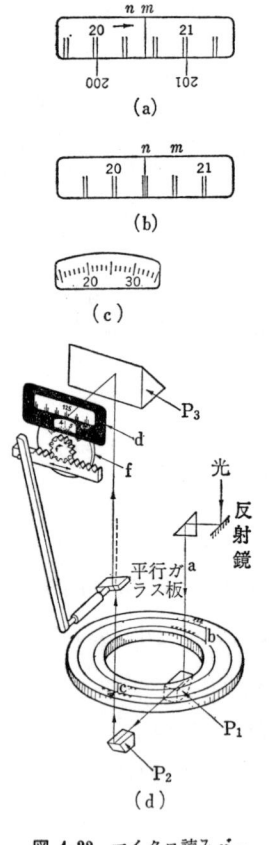

$326°40'$
$+\quad 5'10''$
$\overline{326°45'10''}$

（a） H（水平角）の読み

$12°20'$
$+\quad 14'50''$
$\overline{12°34'50''}$

（b） V（鉛直角）の読み

図 4·22　マイクロ読みバーニヤの原理

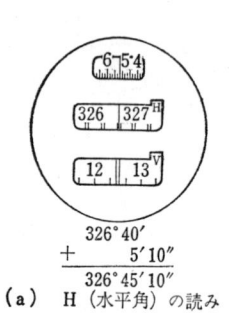

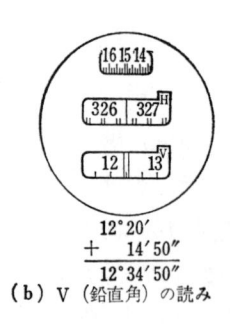

図 4·23　マイクロ読みの例

側の目盛cを通り，平行ガラス板とプリズムP_3を経て，マイクロスコープ（測微鏡）dの窓に写る．この場合，平行ガラス板を光路に直角にしたときの像が図（a）である．180°差のある目盛は，P_1とP_2のプリズムにより少しずらして2本の線になるようにしてある．つぎに，マイクロ読みつまみを回してマイクロ読み目盛盤fを回転させると，レバーによって平行ガラス板が回転する．この平行ガラス板を回転して，水平目盛をmからnまで移動させる〔図（b）〕のに要した回転量が端数mnを示すようにして，図（c）のような窓〔図（d）のdの下の窓〕に表すのである．

この方式によると，A，Bバーニヤの平均値を読んだことになる．また，器械によっては図（d）のcだけ一方の目盛を読むようになっているものもある．

鉛直目盛盤の読みも，同じ平行ガラス板を通して端数を読めるように工夫されている．

図4·23はマイクロ読みの一例である．この例では，鉛直目盛は一方の目盛だけで読むから指標が2本線になっている．

（**d**）　**ディジタルセオドライト**（digital theodolite）　角度を電子工学的に読み，ディジタル表示するもので4·8節で説明する．

4·2　トランシットの分類

トランシットは前述のように，単軸形と複軸形，バーニヤ読み，マイクロ読み，およびディジタル読みなどに分類される．そのほか最小読定値によって，1′読み，30″読み，20″読み，10″読み，5″読み，1″読みなどにも分けられる．

建設省公共測量作業規程では，**表4·1**のように性能で分類している．

表4·1　使用機器性能表

区　　　分	性　能　(公称)	備　　　　考
一級トランシット	最小読定値1秒読み以上	一級基準点測量，二級基準点測量
二級トランシット	〃　　10　　〃	二級基準点測量，三級基準点測量
三級トランシット	〃　　20　　〃	四級基準点測量

現在市販されているトランシットは多種多様にあり，それぞれの特長を持っているが，**表4·2**に，マイクロ読みセオドライトの数種について，その主な性能を参考に示した．

表4·2 光学式セオドライト性能一覧

会社名	項目 製品名	望遠鏡			スタジア		水平目盛盤		
		全長〔mm〕	倍率	像	乗数	加数	直径〔mm〕	分画〔分〕	最小読み〔秒〕
ソ キ ア	TM 1 A	170	30	正	100	0	94	20	1
トプコン	TL-6 G	150	30	正	100	0	70	20	6
ニ コ ン	NT-5 A	165	30	正	100	0	94	20	1
旭 精 密	TH-01 W	166	30	正	100	0	100	20	1

会社名	項目 製品名	鉛直目盛盤			気泡管感度		シフト装置	着脱装置	自動補正	本体重量〔kgf〕
		直径〔mm〕	分画〔分〕	最小読み〔秒〕	望遠鏡〔秒〕	平板用〔秒〕				
ソ キ ア	TM 1 A	80	20	1	無	20	—	有	有	6.0
トプコン	TL-6 G	70	—	6	無	30	—	有	有	4.1
ニ コ ン	NT-5 A	74	20	1	無	20	—	有	有	5.5
旭 精 密	TH-01 W	80	20	1	無	20	—	有	有	5.5

(「各社測量機器総合カタログ」から)

4·3 トランシットの検査と調整

トランシットは精密器械で，振動や衝撃などで狂いを生じることも考えられるので，作業開始前はもとより，作業中でも，しばしば**検査**（test）をして，所要の**調整**（adjustment）を行って，正確な測定を期さなければならない．最近の器械はますます複雑精密な構造となっているから，専門技術者に調整を依頼したほうがよい場合が多い．

トランシットの点検調整の条件とその順序は，つぎのとおりである．

4·3 トランジットの検査と調整

4·3·1 調整の条件とその順序

ⅰ) 平盤水準器軸が鉛直軸に垂直であること（第1調整）.

ⅱ) 十字縦線は水平軸に垂直な平面内にあり，かつ視準線は水平軸に直交すること（第2調整）.

ⅲ) 水平軸が鉛直軸に直交すること（第3調整）.

ⅳ) 十字横線と縦線との交点が望遠鏡の主軸上にあること（第4調整）.

ⅴ) 望遠鏡付属の水準器軸が視準線と平行であること（第5調整）.

ⅵ) 視準線が水平であるとき，鉛直目盛盤のバーニヤの読みが零であること（第6調整）.

ⅶ) 求心望遠鏡の視準軸が鉛直軸と一致していること.

以上の調整のうち，水平角を測定するためには，ⅰ), ⅱ), ⅲ) の調整が必要であり，鉛直角を測定するためにはⅰ)～ⅵ) の調整を要する．また，光学垂球を使用する場合は ⅶ) の調整が当然必要となる（4·1·1 項参照）.

4·3·2 平盤水準器の調整（第1調整）

（a）検　査　2個の平盤水準器の気泡を整準ねじで中央に導き，上盤を静かに 180° 回転したとき，気泡がそのまま中央にあれば，気泡管軸は鉛直軸に垂直である．

気泡が 180° 回転して移動したときは調整する．

（b）調　整　法　上記の検査で気泡が s だけ移動したときは，180° 回転した状態で，調整ねじで $s/2$ だけ気泡を中央に寄せる．

この調整を2個の水準器について，繰り返し行って完全に調整する．

（c）理　由　図 4·24(a) のように，水準器軸 HLR が平盤 AB に対して ε だけ傾いているとすれば，この状態で水準器の気泡を中央に導けば，鉛直軸も ε だけ鉛直線から傾くことになる．つぎに，鉛直軸が ε だけ傾いた状態で 180° 回転する

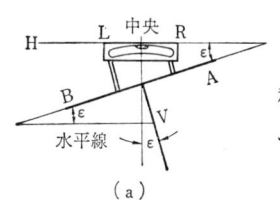

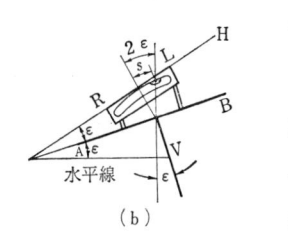

図 4·24　平盤水準器の調整

と図（b）のように水準器軸 RLH は 2ε だけ水平線から傾いたことになり，気泡は 2ε に対して s だけ移動する．よって，ε の傾きを直すために $s/2$ だけ戻せばよいことになる．

ε の誤差が反転すると 2ε となって現れる原理を**反転の原理**（principle of reversion）という．

4・3・3 十字縦線の調整（第2調整）

（a） 十字縦線の傾き

（1） 検　　査　　60 m 以上離れたはっきり見える1点 A に十字縦線（vertical hair）を図 4・25（a）のように合わせ，締付ねじを全部締め付けて，望遠鏡を固定し，鉛直微動ねじで望遠鏡を水平軸の周りに回転したとき，点 A の像が十字縦線に沿って点 A′ まで移動すれば，十字縦線は水平軸に垂直な平面内にある．

（2） 調　　整　　もし，図 4・25（b）のように点 A の像が A′ に移動したときは A″A′ の中点 C を十字線が通るように調整し，再び検査する．

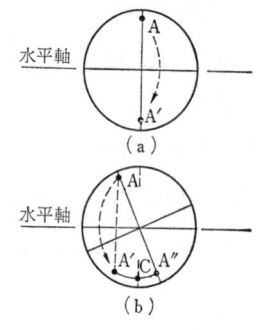

図 4・25　十字縦線の傾き

（b） 十字縦線の水平移動

（1） 検　　査　　前後が 50〜100 m ぐらい見通せる平坦地に器械を据え，50〜100 m 離れた明瞭な点 A を望遠鏡正位で視準し〔図 4・26（a）〕，鉛直軸を固定して，望遠鏡を反転して，ほぼ等距離のところに張った紙の上に，十字線の示す位置に×印をつけて点 B とする．つぎに，締付ねじをゆるめて，望遠鏡を反位のまま，鉛直軸の周りに回転して，再び点 A を視準し〔図（b）〕，締付ねじを締めて，

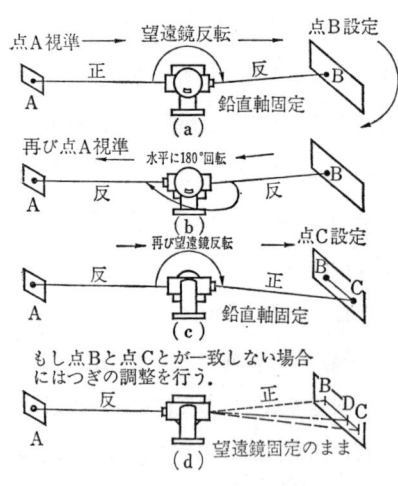

図 4・26　十字縦線の水平移動の検査と調整

望遠鏡を反転して正位として点 B の方向を視準して，紙の上に点 C を取る〔図(c)〕．この場合，点 B と点 C が一致していれば，視準線は水平軸に垂直である．

(2) 調　　整　　もし，点 B と点 C とが一致しないときは，点 C を視準した状態で望遠鏡を固定して図 4・26(d) に示すように点 C に近い BC の 4 等分点 D に十字縦線を調整して合わせて，再度検査する．

(3) 理　　由　　図 4・26 を上から見た図を描くと，図 4・27 のようになる．主軸と視準線とが一致していないで，ε だけ傾いているとすれば，上の操作によって，最初の点 B と最後の点 C とが 4ε 離れることがわかる．よって，点 C から点 D まで十字縦線を移動すれば，ε だけ修正して主軸と視準線が一致することになる．

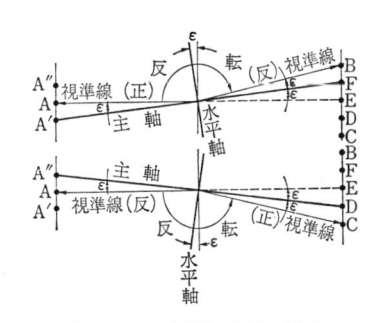

図 4・27　十字縦線の調整の原理

4・3・4　水平軸の調整（第 3 調整）

(a) 検　　査　　望遠鏡正位で，仰角がなるべく 30° 以上の高い塔頂のような定点 A を視準し，鉛直軸を固定して，視準線を地上に下ろして点 B に印をつける〔図 4・28 (a)〕．つぎに図 (b) のように，望遠鏡を反位にして，再び点 A を視準して，地上の点 C に印をつける．点 B と点 C が一致すれば，水平軸は正しく水平になっている（鉛直軸に垂直）．

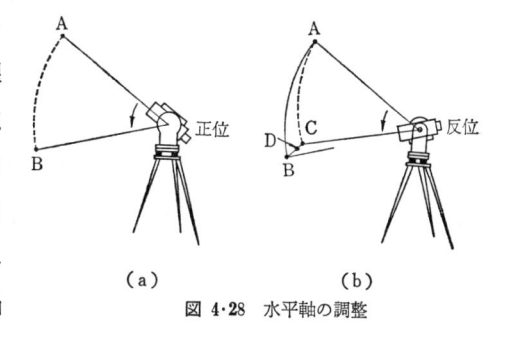

図 4・28　水平軸の調整

(b) 調　　整　　もし点 B と点 C が一致しないときは，BC の中点 D にくるように水平軸の傾きを調整して，再度検査をする．

この調整は製造者の調整が完全であれば,ほとんど半永久的に狂いを生じない.

4・3・5 十字横線の調整(第4調整)

(a) 検　　査　約5mと50～100m離れた2点にくいを打ち,それぞれのくいの上に標尺を立てる.まず,望遠鏡正位で遠方の標尺の読みaをとり,望遠鏡を固定して,近いほうの標尺の読みbを読み取る.つぎに,望遠鏡を反位にして,近いほうの標尺のbに視準線を合わせ,望遠鏡を固定して,遠方の標尺の読みa'を読む.もし,aとa'が一致していれば,視準線は望遠鏡の主軸と一致している.

(b) 調　　整　aとa'が一致しないときは,$(a+a')/2$の位置に十字横線(horizontal hair)を合わせて,再度検査をする.

この調整を行うと,前記の第2調整が狂うおそれがあるから,第2調整について,さらに検査をすべきである.

4・3・6 望遠鏡付属水準器の調整(第5調整)

(a) 検　　査

(1) 図4・29のように地盤が堅い平坦な場所で点AからL〔m〕(50～100m)離れた点Bを選び,ABにくいを打ち,ABのほぼ中央点Cを求めて,これに器械を据えて,気泡を中央に導き,点Aの標尺の読みa_1と点Bの標尺の読みb_1をとる.

(2) トランシットを点Aからl〔m〕(2～3m)離れた点Dに据えて,気泡を中央に導き,ABの標尺の読みa_2,b_2をとる.

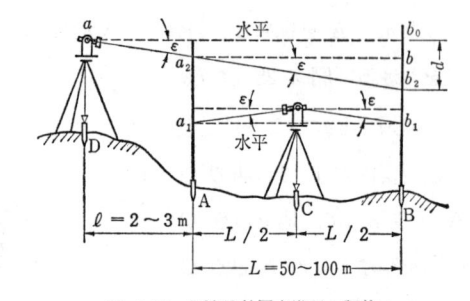

図4・29 望遠鏡付属水準器の調整

このとき$a_2-a_1=b_2-b_1$であれば,水準器軸と視準線は互いに平行である.

(b) 調　　整　$a_2-a_1\neq b_2-b_1$で,平行でないときは,式(4・3)で

d の値を計算する．

$$d = \frac{L+l}{L}\{(a_2-a_1)-(b_2-b_1)\} \tag{4·3}$$

d が（＋）のときは，b_2 から上（d が負なら下）の b_0 を求め，鉛直微動ねじで b_0 を視準する．このとき，気泡は移動するから，調整ねじで中央に導けばよい．

（c）理　　由　水準器軸と視準線が ε だけ傾いていたとすれば，図4·29 において，△ab_0b_2∽△a_2bb_2 であるから

$$\frac{L+l}{L} = \frac{d}{b-b_2} = \frac{d}{(a_2-a_1)-(b_2-b_1)}$$

この調整方法をくい打ち調整法（peg-adjustment）という（例題7·1参照）．

4·3·7　鉛直目盛盤のバーニヤの調整（第6調整）

（a）検　　査　望遠鏡水準器の気泡を中央に導いたとき，鉛直目盛のバーニヤが $0°00'00''$ を示さなければならない．

（b）調　　整　$0°00'00''$ を示さない場合は，バーニヤ取付けねじをゆるめて調整する．

この調整をしないで，その差を記録しておいて，測定結果にその差を加減してもよい．マイクロ読みセオドライトには，鉛直角自動補正機構が工夫されている（表4·2）ので，鉛直軸の傾きにかかわらず，正しい鉛直角が測定できる．

4·3·8　求心望遠鏡の調整

（a）検　　査　トランシットを整準して，図4·30 のように地上に置いた紙の上に視野内の ○ 印の指示円，または十字線の位置を記録して点 A とする．つぎに，器械を 90° ずつ回して，そのときの，○ 印または十字線の位置 B，C および D を紙上に記録する．A，B，C および D の4点が一致すれば，求心望遠鏡の視準線は鉛直軸と一致している．

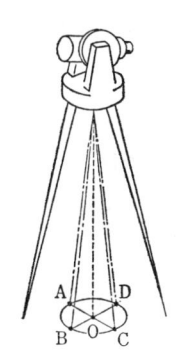

図 4·30　求心望遠鏡の調整

（b）調　　整　一致していない場合は，AC と BD の交点 O を求めて，○ 印または十字線が点 O に一

致するように調整する．

4・4 角の測定に生じる誤差とその消去法

トランシットで水平角や鉛直角を測定するとき生じる誤差には，つぎのようなものがある．

① 器械の取り扱い上の誤差 { 1. 据え付け誤差
2. 読取り誤差
3. 視準誤差

② 器械の構造上の欠陥によって生じる誤差（調整が不完全なために生じる誤差を含む（器械誤差） { 1. 目盛盤の偏心誤差
2. 視準軸誤差 ⎫
3. 鉛直軸誤差 ⎬ 三軸誤差
4. 水平軸誤差 ⎭
5. 視準軸の偏心誤差（外心誤差）
6. 目盛誤差

③ 自然現象による誤差

④ 過　誤

以上の誤差の原因はできるだけ注意を払い，また調整を十分に行って取り除かなければならない．さらに，調整も必ずしも完全にできないし，また器械には構造上から検査調整のできない欠陥からくる誤差もあり得るので，精密な測定を要する場合は，正位および反位の測定をするなど，測定方法によって，これらの**器械誤差**（instrumental error）を消去しなければならない．

4・4・1 器械の取り扱い上の誤差

（a）**据え付け誤差**　この誤差には整準が正しくない誤差と器械中心が正しく測点と一致しない誤差〔**致心誤差**（error due to incorrect centering），6・3・1 項，6・6・2 項参照〕とがある．

整準を正しくするためには，4・3・2 項の平盤水準器の調整（第1調整）を完全に行えばよい．

（b）**読取り誤差**　バーニヤの最小目盛より小さい値は，読み取れないか

ら，反復法（4·5·2 項参照）などによって，読取りの精度を高める．

 （c） 視 準 誤 差 目標物と視準線が正しく一致しないために生じる誤差を視準誤差（error of sighting）という．なるべく測点を直接視準するようにし，測点が見えないときは，ポールを正しく測点に合わせて，鉛直に立てるとか，下げ振りを利用するよう留意する．かげろうの立っているときは器械を高く据え付けるようにする．十字線の太さはガラス板の場合で $3''$ ぐらいである．

4·4·2 器械の構造の欠陥によって生じる誤差

（a） 目盛盤の偏心誤差 水平目盛盤の中心と鉛直軸の中心が一致していないために水平角に生じる角誤差を**偏心誤差**（eccentric error）という．

図 4·31 で目盛盤の中心を O とし，器械の鉛直軸が N であるとすれば，器械は N の周りを回転する．いま，2点 P および Q を視準するために α だけ回転させたとすれば，正しい水平角は $\angle PNQ = \alpha$ である．P および Q を視準したときの A および B のバーニヤの読みを，それぞれ a_1, a_2 および b_1, b_2 とすれば

バーニヤ A から求めた角 $\beta = a_2 - a_1$

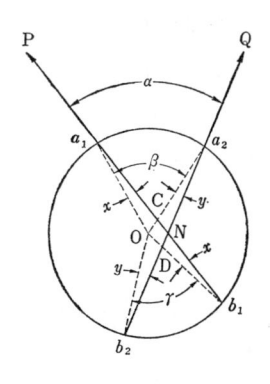

図 4·31 目盛盤の偏心誤差　　バーニヤ B から求めた角 $\gamma = b_2 - b_1$

しかるに

$$\beta + x = \alpha + y \quad (\triangle a_1 OC \ \text{と} \ \triangle a_2 NC \ \text{から})$$

$$\alpha + x = \gamma + y \quad (\triangle b_1 ND \ \text{と} \ \triangle b_2 OD \ \text{から})$$

この両式から x, y を消去すれば，次式を得る．

$$\alpha = \frac{1}{2}(\beta + \gamma)$$

$$= \frac{1}{2}\{(a_2 - a_1) + (b_2 - b_1)\}$$

$$= \frac{1}{2}(a_2 + b_2) - \frac{1}{2}(a_1 + b_1)$$

この式は A および B のバーニヤの読みの平均の差として水平角を求めれば，偏心誤差は消去されることを示している．

この誤差は最近の器械ではあまり大きくない．また，望遠鏡を反位にすれば，B バーニヤがなくても 180° 差の目盛が読めるので，A バーニヤだけのものもある．

(b) 視準軸誤差　望遠鏡の視準線が水平軸と正しく直交していないとき（第2調整）に水平角に生じる角誤差を**視準軸誤差**（error of line of collimation）という．

図 4·32 において視準軸が水平軸と正しく直交していないで，ε だけ傾いているトランシットを点 O に据えて，∠POQ の水平角 ∠P′OQ′ を測定する場合に，∠P′OQ′ に生じる誤差 E は次式で表される．

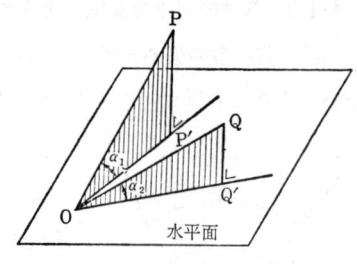

図 4·32　視準軸誤差

$$E = \varepsilon(\sec \alpha_1 - \sec \alpha_2)$$

α_1, α_2 はそれぞれ点 P および点 Q の鉛直角とする．

この式から，鉛直角の相等しい2点に対する水平角には視準軸誤差は含まれないことがわかる．また，鉛直角が異なる場合でも正位（+ε）と反位（−ε）で測定した値の相加平均をとれば，視準軸誤差は相殺されて消去できる．

(c) 鉛直軸誤差　製作上の欠陥，または第1調整が不完全なために，鉛直軸が正しく鉛直でないことによって，水平角に生じる誤差を**鉛直軸誤差**（error of vertical axis）という．

図 4·33 において，鉛直軸が鉛直線に対して ε′ だけ傾いているトランシットを点 O に据えて，∠POQ の水平角 ∠P′OQ′ を測定する場合に ∠P′OQ′ に生じる誤差 $E′$ は，次式で表される．

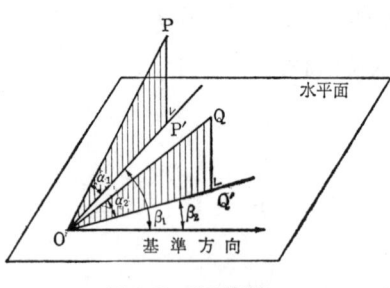

図 4·33　鉛直軸誤差

4·4 角の測定に生じる誤差とその消去法

$$E' = \varepsilon'(\sin\beta_1 \tan\alpha_1 - \sin\beta_2 \tan\alpha_2)$$

ここに，α_1，α_2 はそれぞれ点 P および点 Q の鉛直角とし，β_1，β_2 はそれぞれ点 P および点 Q の基準方向からの方向角〔4·5·3 項参照〕とする．

この式から，鉛直軸誤差は $\sin\beta_1 \tan\alpha_1 - \sin\beta_2 \tan\alpha_2 = 0$ （$\alpha_1 = 0$，$\alpha_2 = 0$ の場合を含む）であるような特殊な場合以外は零にならない．

この誤差は望遠鏡を反転しても ε の符号が変化しないので，正反の値を平均することによって消去できない．それゆえ，第1調整は特に慎重に行い，かつ器械の整準を確実に行う必要がある．

（d）水平軸誤差 水平軸が鉛直軸に直交（第3調整）していないとき，水平角に生じる角誤差を**水平軸誤差** (error of horizontal axis) という．

図 4·33 において，水平軸が鉛直軸と直交しないで，ε'' だけ傾いているトランシットを点 O に据えて，角 β_1 を測定したとき，β_1 に生じる角誤差は，$\varepsilon'' \tan\alpha_1$ で示される．同様にして β_2 の角誤差は $\varepsilon'' \tan\alpha_2$ となり，∠POQ の水平角 ∠P′OQ′ を測定したとき，∠P′OQ′ に生じる角誤差 E'' は次式で示される．

$$E'' = \varepsilon''(\tan\alpha_1 - \tan\alpha_2)$$

この式から，鉛直角の相等しい2点に対する水平角には，水平軸誤差は含まれないことがわかる．また，鉛直角が異なる場合でも正位 ($+\varepsilon''$) と反位 ($-\varepsilon''$) で測定した値の相加平均をとれば，この誤差は相殺して消去される．

上記の視準軸誤差，鉛直軸誤差および水平軸誤差を総称して**三軸誤差** (errors of three axis) という．

例題-4·5 トランシットの水平軸の傾きを調べるため，高さの異なる目標 A，B を，望遠鏡正・反（右・左）の位置で観測して表4·3の結果を得た．傾

表 4·3

目標	望遠鏡	目標の高度 (h)	水平目盛盤の読み
A	正	30° 0′	39° 45′ 57″
	反		219° 45′ 38″
B	正	45° 0′	40° 30′ 44″
	反		220° 30′ 12″

きの量の正しいものはどれか,つぎのなかから選べ.ただし,他の器械誤差はないものとし,水平軸の傾きが読取り値に及ぼす影響は,$\tan h$ に比例するものとする.

① 8″　② 16″　③ 26″　④ 32″　⑤ 33″

(昭 53 士)

解答　点 A について,$(57″-38″)/2=\varepsilon″\tan 30°$　$\varepsilon″=16.5″$
　　　　点 B について,$(44″-12″)/2=\varepsilon″\tan 45°$　$\varepsilon″=16″$

よって　答　②

(e) **視準軸の偏心誤差**　視準軸と鉛直軸の中心が一致していないために水平角に生じる角誤差を**偏心誤差**(外心誤差,eccentric error)という.

図 4·34 で視準軸が鉛直軸の中心 O から e だけ偏心しているとする.いま,正位および反位で,2点 P および Q を視準したときの視準線をそれぞれ PA,QB,PC,QD とし,正しい角を $\angle POQ=\alpha$,正反で求めた角をそれぞれ $\angle PEQ=\beta$,$\angle QHP=\gamma$ とすれば,これらの間にはつぎの関係式が成立する.

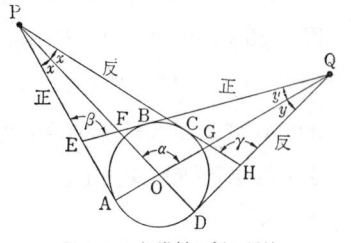

図 4·34　視準軸の偏心誤差

$$x+\beta=y+\alpha \quad (\triangle PEF と \triangle QOF から)$$
$$y+\gamma=x+\alpha \quad (\triangle QHG と \triangle POG から)$$

この2式から,x, y を消去すると

$$\alpha=\frac{1}{2}(\beta+\gamma)$$

を得る.この式から,正位および反位の測定値の相加平均をとれば,視準軸の偏心誤差は消去されて,正しい角を求められることがわかる.

この場合,OP,OQ が等しければ,$\alpha=\beta=\gamma$ となり,偏心誤差は生じない.

(f) **目盛誤差**　目盛の刻みが正確でないために生じる誤差を**目盛誤差**(graduation error)という.この誤差は消去できないが,目盛盤の異なった位置を使って測角を行い,その測定値の平均をとれば,その影響を少なくすることができる.これについては 4·5 節を参照されたい.

4・4 角の測定に生じる誤差とその消去法

表 4・4 誤差の種類とその消去法

誤差の種類		消去法	誤差の生じない場合
目盛盤の偏心誤差		A, B バーニヤ	なし
視準軸誤差	三軸誤差	正位, 反位	2点の鉛直角が等しいとき
鉛直軸誤差		なし	$\sin\beta_1 \tan\alpha_1 - \sin\beta_2 \tan\alpha_2 = 0$ のとき ($\alpha_1=\alpha_2=0°$ のときを含む)
水平軸誤差		正位, 反位	2点の鉛直角が等しいとき
視準軸の偏心誤差		正位, 反位	2点までの距離が等しいとき
目盛誤差		消去法はないが目盛盤の相異なる位置を使用して測定し, その平均値をとれば, 誤差を少なくすることができる.	

(g) まとめ 上述の水平角の測定に及ぼす誤差をまとめると, 表 4・4 のようになる.

例題-4・6 トランシットに関する器械的誤差5つを列挙し, これらが水平角観測におよぼす影響を消去する方法について簡単に述べよ. （昭 31 士）

解答 略す.

例題-4・7 つぎに述べるトランシットの誤差のなかで, 作業時に調整できないものはどれか. 正しいものをつぎのなかから選べ.

1. 上盤気泡管（プレートレベル）の調整
2. 器械の回転軸と水平目盛盤中心の偏心の調整
3. 十字線の傾きの調整
4. 視準線誤差の調整
5. 鉛直目盛盤のバーニヤの調整　　　　　　　　（昭 49 士補）

解答 2.

例題-4・8 つぎの文は, トランシットの器械誤差について述べたものである. 間違っているものはどれか. つぎのなかから選べ.

1. 視準線誤差, 水平軸誤差および鉛直軸誤差をトランシットの三軸誤差という.
2. 望遠鏡の外心誤差は, 望遠鏡の視準線が回転軸から外れているために生ずるものをいう.
3. 目盛盤の偏心誤差は, 回転軸の中心と目盛盤の中心とが合致していない

ために生ずるものをいう.
4. 目盛誤差とは, 目盛の刻み方の不ぞろいにより生ずるものをいう.
5. 水平軸誤差は, 目標の高度に関係なく一定である. (昭 58 士)

解答 5.

4・5 水平角の測定方法

水平角の測定方法には, 以下に説明する3種類がある. 測量の目的, 所要精度および使用可能時間などを考慮して, どの方法を用いるかを定めればよい.

4・5・1 単 測 法

単測法 (single measurement) は最も簡単な測角法で, つぎの順序で行う.

i) 図 4・35 で ∠AOB を測定するには, まず点 O に器械を整置し, A バーニヤを 0°00′00″ よりやや大きい目盛 (たとえば 0°01′40″) に合わせて上盤を固定する. この目盛を**初読** (initial reading) という. この際, B バーニヤも読む.

ii) 下部運動で点 A を視準する.

iii) 上部締付ねじをゆるめて, 上部運動により点 B を視準して, A および B バーニヤで目盛を読み取る. これを**終読** (final reading) という.

iv) 終読と初読の差が ∠AOB である.

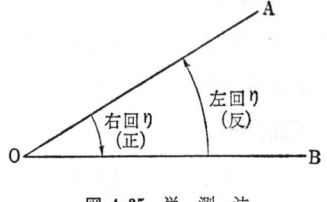

図 4・35 単 測 法

この場合, A および B バーニヤの読みの平均をとって, 角度を求める. また, 望遠鏡正位で右回りで測定し, つぎに, 初読を 90° 付近として, 反位で左

表 4・5 単測法の野帳記入例

| 測点 | 視準点 | 望遠鏡 | 観測方向 | 度 | バーニヤ | | | 水 平 角 |
					A	B	平均	
O	A	r (正)	右回り	0°	01′00″	01′20″	01′10″	25°59′10″
	B			26°	00′00″	00′40″	00′20″	
	B	l (反)	左回り	90°	01′40″	02′00″	01′50″	25°59′20″
	A			64°	02′40″	02′20″	02′30″	平均 25°59′15″

回りで測定した値の相加平均を求めれば,各種の誤差を消去した値が得られる.表 4·5 は野帳の記入例である.

4·5·2 反　復　法

精密な測定を要する場合に**反復法**〔または**倍角法**(method of repetition)ともいう〕を用いる.その操作はつぎのようにする.

i) 図 4·36 で ∠AOB を測定する場合,点 O にトランシットを整置し,0°00′00″ よりやや大きい目盛に合わせ,下部運動で点 A を視準して,そのときの読みを α_0(初読)とする.

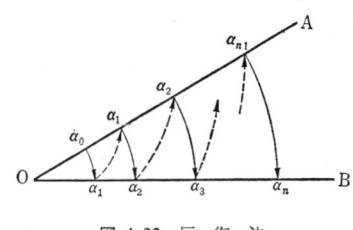

図 4·36 反　復　法

ii) 上部運動により点 B を視準し,そのときの読みを α_1 とする.

iii) α_1 の目盛を固定して,下部運動により再び点 A を視準する.

iv) 上部運動により,点 B を視準する.このときの読み α_2 は読まない.

v) 上記の iii)および iv)の操作を n 回繰り返して,最後の読み α_n(終読)をとれば,∠AOB は次式で求められる.

$$\angle \mathrm{AOB} = \frac{\alpha_n - \alpha_0}{n}$$

反復法を簡単に行う場合は,(正位,右回り)と(反位,右回り)の 2 通りの値を求めて,平均値をとる.精密を要する場合は,さらに(正,左)と(反,左)を行い,4 通りの平均値をとる.反復回数は通常 2～3 回とし,3 回反復する方法を **3 倍角法**といい,正位と反位で測角することを **1 対回**(ついかい)(set of measurements)という.

反復法は複軸形の器械でなければ使用できないが,つぎのような利点がある.

1. 目盛の読取り誤差の影響を少なくできる.
2. 最小目盛が 1′ または 2″ の器械でも,より精密な測定値が得られる.
3. 目盛盤の広い範囲を使用するので,目盛誤差の影響を少なくすることが

100   4. トランシット測量

表 4・6 反復法の野帳記入例

器械番号　　　　　　　測定者 小川太郎　昭和 44 年 11 月 14 日

測点	視準点	望遠鏡 正右左	望遠鏡 反右左	反復数	読み 角度 °	読み A ′	読み A ″	読み B ′	読み B ″	読み 平均 ′	読み 平均 ″	累計角 °	累計角 ′	累計角 ″	平均角 °	平均角 ′	平均角 ″	備考
O	A B	/		3	0 193	01 16	00 40	01 17	20 00	01 16	10 50	193	15	40	64	25	13.3	$\alpha_1 = 64°26'$
	B A		/	3	90 256	04 48	20 40	04 49	20 00	04 48	20 50	193	15	30	64	25	10.0	$\alpha_1 = 154°29'$
	A B		/	3	180 13	02 17	20 40	02 17	40 40	02 17	30 40	193	15	10	64	25	03.0	$\alpha_1 = 244°28'$
	B A		/	3	270 76	03 48	40 00	03 47	20 40	03 47	30 50	193	15	40	64	25	13.3	$\alpha_1 = 334°29'$
														39.9				4/39.9 10.0
													64	25	10	∠AOB

できる．

4. α_1 を備考欄（**表 4・6**）に記録しておくので，誤りが防げる．

表 4・6 は，反復法の場合の野帳の記入例である．

例題-4・9　20″ 読みトランシットを用い，3倍角の倍角（反覆）法によって角を観測し，**表 4・7** の結果を得た．

この角の値はいくらか．また，この値には，トランシットのどのような器械誤差が消去されていると考えられるか．

表 4・7

測点	視準点	望遠鏡の位置	観測の方向	読取り値	バーニヤA	バーニヤB	1回目の概測値
O	A	正	右回り	2°32′	20″	40″	
〃	B	〃	〃	218 46	40	40	74°37′
O	B	反	左回り	312 12	0	20	
〃	A	〃	〃	95 58	20	20	240° 7′

答　角の値＝　　　消去される誤差：　　　　　（昭 35 士補）

解答　右回りから 72°04′43.3″，左回りから 72°04′36.7″ であるから，その平均をとれば 72°04′40.0″ となる．以下略す．

4·5·3 方 向 法

方向法 (method of direction) は，図 4·37 のように，一点 O の周りに数個の角があるときに用いる方法で，倍角法に比し短時間で測定ができ，また，精密な単軸形の器械で測定できる．図中，点 O で，基準の方向[1]を OA として，OB，OC および OD の方向を方向法で測定する順序を説明すれば，つぎのとおりである．

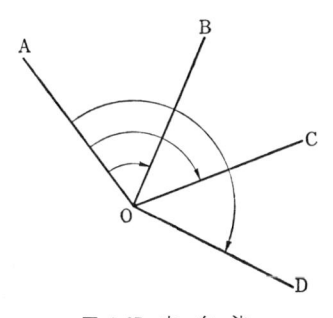

図 4·37 方 向 法

i) 点 O に器械を整置して，$0°00'00''$ よりやや進んだ目盛に固定して，望遠鏡正位で下部運動で点 A を視準して，初読を読む．

ii) 上部運動で，点 B を視準し，両バーニヤを読む．

iii) 引き続き，点 C および点 D を視準して，それぞれ両バーニヤを読む．

iv) 点 D の測定が終わったら，望遠鏡を反位とし，上部運動で点 D を視準し，両バーニヤを読み，引き続いて，C，B および A を視準する．上記の正反の 1 組みの測定が 1 対回の測定である（野帳の記入例は例題 4·10 に示す）．

対回数を多くすれば，それだけ精度を上げることができるが，最近はトランシットの性能が向上したので，通常の測量では 2～3 対回で十分である．

n 対回の測定をするときは，目盛誤差〔4·4·2（f）項参照〕の影響を少なくするため，基準方向を視準する初読を $180°/n$ だけずらす（例題 4·10）．

例題-4·10 ある測点で $20''$ 読みトランシットを用いて，方向法による 3 方向組合せの水平角観測を行った．その観測手簿（野帳）は，表 4·8 のとおり

---

[1] 1. 基準の方向は**基準方向** (reference line) または零方向といい，一定の方向を基準として定めてよい．
2. 基準方向から右回りに測定した水平角を**方向角** (direction angle) という．
3. 基準方向として真北，すなわちその点を通る子午線の方向をとって，右回りに測定した水平角を**方位角** (azimuth) という．
4. 方向角と方位角は厳密に区別して使われていないこともある．

表 4·8 測点 甲山

時 分	輪郭	望遠鏡[3]	番号	の視名準称点	度	遊標 I	遊標 II	平均	結果[4]	倍角[5]	較差[6]
h m 15 9	0°	r	1	大山	0°	1′ 20″	1′ 20″	0° 1′ 20″	0° 0′ 0″		
			2	松山	65	50 0	50 20	65 50 10	65 48 50	80+20	
			3	竹村	112	38 20	38 40	112 38 30	112 36 70	130+10	
		l	3		292	38 20	38 40	292 38 30	112 36 60		
			2		245	50 0	50 0	245 50 0	65 48 30		
			1		180	1 20	1 40	180 1 30	0 0 0		
	45°	l	1		225	0 20	0 40				
			2		290	48 40	48 60				
			3		337	37 0	37 20				
		r	3		157	37 20	37 20				
			2		110	48 60	48 60				
			1		45	0 20	0 20				
	90°	r	1		90	1 40	1 60				
			2		155	50 20	50 40				
			3		202	39 0	39 20				
		l	3		22	38 40	38 60				
			2		335	50 20	50 20				
			1		270	1 0	1 20				
	135°	l	1		315	1 20	1 20				
			2		20	50 0	50 0				
			3		67	38 20	38 20				
		r	3		247	38 20	38 40				
			2		200	50 0	50 20				
h m 15 55			1		135	1 20	1 20				

である．輪郭[1] 0° の計算にならって，輪郭 45°, 90°, 135° について計算せよ．また，全輪郭の観測結果によって，観測の良否を判定し，再測を要する輪郭があれば，下欄に理由をつけて示せ．ただし，倍角差[2] の制限は 60″ 以内，観

---

1) 輪郭：望遠鏡正で基準方向を視準したときの目盛位置．
2) 倍角差 (double angle difference)：(第 n 対回の行に記入する倍角差)＝|(第 n 対回の倍角)－(第 $n+1$ 対回の倍角)|
3) r および l：正位および反位．
4) 結果とは基準方向を 0°0′0″ とした観測角の平均値をいう．
5) 倍角 (double angle)：同じ視準点の 1 対回中の正位と反位の結果欄の秒数の和 ($r+l$)．倍角差と同義に使うことがある．
6) 較差 (discrepancy)：同一視準点に対する正位と反位の結果欄の差 ($r-l$)．観測差と同義に使うことがある．
   上記の倍角差以下の各値は分の単位を同一の値にして求める（例：竹村方向の輪郭 90° の倍角 37′40″＋37′20″－36′00″×2＝180″）．

4・5 水平角の測定方法

測差[1]の制限は, 45″ 以内とする. (昭 33 士補)

解答 1. 問題のなかの用語は脚注を参照のこと.
2. 解答のうち欄に記入すべきものは表 4・9 のとおりで, そのほか倍角差および観測差も加えてある. 表中のアンダーラインは基準方向を示している.
3. 再測を要する輪郭：90°（竹村方向および松山方向）
4. 再測を要する理由：45° における竹村方向の倍角差は 80″ であり, 松山方向の観測差は 50″ で, ともに制限をこえていて, 輪郭 90° の倍角 180°, 較差 −30° もその差が大きい.

倍角差, 観測差について, 補足説明をすれば, つぎのようである.

1) 倍角差, 観測差とは, それぞれ同一視準点の各対回（輪郭）の倍角, 較

表 4・9

		平　　均	結　　果	倍　角	較　差	倍角差	観測差
		° ′ ″	° ′ ″				
0°	r 1	0 1 20	0 0 0				
	2	65 50 10	65 48 50	80	+20	20	0
	3	112 38 30	112 36 70	130	+10	30	10
	l 3	292 38 30	112 36 60				
	2	245 50 0	65 48 30				
	1	180 1 30	0 0 0				
45	l 1	225 0 30	0 0 0				
	2	290 48 50	65 48 20	60	+20	50	50
	3	337 37 10	112 36 40	100	+20	80	40
	r 3	157 37 20	112 36 60				
	2	110 48 60	65 48 40				
	1	45 0 20	0 0 0				
90	r 1	90 1 50	0 0 0				
	2	155 50 30	65 48 40	110	−30	20	40
	3	202 39 10	112 37 20	180	−20	50	30
	l 3	22 38 50	112 37 40				
	2	335 50 20	65 48 70				
	1	270 1 10	0 0 0				
135	l 1	315 1 20	0 0 0				
	2	20 50 0	65 48 40	90	+10	10	10
	3	67 38 20	112 36 60	130	+10	0	0
	r 3	247 38 30	112 36 70				
	2	200 50 10	65 48 50				
	1	135 1 20	0 0 0				

---

1) **観測差** (observed difference)：(第 n 対回の行に記入する観測差) = |(第 n 対回の較差) − (第 $n+1$ 対回の較差)|
対回数が 2〜3 回の場合は, 「倍角差は倍角の最大値と最小値の差」, 「観測差は較差の最大値と最小値の差」と考えてよい.

差の相互の出合差をいう．それゆえ，倍角差，観測差は同一視準点について，n 対回の観測では $n(n-1)/2$ 個ある．

2) 2対回以上の観測では，倍角差，観測差は，$n(n-1)/2$ 個の全部は表に記入できない．

倍角差，観測差は通常は手簿に記入せず目算で求める．しいて記入する場合は，第 n 対回の行に p.101 の脚注 2) と p.102 の脚注 1) の値を表 4·9 のようにする．

3) 倍角差，観測差は各種の誤差が含まれ，これの大小により測角の良否が判定できるので，その値に制限が定められている．

4) 倍角差または観測差が制限をこえた場合は，関係する対回のうち，倍角または較差が著しく差のある対回について，まず再測をする必要がある（全視準点に対し）．

測定の結果が制限以内であれば，**表 4·10** のように整理して，平均方向角を求める（例題 4·10 は制限以内にない角もあるが，例としてその測定値をそのまま使用した）．

表 4·10 方向法の角の計算

視準点			大	山		松	山		竹	村	
			°	′	″	°	′	″	°	′	″
輪郭	Ⅰ	r	0	00	00	65	48	50	112	36	70
		l			00			30		36	60
	Ⅱ	r			00			20	112	36	40
		l			00			40		36	60
	Ⅲ	r			00			40		37	20
		l			00			70		37	40
	Ⅳ	r			00			40		36	60
		l			00			50		36	70
平均方向角			0	00	00	65	48	43	112	37	08

例題-4·11 **表 4·11** は水平角観測記録の一部である．

観測誤差の制限は倍角差 30″，観測差 15″ である．再測する必要があるとすると，それはどの目盛か，正しいものをつぎのなかから選べ．

1. 0° 目盛　　2. 60° 目盛　　3. 120° 目盛　　4. 全目盛

4・5 水平角の測定方法

表 4・11

目盛	望遠鏡	番号	視準点	観測角		
0°	正	1	A	0°	0′	0″
		2	B	175	5	10
	反	2		355	5	30
		1		180	0	10
60°	反	1		240	0	0
		2		55	5	25
	正	2		235	5	20
		1		60	0	10
120°	正	1		120	0	0
		2		295	0	0
	反	2		115	5	15
		1		299	59	55

5. なし　　　　　　　　　　　　　　　　　　　　（昭 53 士補）

解答　表 4・11 を完成すると**表 4・12** のようになり，倍角差，観測差はいずれも，制限内にあるので再測の必要はない．この場合は，3 対回観測であるから，倍角，較差のそれぞれの最大値，最小値の差を倍角差，観測差としても制限内にある．

表 4・12

目盛	望遠鏡	番号	視準点	観測角			結果			倍角	較差	倍角差	観測差
0°	正 r	1	A	0°	0′	0″	0°	0′	0″				
		2	B	175	5	10	175	5	10	30	−10	5	5
	反 l	2	B	355	5	30	175	5	20				
		1	A	180	0	10	0	0	0				
60°	反 l	1	A	240	0	0	0	0	0				
		2	B	55	5	25	175	5	25	35	−15	15	5
	正 r	2	B	235	5	20	175	5	10				
		1	A	60	0	10	0	0	0				
120°	正 r	1	A	120	0	0	0	0	0				
		2	B	295	0	0	175	5	0	20	−20	10	10
	反 l	2	B	115	5	15	175	5	20				
		1	A	299	59	55	0	0	0				

4・5・4　測角の方法による角誤差の比較

測角の際の視準誤差を α，読取り誤差を β とすれば，1 個の目標を視準して，目盛を読み取るときの誤差 γ は，次式で示される．

$$\gamma = \sqrt{\alpha^2 + \beta^2}$$

ある角を単測法で求めることは，2個の目標を視準して，その目盛の差をとるから，単測法による角誤差 m_s は式（4·4）となる．

$$m_s{}^2 = \gamma^2 + \gamma^2$$

$$\therefore \quad m_s = \pm\sqrt{2(\alpha^2+\beta^2)} \quad \text{（単測法）} \tag{4·4}$$

反復法の場合は，n 回反復をすれば，視準回数は $2n$ 回，読取り回数 2 回であるから，n 倍角の誤差を m_n とすれば

$$m_n{}^2 = 2n\alpha^2 + 2\beta^2$$

となり，1角の誤差 m_r は式（4·5）で表される．

$$m_r = \frac{m_n}{n} = \pm\sqrt{\frac{2}{n}\left(\alpha^2+\frac{\beta^2}{n}\right)} \quad \text{（n 回反復法）} \tag{4·5}$$

方向法の場合は，n 対回の測定をすれば，その平均値に対して角誤差 m_d は式（4·6）で示される．

$$m_d = \frac{m_s}{\sqrt{2n}} = \pm\sqrt{\frac{1}{n}(\alpha^2+\beta^2)} \quad \text{（n 対回方向法）} \tag{4·6}$$

例題-4·12 方向観測法で一方向を n 回観測したときの夾角の平均二乗誤差（標準偏差）M は次式によって表される．

$$M = \pm\sqrt{\frac{2}{n}(\alpha^2+\beta^2)}$$

ここで，α は視準誤差，β は読定誤差である．

いま，1つの角を望遠鏡の正位，反位で各1回ずつ観測を行った場合，平均自乗誤差（標準偏差）はいくらか．ただし，$\alpha=8''$，$\beta=4''$ とする．

（昭 25　士）

解答　正反で各1回であるから $n=2$ とすればよい．

$$M = \pm\sqrt{\frac{2}{2}(8^2+4^2)} = \pm\sqrt{80} \fallingdotseq \pm 9''$$

4·6　鉛直角の測定方法

鉛直角の測定の操作は，つぎの順序による．この場合，トランシットの調整は完了しているものとする．

4·6 鉛直角の測定方法

i) 望遠鏡を正位とし,水平運動で視準線を目標に合わせる.

ii) 望遠鏡を固定して,鉛直微動ねじで十字横線を正しく目標に合わせる.この際,十字縦線は必ずしも正確に目標に合わせなくてもよい.

iii) 鉛直バーニヤを読む.

iv) 反位で同様の操作を行い,正反の読みの相加平均値を求める[1].

国土地理院の行う三等三角測量以下の精度で鉛直角を測定するには,12″読み(水平角も 12″ 読み)以上のトランシットを用いる.この場合は,**図 4·38** の**天頂距離**(zenith distance)も測定できるように目盛は**図 4·39** のように全円式目盛がつけられている[2].この目盛で正反の測定をしたときのバーニヤ A の読みをそれぞれ N_r, N_l とすれば,図から明らかなように

$$N_r + N_l = (90° + \alpha) + (270° - \alpha) = 360° \qquad (4·7)$$

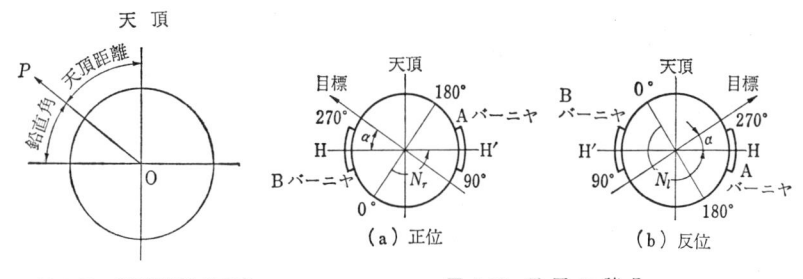

図 4·38 天頂距離と鉛直角

図 4·39 正反の読み

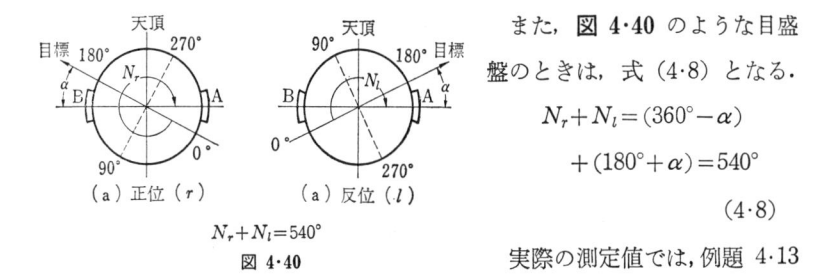

図 4·40
$N_r + N_l = 540°$

また,**図 4·40** のような目盛盤のときは,式 (4·8) となる.

$$N_r + N_l = (360° - \alpha) + (180° + \alpha) = 540° \qquad (4·8)$$

実際の測定値では,例題 4·13

---

1) 正反の平均値をとることによって,つぎの誤差が相殺して消去される.
 1. 鉛直目盛盤の目盛誤差. 2. 目盛盤が水平軸と直交していないための誤差. 3. 第3~6調整の不完全なことによる誤差. 4. 鉛直軸誤差. 5. 鉛直目盛盤の中心が水平軸と一致していない偏心誤差.
2) 国土地理院の行う三角測量では,天頂距離を鉛直角と呼び,天頂距離の余角を高度角(altitude)という.

に示すように式 (4·9) または式 (4·10) の関係がある．この K は各器械固有の値で**高度定数** (altitude constant) という．

$$N_r + N_l = 360° + K \quad (4·9)$$

または
$$N_r + N_l = 540° + K \quad (4·10)$$

例題-4·13　鉛直角の最小読定値が $1'$ のトランシット（転鏡経緯儀）を用い，約 2 km 離れた (1)，(4)，(6) および (7) の 4 個の視準点に対する鉛直角を測定して，**表 4·13** の結果を得た．この観測結果に基づいて，この器械の器械定数はどの程度まで調整されているかを推定せよ．

表 4·13

望遠鏡	視準点	目標	度	遊 標 A	遊 標 B	平 均
r l	(1)	∧	359° 180	46' 0 16 0	47' 0 16 0	° ′ ″
l r	(4)	大	185 354	34 0 28 0	35 0 29 0	
r l	(6)	∧	355 184	22 0 46 0	23 0 46 0	
l r	(7)	∧	180 359	29 0 34 0	29 0 34 0	

（昭 26　士補）

解答　平均欄を完成すれば右のようになる．本題は式 (4·10) の場合と考えられるから，各視準点について式 (4·10) が成立するはずである．

(1)　$359°46'30'' + 180°16'00'' = 540°02'30''$
(4)　$185°34'30'' + 354°28'30'' = 540°03'00''$
(6)　$355°22'30'' + 184°46'00'' = 540°08'30''$
(7)　$180°29'00'' + 359°34'00'' = 540°03'00''$

よって

$K_1 = 2'30''$,　$K_4 = 3'00''$,　$K_6 = 8'30''$,　$K_7 = 3'00''$

平	均	
°	′	″
359	46	30
180	16	00
185	34	30
354	28	30
355	22	30
184	46	00
180	29	00
359	34	00

となる．これにより高度定数は $2' \sim 3'$ 程度に調整されていると推定される．視準点 (6) については K_6 が特に大きいので，観測に誤りがあると考えられるから再測を要する．

目標欄の記号は，**表 4·14** のような目標の区分を示している．

表 4·14 目標の区分

測標記号	等　　級	三等以上	四等(図根)
	普 通 測 標	A	∧
	同上目標板付	Ā	Ā
	高 　測　 標	A	∧
	樹 上 測 標	╪	╈

4·7 トランシットによる特殊な測量

4·7·1 直 線 の 延 長

直線の延長 (prolonging a straight line) をするには，つぎのような方法がある．

i) 図 4·41 (a) で直線 AB の延長上に点 C を求めるには，点 A にトランシットを整置して，点 B を視準し，その視準線上に点 C を定める．

ii) 点 A から点 C が視準できないときは点 B に器械を整置し，点 A を正位で視準し，望遠鏡を鉛直軸に対して固定して，反位で点 C を定める〔図 (b)〕．

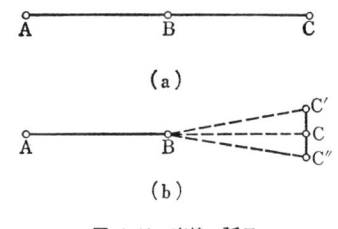

図 4·41 直線の延長

iii) 上記 ii) の方法では第 2 調整による誤差が考えられるので，正確を要するときは，この誤差を消去するためにつぎのようにする．

 1. 点 B に器械を整置し，正位で点 A を視準し，反位で点 C' を定める．
 2. 反位で点Aを視準し，正位で点 C'' を定める．
 3. C'C'' の中点を求める点 C とする．

iv) BC の中間に障害物がある場合は，たとえば，図 4·42 に示す方法がある．

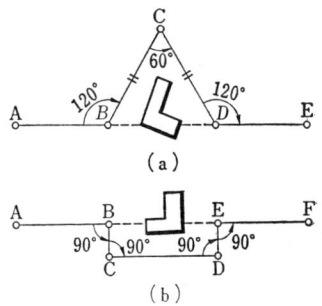

図 4·42 障害物のある場合

4·7·2　2点を結ぶ直線上に器械を据える方法

図 4·43 で相互に見通せない2点 A, B を結ぶ直線上に器械を据えるには，つぎのようにする．

 i) AB 線上と考えられる点 C′ に器械を整置して，正位で点 A を視準し，鉛直軸を固定して，反位で点 B′ を視準して，BB′ の距離を測定する．

 ii) CC′＝BB′×AC/AB を求めて，点 C を定める．

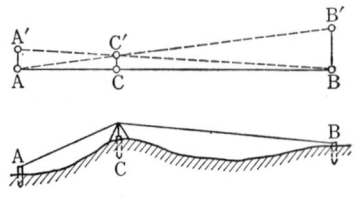

図 4·43　一直線上の点

 iii) 点 C に器械を移動して，点 B′ が点 B に一致するまで上記の操作を繰り返す．最終段階の器械の移動は移心装置を利用する．

 iv) 点 B を正位で視準して，反位で点 A′ を視準して，AA′ も測定すれば，CC′＝AA′×BB′/(AA′＋BB′) で AB, AC を測定しないで求められる．

4·7·3　水平角の精密測設

図 4·44 で，OA と角 α をなす直線 OB を高い精度で定めるには，つぎのようにする．

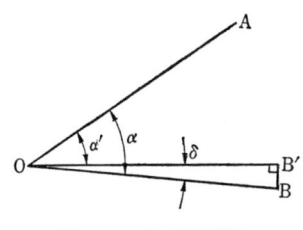

図 4·44　角の精密測設

 i) 点 O に器械を整置し，バーニヤの読みを 0°00′00″ に合わせて，下部運動で点 A を視準し，上部運動で角 α を目盛盤上にとって，視準線中に点 B′ を定める．

 ii) 反復法によって，∠AOB′ を精密に求め，その値を α' とする．

 ii) α と α' との差を δ'' (″ は秒を表す) とし，BB′＝OB′×δ''/ρ'' を計算して，OB′ に直角な方向に BB′ をとり点 B を定めれば，∠AOB は正しく α となる (2·1·4 項参照)．

 iv) 反復法で ∠AOB を検査する．

例題-4·14　直線 AB 上の1点において，AB に直交する直線 BC を設定しようとする．

点Bにトランシットを整置し，BAの方向を0°0′0″で視準したのち，水平分度円の目盛90°0′0″の方向を視準してBCの方向を定め，点Cにくい打ちをした．

つぎに，同じトランシットで，3倍角の正位，反位の観測を行って∠ABCを測定し，90°1′5″を得た．後者の観測値が前者より優れている理由を説明せよ．

また，後者の値によれば，点Cをどちら側へ，いくら移さねばならないか．ただし，BCの距離は100.00 mとする． (昭34 士)

解答 1. 反復法のほうが誤差が少ない．
2. 点Cを内側へ移動する．
$$移動量 = \frac{100\,000 \times 65″}{206\,265} = 31.8 ≒ 32 \text{ mm}$$

4·8 各種の測角器械

4·8·1 トータルステーション

電子技術の飛躍的発展に伴って，小型軽量化された電子式セオドライトと光波測距儀を組み合わせた機器を**トータルステーション**（total station）と呼んでいる．トータルステーションは，角度（鉛直角・水平角）と距離を同時に測定する電子式測距測角儀（図4·45）であり，図4·46のブロック・ダイヤグラムで示すように，電子的に処理された測定データが外部機器に出力できるよう

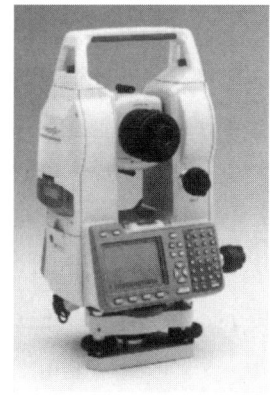

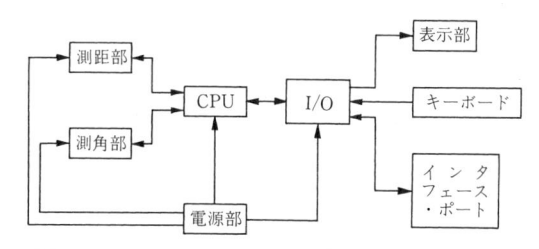

図4·45　　図4·46 トータルステーションのブロック・ダイヤグラム

になっている．

このトータルステーションの登場により，測量作業そのものが効率化されたばかりでなく，さまざまな応用測量が可能となった．電子野帳を利用することで測定データの自動記録と観測精度の確認が行え，これにコンピュータ，測量計算プログラム，自動製図機などを組み合わせて，平均計算から図面出力までの一貫した連続処理を行うことによって，大規模な測量を効率よくかつ高精度に行うことができる．図4·47は，トータルステーションの標準的なシステム構成図である．

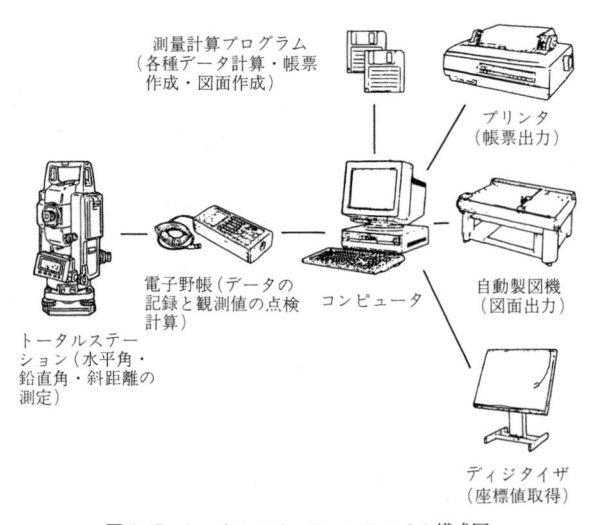

図4·47 トータルステーションシステム構成図

従来は，観測・観測値の記録・点検・計算・図面作成などがそれぞれ単独で行われていたが，記帳ミス・転記ミス・入力ミスのないオンラインにより，システム化が可能となった．

4·8·2 ジャイロステーション

慣性モーメントの大きなロータを高速回転させたものをジャイロと呼んでいる．高速回転したジャイロロータの角運動量は非常に大きく，このジャイロロータを摩擦の少ないたがいに垂直な3つの軸で支え，ロータの回転軸が自由に空間内の任意の向きをとることができるようにしておくと，最初のジャイロロ

4・8 各種の測角器械

ータの回転軸方向を保とうとする保持作用が起こる．一般にジャイロロータの回転軸に垂直に偶力を加えたとき，加えた偶力のベクトル方向に動き，ロータは，歳作（プレセッション）運動を行う．

ジャイロユニットは，ジャイロロータが組み込まれた振り子，円柱状架台，クランプ装置，光学系から構成され，トータルステーションと合体している．ジャイロ振り子はプレセッション運動により，子午線を境にして振れる．この振動を振り子に取り付けたミラーと光学装置で追尾し，振れが反転する点をトータルステーションで測角し読み取る．その左右反転点幅の中心が真北となる．

ジャイロは，天測やコンパスまたは基準点による取り付けなどの方法と違い，力学的性質を利用しているので，視通の確保・天候・場所・時間などの測定環境に影響されずに真北を測定することが可能である．シールド掘削工事などに伴う中心線測量や，既知点が視準できずに方位・方向角の決定ができない場所での測量に威力を発揮する．

図 4・48 は，追尾測定・時間測定が不要で，さらに北に向ける作業も必要のないソキア製オートジャイロステーション AGP 1 であり，内蔵された電子制御 DC モータにより，自動的に回転し，真北方向を検出するので，高精度かつ短時間で作業が完了する．

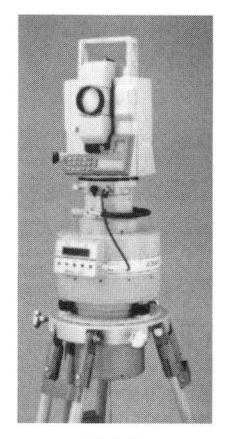

図 4・48

114   4. トランシット測量

演 習 問 題

(1) つぎの文は，水平角観測におけるトランシットの誤差について述べたものである．望遠鏡正（右）・反（左）の観測値を平均しても消去できない誤差はどれか．
 1. 視準線が，鉛直軸に交わっていないために生じる誤差．
 2. 目盛盤中心が，鉛直軸上にないために生じる誤差．
 3. 水平軸が，鉛直軸に直交しているために生じる誤差．
 4. 目盛盤の目盛間隔が，均等でないために生じる誤差．
 5. 視準線が，水平軸に直交していないために生じる誤差．　　　（平成 4　士補）

(2) つぎの文は，トランシットによる観測作業について述べたものである．間違っているものはどれか．
 1. 1組の方向観測において，望遠鏡の視度は，目標ごとによく合わせて観測する．
 2. 望遠鏡正・反の観測に要する時間は，つとめて短くする．
 3. 水平角観測においては，目盛誤差の影響を小さくするため，目盛位置を変えて観測する．
 4. 高低角の観測の良否は，高度定数の較差で判定する．
 5. 高低角観測をA，B地点で同時に行った場合は，気差および球差の補正の必要はない．　　　（平成 5　士補）

(3) 図4·49のように標石中心（C）から偏心距離 e を隔てたBにおいて，P_0 と P_1 の2点間の夾角を観測して T を得た．これをCにおける観測角 T' にするためには，T にどのような補正を行えばよいか．つぎのなかから選べ．
 ただし，$\angle CP_0B=x_0$，$\angle CP_1B=x_1$ とする．
 1. $T'=T-x_1$
 2. $T'=T+x_1$
 3. $T'=T-x_1+x_0$
 4. $T'=T+x_1-x_0$
 5. $T'=T-x_1-x_0$　　　（平成 5　士補）

図4·49

(4) 一つのバーニヤを有する経緯儀で水平角観測を行う場合，望遠鏡正（右）および反（左）の平均値を採用しても消去できない誤差はどれか．つぎのなかから選べ．
 1. 水平軸が鉛直軸に直交していないために生じる誤差．
 2. 鉛直軸が鉛直になっていないために生じる誤差．
 3. 視準線が水平軸に直交していないために生じる誤差．
 4. 視準線が鉛直軸から外れているために生じる誤差．
 5. 水平目盛盤の中心と鉛直軸の中心とが一致していないために生じる誤差．
　　　（昭 62　士補）

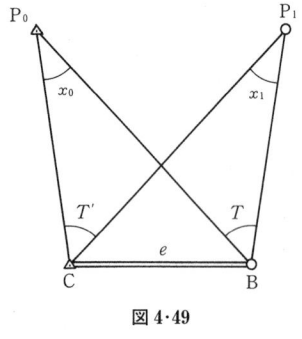

(5) 図 4·50 の点 A において，∠BAC を観測しようとしたところ，点 A, B 間の視通がとれないので，既知点 B を点 D に偏心して観測を行い，表 4·15 の結果を得た．∠BAC はいくらか．つぎのなかから選べ．
ただし，$\sqrt{3}=1.7$, $\rho''=2''\times10^5$ とする．

1. 85°30′15″   2. 85°32′40″   3. 85°33′10″   4. 85°35′10″
5. 85°40′10″   (昭 63　士補)

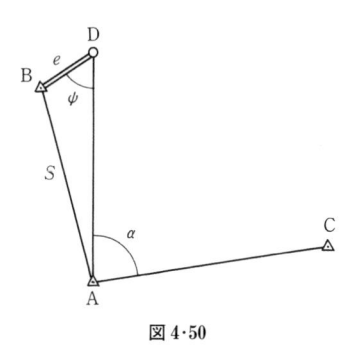

図 4·50

表 4·15

偏心距離 e	3.00 m
偏心角 φ	60° 0′ 0″
夾　角 α	85°30′10″
距　離 S	1 700.00 m

5. トラバース測量 (多角測量)

トラバース測量 (traversing) は，1・1・3 (e) 項に述べた骨組測量の1つであって，地形上三角測量のできない場合，または三角測量ほどの高い精度を必要としない基準点の測量に広く利用される．トラバース測量は多角測量ともいわれ，**図 5・1** のように基準となる測点（**トラバース点**または**多角点**，traverse station, 多角節点 traverse turning point）を結ぶ**測線**（course）の距離と方位角（または方向角）を順次測定して測点の位置を決定する方法である．トラバースとは，測線を連ねた図形のことをいう多角測量の精密平均（調整）については，(2)巻 2・5・2 項，同 9・5・2 項に述べる．

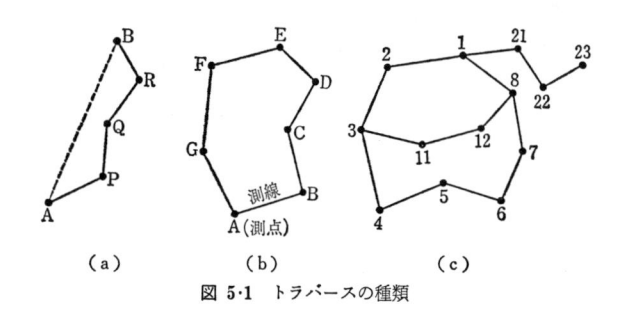

図 5・1 トラバースの種類

5・1 トラバースの概要

5・1・1 トラバース測量の特長

ⅰ) 三角点などの精度の高い基準点の間を結んで，基準点を新設する（これを**新点**という）．

ⅱ) 三角測量ほどの精度を要しない地域の基準点を定める．

ⅲ) 見通しのわるい市街地や起伏の少ない森林地域などに基準点を定める（起伏が多いと距離測量が正確を期しがたい）．

ⅳ) 道路，鉄道，水路などの見通しのわるい細長い地域に基準点を定める．

5・1・2 トラバースの種類

(a) **結合トラバース**〔または**確定トラバース** (fixed traverse)〕　三角

測量などで，位置がより正確に定められた2点AおよびBを結ぶトラバースをいい，以下に説明するトラバースに比し信頼度が高い〔図5·1（a）〕。

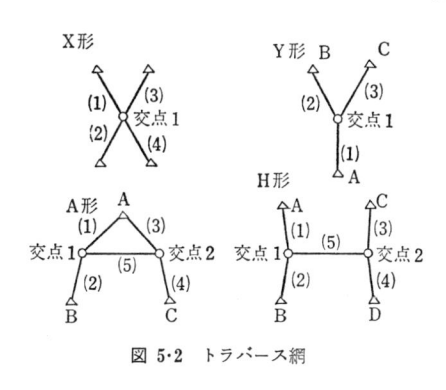

建設省公共測量作業規程では，原則として図5·2のように3個以上の基準点と結合するトラバース網を組んで，新点（交点）の位置を求めるように定められている。

図5·2 トラバース網

（b） 閉合トラバース 1点Aから出発し，順次進行して，再び出発点Aに戻って，多角形を形成するものを**閉合トラバース**（closed traverse）という〔図5·1（b）〕。

閉合トラバースは，多角形が閉合するという条件で測量結果を検査することができる．この場合，角測量が正確でも，距離の測量に定誤差のある巻尺を使用すると，**図5·3**に示すように，測定した多角形が相似形となり，点の位置に誤差を生じる．そして，この誤差は測量のデータからは発見できないのが，閉合トラバースの欠点である．

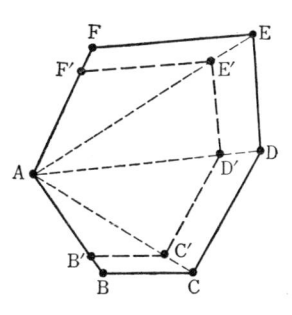

図5·3 距離測量に定誤差のある場合

（c） 開（開放）トラバース 開トラバース（open traverse）は，図5·1（a）の結合トラバースと同じ構成であるが，出発点Aと終着点Bの相対位置に関する条件がない場合を開トラバースという．

（d） トラバース網 トラバース網（traverse network）は，図5·1（c）および図5·2のように，トラバースを2個以上組み合わせたものをいう．図5·1（c）は1-3-5-8-1の閉合トラバース，3-11-8の結合トラバースと1-23の開トラバースを組み合わせたトラバース網である．

例題-5·1 多角（トラバース）路線として1与点から出発して，同一与点

に閉合することが，好ましくない理由について説明せよ[1]．　（昭 29 士）

[解答]　略す．

トラバース測量には，コンパス，平板などによって行う方法もあるが，本章では，トランシットを使用して行う場合についてだけ説明する．

5・2　トラバース測量の順序

5・2・1　トラバース測量の順序

トラバース測量は，一般につぎの順序で行う．

（a）外　　業
（1）計画と踏査（planning and reconnaissance）
（2）選点と造標（selection and election of stations）
（3）距　離　測　量
（4）角　　測　　量
（b）内　　業
（1）計　　算（computations）
（2）製　　図（drafting, drawing）

5・2・2　計　画　と　踏　査

（a）計　　画　　トラバース測量を行うには，まず，必要な精度，完成時期，使用可能な人員，経費，使用器械などを考えてだいたいの測量計画をつくる．この場合，空中写真，国土地理院発行の各種地形図や写真地図などを利用すれば，より具体的な計画がつくれる．基準点の成果（データ）が必要なときは，地理院の測量成果係に申請するとともに，使用申請もしておく．

（b）踏　　査　　踏査は踏査計画をつくり，これに従って，現地の地形，地質，障害物の有無，交通の繁閑，地主の関係，基準点の状態などを調べて，測量計画を必要があれば修正する．

踏査には，地図，巻尺，コンパス，ハンドレベル，ポール，くい，ペンキなどを必要に応じて携行する．また，その土地の事情に明るい人に同行してもら

---

[1]　与点（given point）とは既知点をいう．なお，未知点を求点（unknown point）ともいう．

うと便利なことが多い．

5・2・3 選点と造標

（a） 選　　点　　踏査によって，トラバースの構成が定まったら，その計画に従って，測点を現地で確定することを**選点**（selection of satations）という．選点に関する注意事項は，つぎのようである．

　ⅰ）　測点はできるだけ 15 点以下として，誤差の累積を防ぐ．

　ⅱ）　なるべく測線を長くし，等間隔に近くすることが好ましい．

　ⅲ）　測線は以後の細部測量に便利なように，できるだけ路線，建造物，境界などに平行にとる．

　ⅳ）　測点は器械の据え付けやすい，地盤の堅固なところを選ぶ．また，交通などにより測点が破損を受けないようなところを選び，かつ将来，その位置が見いだしやすいような場所とする．

　ⅴ）　測点の番号は図 5・1（c）のように，系統的な簡明なものをつける．

（b） 造　　標　　造標（election of stations）に関する注意事項はつぎのようである．

　ⅰ）　測量の目的・期間などを考えて，木ぐいやコンクリートぐいなどを選ぶ．

　ⅱ）　舗装のときは，たがねで×印などをつけたり，太い釘やびょう（既製品がある）を打ち込んで，赤ペンキで目印をつける．

　ⅲ）　木ぐいの場合は，上部に赤ペンキを塗り，測点の位置に釘を打つ．

　ⅳ）　埋められたり，取り除かれたりするおそれのある測点には，控えぐいや隠しぐいを打っておく．

5・2・4 距離測量

　測線の距離は第 3 章で説明した直接距離測量の方法に従って，往復測量を行うのが普通である．最近は，光波測距儀が広く活用されている．

　トラバース測量の精度〔5・3・6（c）項参照〕は，一般に距離測量の精度に支配されるから，距離の測定には特に慎重に行うべきである．

5・2・5 角測量

　トラバースの水平角の測定の方法は，主として，つぎに示す交角法による．

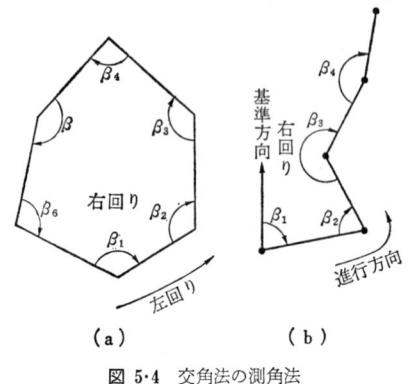

図 5·4 のように，測線の交角を各測点で独立して測定する方法を**交角法** (method of intersection angle) という．閉合トラバースの場合は測角は右回りとし，測角の順序は左回りとするのがよい．結合（または開）トラバースの場合は，進行方向の左側の交角を右回りに測定する．

図 5·4 交角法の測角法

交角の測定方法は，このほかに，右回り・左回りをいろいろに組み合わせた方法が考えられるが，上記のように一定した方法を常用すれば，過誤がなくなる．

交角法はつぎのような利点があり，トランシットによって測角をする場合に広く用いられる．

ⅰ）所要の精度に応じて反復法（4·5·2 項参照）や方向法（4·5·3 項参照）で測角ができる．

ⅱ）測角に誤りのあったとき，他の角に無関係に再測できる．

5·3　トラバース測量の計算方法

トラバース測量の外業が終われば，つぎの順序で計算を行う．

1. 測角の点検と角誤差の配分
2. 方位角および方位の計算
3. 緯距および経距の計算
4. 閉合誤差および閉合比の計算
5. 閉合誤差の配分
6. 合緯距および合経距の計算
7. 面積の計算（必要な場合）

トラバースの計算は難しいものではないが，その量が多く，手計算で行う場合

は,そのなかの1つでも誤りがあると,その誤りを発見するのに時間を要するので,慎重かつ確実に行う必要がある.本節では,手計算によって点検をしながら,誤りのないように確実に計算する方法について説明し,その計算例は理解しやすいように 5・5 節にまとめて示した.

電子計算機でプログラムを組んで計算し,トラバースを図化機で展開(5・3・10 項参照)して描かせることもできる.電子計算機で計算する場合は,方位の計算〔5・3・5(a)項参照〕や倍横距の計算(5・3・11 項参照)などは省略することができる.

5・3・1 測角の検査と角誤差

(a) **閉合トラバース** 辺の総数を n とし,図 5・7(a)のように交角を測定した値を $\beta_1, \beta_2, \cdots, \beta_n$ とすれば,その総和は $180°(n-2)$ となるべきであるが,実際には角誤差(角の閉合差)E_β を生じる.

$$E_\beta = [\beta] - 180°(n-2) \tag{5・1}$$

ただし

$$[\beta] = \beta_1 + \beta_2 + \cdots + \beta_n$$

とする.

(b) **結合トラバース**

図 5・5 の既知の三角点 A および B を結ぶトラバースで,他の既知の三角点 L および M が視準でき,かつ,AL および BM の方位角 T_A および T_B が測量成果表でわかっているとすれば,式 (5・2) が成立すべきである.

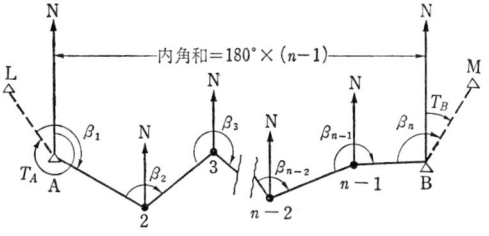

図 5・5 結合トラバースの角誤差

$$[\beta] + T_A - T_B = 180°(n+1) \tag{5・2}$$

しかし,実際には,測定値については,式 (5・3) の角誤差 E_β が生じる.

$$E_\beta = T_A - T_B + [\beta] - 180°(n+1) \tag{5・3}$$

L および M の方向によっては,式 (5・2) は変化する.これに関しては,

第5章の演習問題（1）について研究されたい．

例題-5・2　式（5・2）を証明せよ．

解答　略す．

角誤差が何度というように大きい場合は，どこか1つの角の測定に読取りまたは測角操作に錯誤があることが多い．この場合は，距離と角度のデータで図5・6のようになるべく正確にトラバースの図を描いてみて，閉合誤差 AA′ の垂直二等分線を引いてみる．それ以外のデータに錯誤がなければ，測角に錯誤のある測点 C は，この二等分線上にあるはずであるから，まず，この点 C の点検をしてみるのがよい．

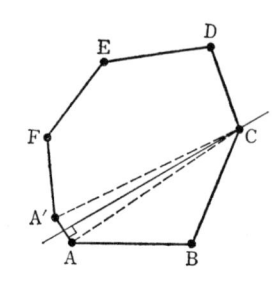

図5・6　角誤差の発見法

5・3・2　許容角誤差

前項の角誤差 E_β は使用する器械，角測量の方法および測点の数によって差異があるが，つぎに述べる許容角誤差をこえたときは，測角をやり直して，許容角誤差の範囲内にする必要がある．

角測量では，各点における測角の精度はほぼ等しいと考えられるから，1つの角の角誤差を ε_a とすれば，n 個の角の和に対する角誤差 E_n は，誤差伝播の法則により，式（5・4）で表される．

$$E_a = \pm \varepsilon_a \sqrt{n} \tag{5・4}$$

よって，許容角誤差を E_{aa} とすれば，$E_a < E_{aa}$ であれば再測を要しない．そして，E_a は ε_a と $\sqrt{n}$ の積であるから，一般に許容角誤差としては，ε_a で指定したほうが便利である．

ε_a の値は，普通はつぎのような値である．

　　　山林，原野　　$60'' \sim 90''$　　　平地，農地　　$30'' \sim 60''$
　　　市　街　地　　$15'' \sim 30''$

公共測量作業規程では，4級基準点測量の結合多角路線の方向角の閉合差の許容範囲を $20'' + 15''\sqrt{n}$ としている．

5・3・3　角誤差の配分

角誤差が許容角誤差の範囲内にあった場合は，その角誤差を各角に配分して誤差を零とする．**配分**（balancing）の方法には，つぎの2つの方法がある．

i） 各角の測角の精度が等しいと考えて，等分に各角に配分する．

ii） 辺長に反比例して各角に配分する．

i）の方法は簡単なので一般に用いられる．たとえば，7角形で $+141''$ の誤差があった場合は，$141''/7=20.1''$ であるから各角から $20''$ を減じる．端数の $1''$ は方位角（4・5・3 項参照）が $45°, 135°, 225°, 315°$ のいずれかに最も近い角から $21''$ を引いて，全体として $141''$ とする．これは $45°$ 付近で sin と cos の精度が等しいことによる．

ii）の方法は，公共測量作業規程で定められている．本書では i）についてだけ説明する．

5・3・4 方位角の計算

角誤差の配分をしたら，つぎに方位角を計算する．方位角は，真北方向を基準方向として右回りに測定した値をいうが，トラバース測量では，磁北やある測線その他便宜な方向を基準線として求める場合もある．この場合も方位角と呼んでいる．

交角を右回りに測定した場合

図 5・7（a）のように測角順を左回りとし，交角を進行方向の左側を右回りで測定した場合は，方位角 α_n は式（5・5）で求められる．

$$\left.\begin{array}{l}\alpha_n=\alpha_{n-1}+\beta_n-180° \\ \alpha_n=\alpha_{n-1}+\beta_n+180°\end{array}\right\} \quad (5・5)$$

または

ここで，α_n はある測線の方位角，α_{n-1} は1つ前の測線の方位角，β_n は交

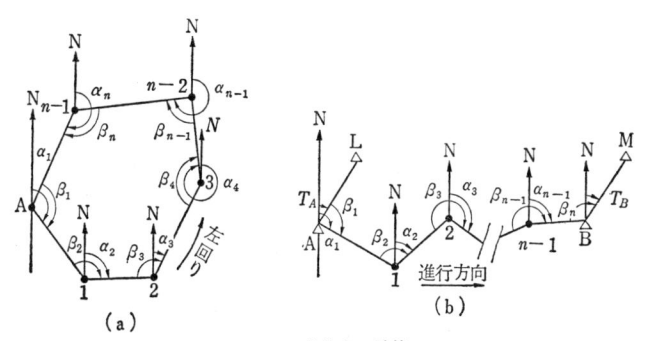

図 5・7 方位角の計算

角である.

式（5・5）で計算した方位角が 360° または 720° をこえた場合は，それぞれ 360°，720° を引いた値を方位角とする.

図（b）の場合は（L→A）線を1つ前の測線として計算をすればよい.

例題-5・3　式（5・5）を証明せよ.

解答　略す.

手計算では，式（5・5）のうち（$\alpha_n = \alpha_{n-1} + \beta_n + 180°$）によるほうが誤りが少ない.計算の手順は 5・5 節に示す.

5・3・5　緯距および経距の計算

トラバース測量の結果を点検したり，測点を図上にプロットしたり，面積を計算したりするには，直角座標系を用いて行う.

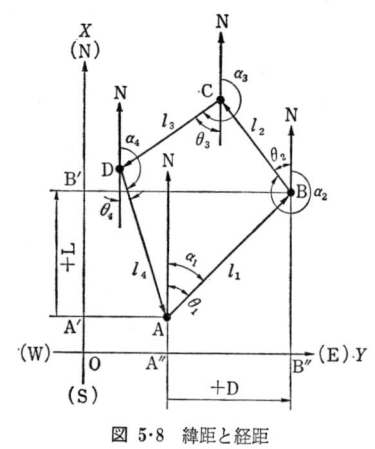

座標系は国土地理院の行う基準測量では 1・3（d）項で説明した座標系を使用するが，一般には適宜な原点 O を通り，5・3・4 項に述べた基準線の方向（南北線）を X 軸，点Oを通る東西線を Y 軸とし，北および東の方向を正とした座標系を設定する．そしてこの座標系に対して，ある測線の A-B（図 5・8）の X 軸上の正射影 A′B′ を測線 AB の**緯距**（latitude）といい，Y 軸上の正射影 A″B″ を測線 AB の**経距**（departure）という．経緯距は測線と同様にベクトルであるので，北に向かう緯距および東に向かう経距をそれぞれ正とする.

図 5・8　緯距と経距

経緯距を計算するのには測線の方位角がわかればよいが，計算を簡明にするため，測線の方位角 α を南北線からの 90° 以内の象限方位角に直した**方位** θ（bearing）を求める.

（a）**方位の計算**　方位角 α，方位 θ および象限の関係は**図 5・9**に示すとおりで，図 5・8 の各測線についての方位を計算して表示するには，**表 5・1**

5·3 トラバース測量の計算方法

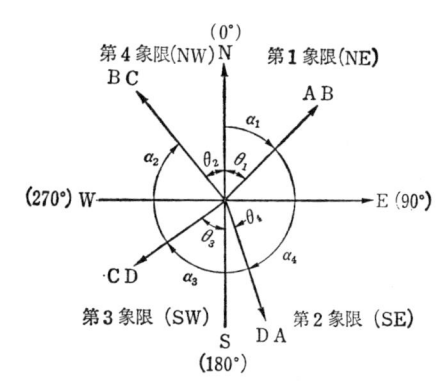

図 5·9 方位, 方位角および象限の関係

表 5·1 測線の方位の計算方法と表示方法 (図 5·8)

測線	方位角	方位角の範囲	象限	方位 符号	方位 角度	方位 符号	方位の計算方法
A-B	α_1	$0°\sim 90°$	I (NE)	N	θ_1	E	$\theta_1=\alpha_1$
B-C	α_2	$270°\sim 360°$	IV(NW)	N	θ_2	W	$\theta_2=360°-\alpha_2$
C-D	α_3	$189°\sim 270°$	III(SW)	S	θ_3	W	$\theta_3=\alpha_3-180°$
D-A	α_4	$90°\sim 180°$	II (SE)	S	θ_4	E	$\theta_4=180°-\alpha_4$

のようにする.

(b) 経緯距の計算 方位 θ が求められれば, 経緯距は式 (5·6) で計算する.

$$\left.\begin{array}{l}緯距\quad L=\pm l\cos\theta\\ 経距\quad D=\pm l\sin\theta\end{array}\right\} \quad (5·6)$$

ここで, l は測線の長さである.

L および D は前述のように, それぞれ N および E の方向に向かう場合を正とする符号を持つ値である. 式 (5·6) を実際に計算するのには, 真数表または電卓により cos および sin の値を求めて乗算を行う.

5·3·6 閉合誤差 (閉合差) および閉合比の計算

(a) 閉合トラバース 閉合トラバースで角測量と距離測量に誤差がなければ, 符号を考えた経緯距の代数和はそれぞれ 0 でなければならない. すなわち, つぎの式が成立する.

$$\left.\begin{array}{ll}\text{緯距の代数和} & \sum L=0 \\ \text{経距の代数和} & \sum D=0\end{array}\right\} \qquad (5\cdot 7)$$

実際の測定には必ず誤差があるので,上記の代数和は0とならないで,次式が成立する.

$$\left.\begin{array}{l}\sum L=E_L \\ \sum D=E_D\end{array}\right\} \qquad (5\cdot 8)$$

測定の結果から,このトラバースをかけば,図 5・10 のように 1 から出発して 1′ に到達して 1-1′ の開きを生ずる.

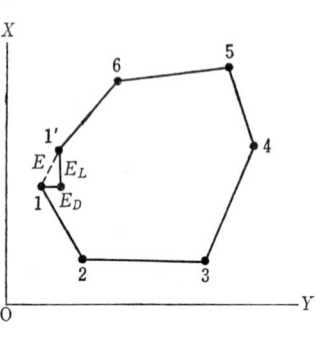

図 5・10 閉合トラバースの閉合誤差

$$1\text{-}1'=E=\sqrt{(E_L)^2+(E_D)^2} \qquad (5\cdot 9)$$

この E を閉合誤差(閉合差,error of closure),E_L を緯距の閉合誤差,E_D を経距の閉合誤差という.

(b) 結合トラバースの閉合誤差(閉合差) 結合トラバースでは,起点 P および終点 Q が既知点で,図 5・11 のように,それぞれ位置が座標で $P(x_P, y_P)$ および $Q(x_Q, y_Q)$ として確定されているとする.この場合は前項と同様の考え方で,次式が成立する.

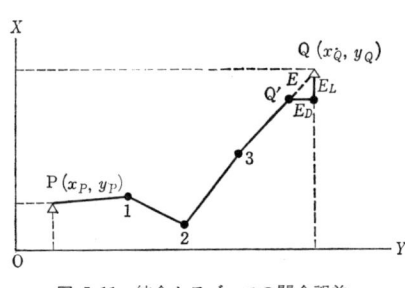

図 5・11 結合トラバースの閉合誤差

$$\left.\begin{array}{lll}\text{緯距の閉合誤差} & E_L=\sum L-(x_Q-x_P) \\ \text{経距の閉合誤差} & E_D=\sum D-(y_Q-y_P) \\ \text{トラバースの閉合誤差} & E=\sqrt{(E_L)^2+(E_D)^2}\end{array}\right\} \qquad (5\cdot 10)$$

(c) 閉 合 比 トラバースの測線の各辺長を l,その総和を $\sum l$ としたとき,$E/\sum l$ をトラバースの**閉合比** (ratio of error of closure) という.閉合比は,通常,分子を1とした分数で表し,測量の精度を示す.

(d) 再 測 閉合比が次項で示す許容範囲をこえている場合は,まず計算を点検し,計算に誤りがなければ,測定値に誤りがあるはずであるか

ら，再測しなければならない．この場合，角誤差については，すでに 5·3·1 項で点検してあるので，距離測量について再測を行う．

再測にあたって，ある測線に大きな誤差（錯誤）があると考えられる場合は，例題 5·4 のような方法で再測すべき測線を見当をつけられる．

例題-5·4 ある閉合トラバース測量で，経緯距計算の結果は表 5·2 のようであった．この表から閉合誤差および閉合比を求めよ．ただし，測線の総延長 $\sum l$ は 423.89 m とする．

表 5·2

測線	緯距 [m]		経距 [m]		測線	緯距 [m]		経距 [m]	
	N(+)	S(−)	E(+)	W(−)		N(+)	S(−)	E(+)	W(−)
A-B	—	49.62	66.48	—	D-E	14.24	—	—	85.17
B-C	34.36	—	76.23	—	E-A	—	80.16	—	22.05
C-D	80.47	—	—	35.21	計	129.07	−129.78	142.71	−142.43

また，この結果がある一つの測線の距離測量の誤差によるものとすれば，まずどの測線を再測すべきか推定せよ．

解答
$$\sum L = -129.78 + 129.07 = -0.71 = E_L$$
$$\sum D = 142.71 - 142.43 = +0.28 = E_D$$
$$E = \sqrt{(E_L)^2 + (E_D)^2} = \sqrt{(0.71)^2 + (0.28)^2} = 0.76 \text{ m}$$

閉合比 $= 0.76 \div 423.89 = \dfrac{1}{557.7} \fallingdotseq \dfrac{1}{560}$

閉合誤差がある測線の距離誤差によるものとして，その方向を計算すれば
$$E_L/E_D = (-0.71) \div (0.28)$$
$$= -2.54 \fallingdotseq -\cot 21°30' \text{ (SE)}$$

となる．測線 C-D の方位を調べると
$$L_{CD}/D_{CD} = (80.47) \div (-35.21)$$
$$= -2.29 \fallingdotseq -\cot 23°40' \text{ (NW)}$$

となり，ほぼ誤差の方向と同じで符号が反対になっている．これによって，測線 C-D が約 0.76 m 短く測定されていることがわかるから，まず測線 C-D を再測すべきことが推定される．

なお，与えられた結果を正しく**図 5·12** のようにかいても推定できる．

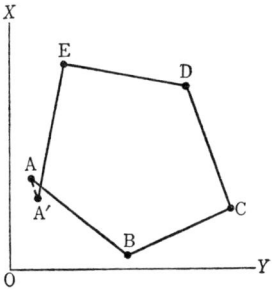

図 5·12

5·3·7 トラバース測量の許容精度

トラバース測量の閉合比の許容範囲は，測量の目的，地形，使用器械，測量方法，測量者の技量などによって異なるが，だいたいの標準はつぎのようである．

 i) 山地などのように見通しもわるく，測量が困難な所　1/500 〜 1/1 000
 ii) 傾斜のゆるやかな山地および原野，路線測量　1/1 000 〜 1/3 000
 iii) 障害物の少ない平坦地，市街測量　1/5 000 〜 1/10 000

所要の閉合比を得るための測量方法は，おおむね表 **5·3** のようである．

表 5·3　所要閉合比とその測量方法（n は測点数）

閉合比	使用器械	角誤差	使用巻尺	往復測定誤差/距離
1/1 000	1′ 読み	$1.5′\sqrt{n}$	布巻尺 1 cm まで読む	1/3 000
1/3 000	1′ 読み　正，反	$1′\sqrt{n}$	鋼巻尺 1 cm まで読む	1/5 000
1/5 000	30″ 読み　正，反	$30″\sqrt{n}$	鋼巻尺 1 mm まで読む	1/10 000
1/10 000	20″ 読み　二倍角法	$15″\sqrt{n}$	鋼巻尺 1 mm まで読む	1/20 000

公共測量作業規程では，表 **5·4** のように定められている．

表 5·4　結合多角・単路線の許容範囲

	三級基準点測量	四級基準点測量
水平位置の閉合差	15 cm+5 cm$\sqrt{N}\Sigma S$	15 cm+10 cm$\sqrt{N}\Sigma S$
標高の閉合差	20 cm+15 cm$\Sigma S/\sqrt{N}$	20 cm+30 cm$\Sigma S/\sqrt{N}$

（注）　N：辺数，ΣS：路線長〔km〕

5·3·8 閉合誤差の調整

トラバースの閉合誤差または閉合比が許容範囲内にあるときは，再測の必要はないが，経緯距を修正して閉合誤差を 0 にする必要がある．これをトラバースの**閉合誤差の調整**（balancing of traverse）という．

この場合，角誤差は 5·3·3 項で配分ずみであるので，角はそのままにして，つぎに述べる 2 種類の方法で誤差を配分する[1]．

(a) コンパス法則　角測量と距離測量の精度がほぼ等しいと考えられるときは，測線の長さに比例して閉合誤差を配分する．この法則を**コンパス法則**（compass rule）という．

---

1) トラバースの調整の理論的考察は，春日屋伸昌，測量 44 年 2 月，「トラバース測量の合理的調整法」参照．

すなわち，長さ l_r の測線の緯距および経距の調整量を次式で計算する．

$$\left.\begin{array}{l}\varepsilon_{Lr}=-E_L\times\dfrac{l_r}{\sum l_r}\\[2mm]\varepsilon_{Dr}=-E_D\times\dfrac{l_r}{\sum l_r}\end{array}\right\} \quad (5\cdot11)$$

ここで，ε_{Lr} は測線 l_r の緯距に対する調整量，$\sum l_r$ は全辺長，ε_{Dr} は測線 l_r の経距に対する調整量，l_r は測線長，E_L は緯距の閉合誤差，E_D は経距の閉合誤差である．

(**b**) **トランシット法則**　角測量の精度が距離測量の精度より高いと考えられるときは，経緯距の閉合誤差をそれぞれ経緯距の長さに比例して配分する．この法則を**トランシット法則** (transit rule) という．

すなわち，経緯距の調整量は次式で計算する．

$$\left.\begin{array}{l}\varepsilon_{Lr}=-E_L\times\dfrac{|L_r|}{\sum|L_r|}\\[2mm]\varepsilon_{Dr}=-E_D\times\dfrac{|D_r|}{\sum|D_r|}\end{array}\right\} \quad (5\cdot12)$$

ここで，L_r は r 番目の測線の緯距，D_r は r 番目の測線の経距，ε_{Lr} は L_r に対する調整量，ε_{Dr} は D_r に対する調整量，E_L は緯距の閉合誤差，E_D は経距の閉合誤差，$|L_r|$，$|D_r|$ はそれぞれ L_r，D_r の絶対値である．

5・3・9　トラバース網の調整

図 5・13 のようなトラバース網を組んで測量をした場合，全体の精度が等しいとして，これをいっせいに理論的に調整することは複雑であるので，通常精度の高いと考えられるトラバースから順に調整すればよい．

たとえば，図 5・13 で，外側の ABCDEFG の閉合トラバースが精度が高いと考えられる場合は，最初にこのトラバースを調整する．

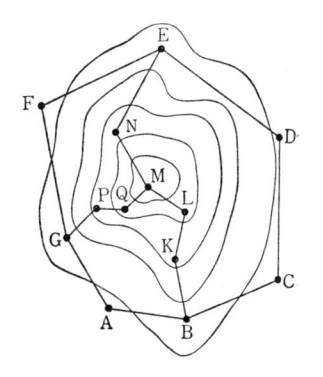

図 5・13　トラバース網の調整

つぎに BKLMNE の結合トラバースが，精度が高いと考えられるときは，

これを調整し，最後に GPQM の結合トラバースを調整する．

基準点測量のための図 5·2 のトラバース網の調整については，(2) 巻で述べる．

5·3·10 測点の展開と合緯距および合経距の計算

(a) 測点の展開 トラバースの調整が完了して，測点の相対位置を図上に定める作業を**トラバースの展開** (developement of traverse) という．

トラバースの展開は X 軸 (N-S 線) と Y 軸 (E-W 線) を座標軸にとって，経緯距を使用して順次測点を定めることができるが，通常，次項に述べる合緯距および合経距を測点の座標値として使用して展開する．この方法の利点は，つぎのようである．

i) 製図誤差が累積しない．
ii) 他の測点に無関係に任意の測点を定められる．
iii) 縮尺に応じた展開図の大きさが予測できる．

(b) 合緯距および合経距の計算 X, Y 座標系におけるある測点の座標値 X および Y をそれぞれの測点の**合緯距** (total latitude)，**合経距** (total departure) という．

合経緯距は，ある測点を始点として，表 5·9 および表 5·14 のように順次経緯距を代数的に加えれば求められる．座標系を任意に選定できる場合は，上記の始点を原点 (0, 0) にとるか，またはすべての合経緯距が正になるように，始点に適当な座標値を与えると，計算も簡単になり誤りも少なくなる．

合経緯距の計算は表 5·9 および表 5·14 に示すように，終点まで計算をすれば点検ができる．

5·3·11 面積の計算

閉合トラバースの面積を求める必要のある場合，各測点の座標値（合経緯距）が求

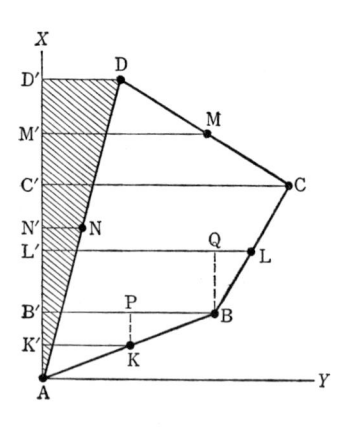

図 5·14 面積の計算

められていれば，後述の座標法〔9・1・2（g）項参照〕で計算できるが，倍横距と称する値を使用すると簡単に計算できる．

以下，図 5・14 のトラバース ABCD の面積を計算する場合について説明する．

トラバースの各測点および各測線の中点からX軸に垂線を下ろして，図 5・14 のように命名すると，トラバースの面積は，つぎのようにして求めることができる．

$$KK' \times AB' = KK' \times (測線\ AB\ の緯距) = \triangle ABB' \qquad (1)$$

$$LL' \times B'C = LL' \times (測線\ BC\ の緯距) = \square B'BCC' \qquad (2)$$

$$MM' \times C'D' = MM' \times (測線\ CD\ の緯距) = \square C'CDD' \qquad (3)$$

$$NN' \times (-D'A) = NN' \times (測線\ DA\ の緯距) = -\triangle D'DA \qquad (4)$$

式（1），（2），（3）および（4）の右辺の代数和は $\square$ ABCD となる．測線の中点からの垂線の長さ KK′，LL′ などを**横距**（meridian distance）といい，任意の横距 LL′ は次式で求められる．

$$LL' = K'K + PB + QL$$

$$= (1 つ前の測線の横距) + \frac{1}{2}(1 つ前の測線の経距)$$

$$+ \frac{1}{2}(その測線の経距)$$

横距の2倍を**倍横距**（double meridian distance）といい，略して D.M.D. という．一般に D.M.D. は次式で求める[1])．

$$\text{D.M.D.} = (1 つ前の測線の\ \text{D.M.D.}) + (1 つ前の測線の経距)$$

$$+ (その測線の経距) \qquad (5 \cdot 13)$$

よって，トラバースの面積 F は符号を考えた緯距を使用すれば，次式で求められる．

$$2F = \left| \sum \{(測線の倍横距) \times (その測線の緯距)\} \right| \qquad (5 \cdot 14)$$

面積計算は，まず（5・14）の右辺を計算すると，$2F$ が求められるから，それを 1/2 することを忘れてはならない．$2F$ を**倍面積**（double area）という．

---

1) D.M.D. は，その測線の両端の測点の合経距の和としても求められる．

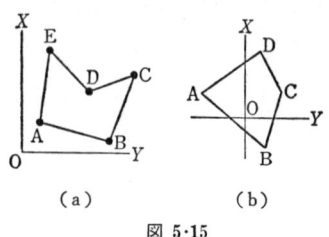

図 5·15

例題-5·5 図 5·15(a),(b) のようなトラバースの場合,式 (5·14) が適用できるかどうかを検討せよ.

解答 略す.

5·4 測定不能の方位角および距離の計算方法

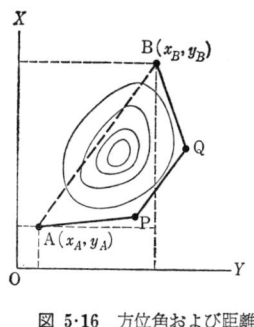

図 5·16 のように,点 A と点 B とが相互に視準ができず,また距離の測定も困難なときには,開トラバース APQB を組んで,AB の方位角 α と距離 L を次式で計算して求めることができる.

$$\tan \alpha = \frac{y_B - y_A}{x_B - x_A} \qquad (5\cdot15)$$

$$\text{または} \quad \left. \begin{array}{l} L = \sqrt{(x_B - x_A)^2 + (y_B - y_A)^2} \\ L = (x_B - x_A)\sec \alpha \end{array} \right\} \qquad (5\cdot16)$$

図 5·16 方位角および距離の計算

ここで,y_A, y_B はそれぞれ点 A,B の合経距,x_A, x_B はそれぞれ点 A,B の合緯距である.

ただし,この方法は開トラバースであり,角誤差と距離誤差が α と L に累積されるので,やむを得ない場合以外は使用すべきでない.

例題-5·6 点 A と点 B とが互いに視準できず,かつ距離も測定できないので,開トラバース APQRB を組んで,表 5·5 のような結果を得た.AB の方位角 α と距離 L を求めよ.

解答 点 A および点 B の合緯距,合経距をそれぞれ (x_A, x_B),(y_A, y_B) とすれば

5·5 計　算　例

表 5·5

測　線	緯　距　[m]		経　距　[m]	
	+	-	+	-
A-P	—	80.86	76.73	—
P-Q	16.60	—	74.66	—
Q-R	66.14	—	13.59	—
R-B	72.99	—	—	19.04

$x_B - x_A = -80.86 + 16.60 + 66.14 + 72.99 = 74.87$ m

$y_B - y_A = 76.73 + 74.66 + 13.59 - 19.04 = 145.94$ m

$\tan \alpha = \dfrac{145.94}{74.87} = 1.949, \quad \alpha = 62°50'30''$ (NE)

$L = \sqrt{74.87^2 + 145.94^2} = 164.03$ m

または

$L = 74.87 \times \sec 62°50'30''$

$\quad = 74.87 \times \dfrac{1}{\cos 62°50'30''} = 164.03$ m

5·5　計　算　例

5·3 節でトラバース測量の計算方法を順を追って，各項目ごとに説明をしたが，本節では，閉合トラバースおよび結合トラバースについての計算例を 5·3 節の順序に従って示した．

5·5·1 閉合トラバース（コンパス法則）

図 5·17 のような四角形の閉合トラバースの辺長と内角を測定して，表 5·6 の結果を得た．この結果を用いて，5·3 節の順に計算した値をまとめると，表 5·7 のようになる．

この場合，測線 AB の方位角は，$69°14'10''$ とし，閉合誤差の調整はコンパ

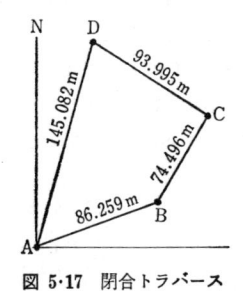

表 5·6　内角測定値

測 点	測 定 値
A	54°14'22''
B	142 08 47
C	87 56 27
D	75 39 10
合 計	359 58 46

図 5·17　閉合トラバース

表 5·7 閉合トラバース調整計算表（コンパス法則）

1	2	3	4	5	6		7	
測点	測定値	修正値	方位角	測線	方 位		方位の cos および sin	
							cos	sin
A	54°14′21″	54°14′40″	69°14′10″	A-B	N 69°14′10″	E	0.354 518	0.935 049
B	142 08 47	142 09 06	31 23 16	B-C	N 31 23 16	E	0.853 662	0.520 828
C	87 56 28	87 56 46	299 20 02	C-D	N 60 39 58	W	0.489 897	0.871 780
D	75 39 10	75 39 28	194 59 30	D-A	S 14 59 30	W	0.965 963	0.258 679
合計	359 58 46	360 00 00						

	8	9				10	
測点	距離 [m]	緯距 [m]		経距 [m]		緯距調整量	
		N(+)	S(−)	E(+)	W(−)	計算 [mm]	決定 [mm]
A	86.259	30.580	—	80.656	—	−16.7	−17
B	74.496	63.594	—	38.800	—	−14.4	−14
C	93.995	46.047	—	—	81.942	−18.2	−18
D	145.082	—	140.144	—	37.530	−28.0	−28
合計	399.832	+140.221 −140.144 +0.077	−140.144	+119.456	−119.472 +119.456 −0.016	−77.3	−77

	10		11				12	
測点	経距調整量		調整緯距 [m]		調整経距 [m]		合緯距	合経距
	計算 [mm]	決定 [mm]	N(+)	S(−)	E(+)	W(−)		
A	+3.5	+3	30.563	—	80.659	—	0.000	0.000
B	+3.0	+3	63.580	—	38.803	—	30.563	80.659
C	+3.8	+4	46.029	—	—	81.938	94.143	119.462
D	+5.8	+6	—	140.172	—	37.524	140.172	37.524
合計	+16.2	+16	+140.172	−140.172	+119.462	−119.462		

			13				
測点	測線	緯距 [m]	経距 [m]	D.M.D.[m]		倍面積 [m²]	
						+	−
A	A-B	+30.563	+80.659 ←	+ 80.659		2 465.18	—
B	B-C	+63.580	+38.803 ↓	+→ 200.121		12 723.69	—
C	C-D	+46.029	−81.938 ↓	→ 156.986		7 225.90	—
D	D-A	−140.172	−37.524	(点検)37.524		—	5 259.81
合計				計		22 414.78 −5 259.81 2) 17 154.97 … 倍面積 (2F) 8 577.5m² … 面積 (F)	−5 259.81

5·5 計算例

ス法則によって行った．また，測定結果はすべて許容範囲内にあるものとする．

(a) 角誤差の配分　　角誤差 $=359°58'46''-180°(4-2)$

$\qquad =-1'14''=-74''$

$\qquad (-74'')\div 4=-18''\times 4-2''$

各測線の大略の方位角を求めると，**図 5·18** のように測線 BC, CD が 45° に近いので，端数の $2''$ を $1''$ ずつ配分すると，修正値は表 5·7 第3欄のようになる．

(b) 方位角の計算　　測線 AB の方位角を $69°14'10''$ として，前項の修正値から，各測線の方位角を **表 5·8** のようにして求める．（表 5·7, 第4欄）．

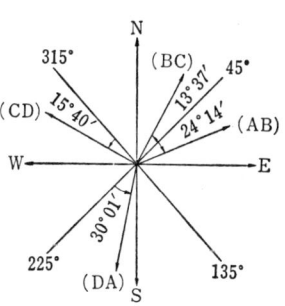

図 5·18　角の配分

表 5·8　方位角の計算表

測線	交　　角	方位角計算	測線	交　　角	方 位 角 計 算
B-C	142°09′06″	69°14′10″ 142 09 06 +180 ――― 391 23 16 －360 ――― ● 31 23 16	D-A	75°39′28″	299°20′02″ 75 39 28 +180 ――― 554 59 30 －360 ――― ● 194 59 30
C-D	87°56′46″	87 56 46 +180 ――― ● 299 20 02	A-B	54°14′40″	54 14 40 +180 ――― 429 14 10 360 ――― （点検）● 69 14 10

(c) 経距および緯距の計算

i) 各測線の方位角から方位とその sin および cos を求めると，第6～7欄となる．

ii) 第8欄の測線の長さから，経緯距を求めると第9欄を得る．この場合，経緯距は符号別に欄を設けると間違いが少ない．合計は，以後の計算のために求めておく．

(d) 閉合誤差および閉合比の計算　　第9欄の結果から求める．

$\qquad$ 閉合誤差　　$E=\sqrt{(0.077)^2+(-0.016)^2}=0.078\,\mathrm{m}$

$$\text{閉合比} = \frac{0.078}{399.832} = \frac{1}{5\,126} \fallingdotseq \frac{1}{5\,000}$$

(e) **閉合誤差の調整(コンパス法則)** 経緯距の計算調整量を式(5·11)で計算すれば,第10欄のようになる.この場合,その値を1けた多く求めておき

$$-E_L = \sum \varepsilon_{Lr}, \quad -E_D = \sum \varepsilon_{Dr}$$

となるように $\varepsilon_{Lr}, \varepsilon_{Dr}$ を加減して決定調整量を求め,調整経緯距を求める(第11欄).

(f) **合経距および合経距の計算** 前項の調整経緯距から,**表5·9**のように計算する(第12欄).

表5·9 合経緯距計算表

測点	合 緯 距 [m]	合 経 距 [m]
A	● 0.000 +30.563	● 0.000 +80.659
B	● 30.563 +63.580	● 80.659 +38.803
C	● 94.143 46.029	● 119.462 −81.938
D	● 140.172 −140.172	● 37.524 −37.524
A	(点検) ● 0.000	(点検) ● 0.000

(g) **面積の計算**

(1) **D.M.D.の計算** ABのD.M.D.は,原点が点Aであるから,測線ABの経距(80.659m)である.式(5·13)の計算を第13欄の矢印のようにして順次行えば,D.M.D.が求められる.

(2) 倍面積の計算は,緯距の符号別に欄をつくって計算するとよい.

5·5·2 結合トラバース(トランシット法則)

図5·19に示すような三角点A,Bを結ぶ結合トラバースの辺長と交角は表5·10のようである.A,BのX,Y座標は表5·11のとおりとする.

この測量の結果はすべて許容範囲内にあるものとして,5·3節の順序に従って計算した値をまとめると,表5·12のようになる.閉合誤差の調整はコンパ

5・5 計 算 例

表 5・10 交角測定値

交 角	測 定 値
β_1	140°43′55″
β_2	152 24 37
β_3	131 56 41
β_4	284 42 18
β_5	77 31 33
合 計	787 19 04

表 5・11 座 標 値

三 角 点	X [m]	Y [m]
A	1 854.372	6 049.517
B	1 838.699	6 526.158

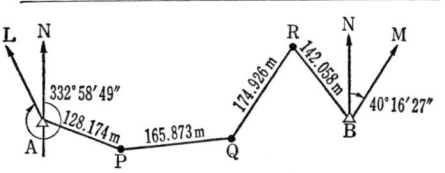

図 5・19 結合トラバース

表 5・12 結合トラバース調整計算表(トランシット法則)

1	2		3	4	5	6		7
測点	交角	測定値	修正値	方位角	測線	方 位		距 離 [m]
A	β_1	140°43′55″	140°43′38″	113°42′27″	A-P	S	66°17′33″ E	128.174
P	β_2	152 24 37	152 24 20	86 06 47	P-Q	N	86 06 47 E	165.873
Q	β_3	131 56 41	131 56 23	38 03 10	Q-R	N	38 03 10 E	174.926
R	β_4	284 42 18	284 42 01	142 45 11	R-B	S	37 14 49 E	142.058
B	β_5	77 31 33	77 31 16	40 16 27				
合計		787 19 04	787 17 38					611.031

	8		9				10	
測点	方位の cos および sin		緯 距 [m]		経 距 [m]		緯距調整量	
	cos	sin	N(+)	S(−)	E(+)	W(−)	計算 [mm]	決定 [mm]
A	0.402 068	0.915 610	—	51.535	117.357	—	−7.0	−7
P	0.067 788	0.997 700	11.244	—	165.491	—	−1.6	−2
Q	0.787 433	0.616 387	137.744	—	107.822	—	−18.9	−19
R	0.796 034	0.605 252	—	113.083	85.981	—	−15.5	−15
			+148.988	−164.618	+476.651		−43.0	−43

	10		11				12		
測点	経距調整量		調整緯距 [m]		調整経距 [m]		測点	X座標 [m]	Y座標 [m]
	計算 [mm]	決定 [mm]	N(+)	S(−)	E(+)	W(−)			
A	−2.5	−3	—	51.542	117.354	—	A	1 854.372	6 049.517
P	−3.5	−3	11.242	—	165.488	—	P	1 802.830	6 166.871
Q	−2.3	−2	137.725	—	107.820	—	Q	1 814.072	6 332.359
R	−1.8	−2	—	113.098	85.979	—	R	1 951.797	6 440.179
合計	−10.1	−10	+148.967	−164.640 148.967 −15.673	476.641		B	1 838.699	6 526.158

ス法則によって行ってある.

(a) **角誤差の配分** 式 (5·3) により E_a を求める.

$$E_a = T_A - T_B + [\beta] - 180°(5+1)$$
$$= 1'26'' = 86''$$
$$86'' = 17'' \times 5 + 1''$$

QR の方位角が 45° の方向に最も近いから端数をこの方向から引いて,測定値を表 5·12 第 3 欄のように修正する.

(b) **方位角の計算** 表 5·13 のように計算する. (L-A) 線の方位角= 332°58′49″−180°=152°58′49″,表の中の●印は測線の方位角である(表 5·12,第 4 欄)

表 5·13 方位角の計算表

測線	交角	方位角計算	測線	交角	方位角計算
A-P	140°43′38″	152°58′49″ 140 43 38 +180 473 42 27 −360 ● 113 42 27	R-B	284°42′01″	38°03′10″ 284 42 01 +180 502 45 11 −360 ● 142 45 11
P-Q	152°24′20″	152 24 20 +180 446 06 47 −360 ● 86 06 47	B-M	77°31′16″	77 31 16 +180 400 16 27 −360 (点検T_B)● 40 16 27
Q-R	131°56′23″	131 56 23 +180 398 03 10 −360 ● 38 03 10			

(c) **経距および緯距の計算** 第 5〜9 欄

(d) **閉合誤差および閉合比の計算** 式 (5·10) により閉合誤差を計算する.

緯距の閉合誤差 $E_L = (148.988 - 164.618) - (1\,838.699 - 1\,854.372)$
$$= -15.630 + 15.673 = +0.043$$

経距の閉合誤差 $E_D = 476.651 - (6\,526.158 - 6\,049.517)$
$$= 476.651 - 476.641 = +0.010$$

閉合誤差 $E = \sqrt{(0.043)^2 + (+0.010)^2} = 0.044\,\mathrm{m}$

$$閉合比 = \frac{0.044}{611.031} ≒ \frac{1}{13\,800} ≒ \frac{1}{14\,000}$$

(e) 閉合誤差の調整（トランシット法則） 式 (5·12) によって計算すれば，第 10～11 欄となる．

$\sum |L_r| = 313.606$ m

$\sum |D_r| = 476.651$ m

表 5·14 合経緯距の計算表

測点	X 座標 [m]	Y 座標 [m]
A	●1 854.372 − 51.542	●6 049.517 + 117.354
P	●1 082.830 + 11.242	●6 166.871 + 165.488
Q	●1 814.072 + 137.725	●6 332.359 + 107.820
R	●1 951.797 − 113.098	●6 440.179 + 85.979
B	(点検) ●1 838.699	●6 526.158

(f) 合緯距および合経距の計算

始点 A の X, Y 座標が与えられているから，前項の調整経緯距から，表 5·14 のように計算すればよい．終点 B の座標値で点検できる（表 5·12，第 12 欄）．

演 習 問 題

(1) つぎの図 5·20 の 1～5 は，既知点 A, B, C から新点 (1)～(5) の位置を求める基準点測量において，平均図の案を 5 通り示したものである．結合多角方式による基準点測量を行う平均図として，最も適当なものはどれか．

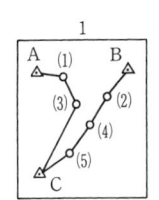

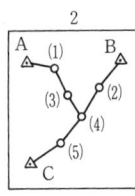

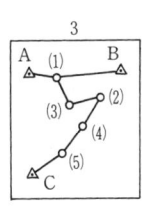

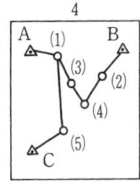

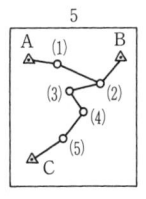

図 5·20

（平成 4　士補）

(2) 図 5·21 において，水平角 $α$ と距離 S を測定し，つぎの結果を得た．

$$α = 130°47'0'', \quad S = 500.00 \text{ m}$$

既知点 A の座標 (X_A, Y_A) にもとづいて点 B の座標 (X_B, Y_B) を求める場合，X_B

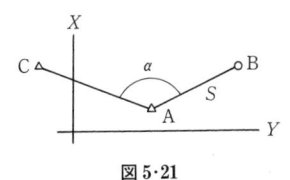

図 5·21

1. $+1\,496.38$ m   2. $+1\,546.38$ m   3. $+1\,587.38$ m   4. $+1\,679.38$ m
5. $+1\,729.38$ m
(平成4 士補)
はいくらか．つぎのなかから選べ．

ただし，X_A は $+1\,246.38$ m，点Aにおける既知点Cの方向角は $289°13'0''$ とする．

（3） つぎの文は，多角測量方式による基準点測量の選点について述べたものである．間違っているものはどれか．

1. 新点は，測量地域内になるべく等密度になるように配置する．
2. 単路線は，なるべく避ける．
3. 永久標識は，地盤堅固で保存に適した場所に設置する．
4. 路線の節点数は，なるべく多くする．
5. 伐木，偏心がなるべく少なくなるように選点する．　　(平成5 士補)

（4） 既知点Aから既知点Bに結合する多角測量を行い，X 座標の閉合差 $+0.15$ m，Y 座標の閉合差 $+0.20$ m を得た．この測量の精度を閉合比で表すといくらか．つぎのなかから選べ．

ただし，路線長は $2\,750.00$ m とする．

1. $\dfrac{1}{8\,000}$ 2. $\dfrac{1}{11\,000}$ 3. $\dfrac{1}{14\,000}$ 4. $\dfrac{1}{16\,000}$ 5. $\dfrac{1}{18\,000}$
(平成2 士補)

（5） 点Aから点Pは，平面直角座標系上で，方向角 $\alpha=120°0'0''$，距離 $S=2\,500.00$ m の位置にある．点Pの X 座標値はいくらか．つぎのなかから選べ．

ただし，点Aの X 座標値は，$+500.00$ m とする．

1. -150.00 m   2. -475.00 m   3. -750.00 m   4. $-1\,250.00$ m
5. $-1\,665.00$ m
(平成5 士補)

6. 平板測量

平板測量 (plane table surveying) とは，図 6・1 に示すような器具で距離・角度および高低差を測定して，現場で直ちに図紙上に一定の縮尺で作図する測量方法である．平板測量は外業が主体となるので，天候により能率が支配され，また高い精度は望めないが，現場で作図するので野帳に記録をする必要がなく，測り忘れや内業による計算の誤りも少なく，測定の誤りもその場で発見できる．このような特質から，平板測量は市街地や農地や複雑な地形などの細部測量に適している．平板測量は，通常，トランシットによる骨組測量によって，基準点を定めてから，これを基準として平板による細部測量を行う．大縮尺の場合は，さらに平板による図根点を増設してから細部測量を行う．

6・1 平板測量用器械・器具

6・1・1 測板と三脚

測板〔図板または平板[1] (drawing board, plane table)〕は，ひのき・ほおのき，または合板製で，その寸法は 33cm×40cm，40cm×50cm，50cm×60cm で，厚さは1.6～2.5cm である．そして寸法の小さいほうから小測板，中測板，大測板の呼び名がある．また，国土地理院が，従来，地形測量に用いたものは28cm×30cm，厚さ2cm で，地形図板と呼ばれている．普通の平板測量には，中測板が最も多く使用されている．測板の表面は正しく平面に仕上げられており，四隅に磁針を取り付けるための小孔があり，裏面の中央には三脚の

図 6・1 平板測器

---
1) 測板と三脚を合わせて平板という．

6. 平板測量

取付け金具がついている.

三脚 (tripod) は，軽くて丈夫な割足三脚 (split-leg tripod) が用いられる. 三脚の頭部には，整準ねじと移心回転装置を備えたもの（図 6·2）や球座使用により測板を整準できるもの（図 6·3）などがある.

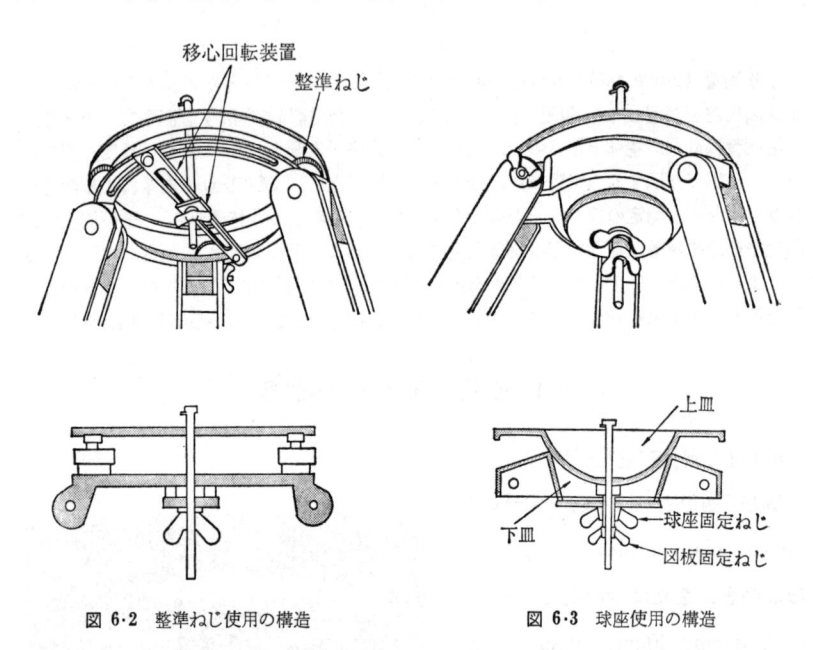

図 6·2 整準ねじ使用の構造　　　図 6·3 球座使用の構造

6·1·2 アリダード

アリダード (alidade) は，測板の上で目標物を視準して，その方向線を定める器具である. アリダードを用いて間接的に距離や高低差を測定することもできる.

アリダードには，視準板付きアリダード（単にアリダードともいう, peep-sight alidade）（図 6·4）と望遠鏡付きアリダード（図 6·6）がある.

(a) アリダード　　図 6·4 に示す構造で軽金属製のものであるが，木製のものもある. アリダードの大きさは前後両視準板の内側の間隔で表し，22 cm と 27 cm のものとがある.

(1) 定　規　　定規はアリダードの縁につけられ，mm 目盛が刻ま

6・1 平板測量用器械・器具

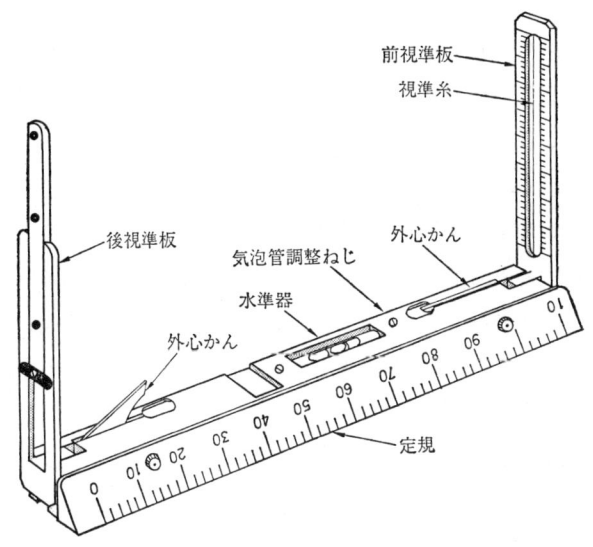

図 6・4 アリダード

れ，1/250，1/500，1/1 000 など適当に縮尺化した目盛尺に取り替えられるようになっている．また，その一部に**余切目盛** (cotangent scale) がつけてあるものもある．

（2）**視 準 板**　視準板 (sight vane) は，折りたたみ式の前視準板と後視準板（通常はこの視準孔から視準する）とから成る．前視準板には，その中央に視準糸 (JIS，直径 0.2 mm 以下) が張ってある．後視準板は引出板があり，その中央には上・中・下に 3 個の視準孔 (JIS，直径 0.4 ～0.8 mm で 0.5 mm を標準) があり，前視準板の 0，20，35 目盛と相

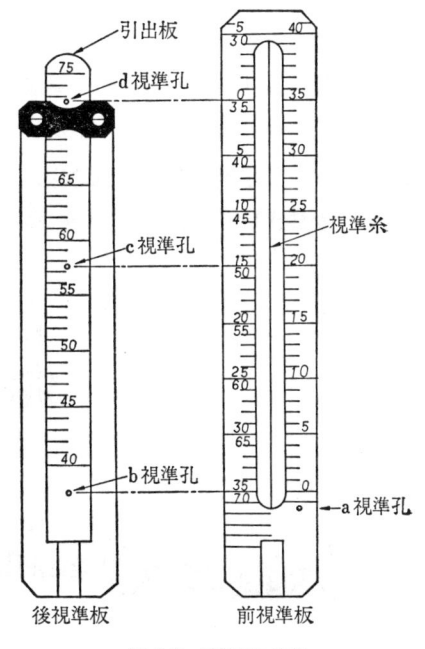

図 6・5 視準板の目盛

対し，これを結ぶ線は定規の底面に平行となっている．両視準板の内面には両視準板の間隔の 1/100 を 1 目盛とした目盛が刻んであり（図 6·5），これを利用して距離や傾斜角が測定できるようになっている．後視準板の引出板は傾斜が急な場合，これを引き出し，前視準板の下端の視準孔からのぞいて傾斜を測るのに用いられる．最近は，前視準板にも引出板があるものがつくられ，傾斜地や高い所を視準する場合，便利なようになっている．

（3）　気泡管水準器　　アリダードの底部の中央付近に長手の方向にはめ込まれており，測板を水平にするために使用される．また，気泡管を縦横にT型に取り付けた，平板専用の水準器もある．アリダード気泡管の曲率半径は 1.0～1.5m である．

（4）　外心かん　　外心かん（eccentric bar）は，アリダードの両端付近に各1個つけられているレバーをいう．このレバーの一端を起こすと，レバーの他端が定規の底面から突き出して，気泡管の気泡をわずかに移動させ，アリダードの底面を水平にする．したがって，測板が正しく水平に保たれている場合は不必要である．

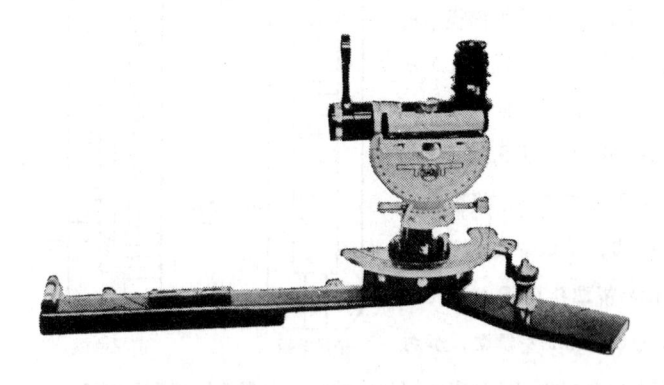

（b）　望遠鏡付きアリダード　　望遠鏡付きアリダード（telescopic alidade）（図 6·6）は視準板の代わりに，かなりの高倍率の望遠鏡を取り付けたもので，その特徴は，望遠鏡の視準線と定規縁とが同一鉛直線中にあること，水平・鉛直分度盤を装置していること，スタジア線を備えているので，スタジア測量用

図 6·6　望遠鏡付きアリダード

として測距ができること，プリズムを装置しているものは傾斜地の測量が容易となること，などがある．したがって，精度の高い，広範囲の地域の平板測量に用いて便利である．

6・1・3 付属品

（a）磁針箱　磁針箱 (declinator) は，ねじで測板に取り付けられ，平板の方位を定めるときに使用する．普通，長方形の木製または金属製の箱のなかに長さ 7 cm か 10 cm の磁針が収められ，箱の上面はガラスがはめられている（図 6・7）．磁針は箱の底板中央の支柱に支えられており，使用しないときは，この支持点の摩耗を防止するために磁針を押し上げておくとよい．

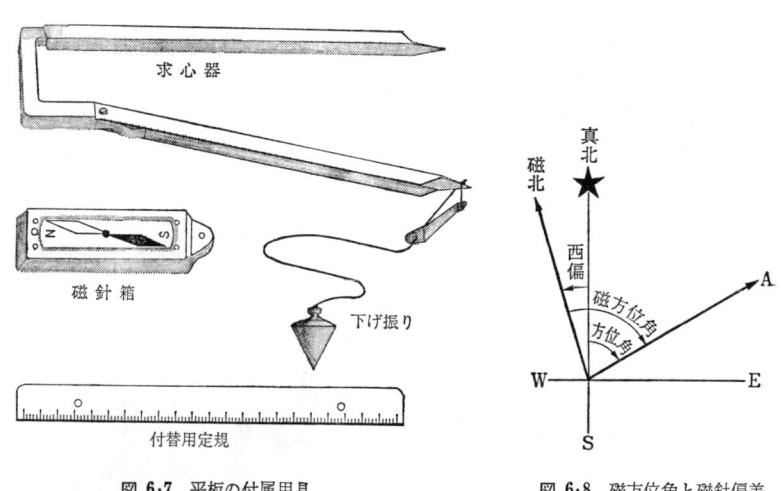

図 6・7　平板の付属用具

図 6・8　磁方位角と磁針偏差

磁針は正確な南北を指さず，偏りがある．ある点における真北と磁北との開きを**磁針偏差** (magnetic declination) といい，磁北が真北より西に寄っているときは**西偏** (west declination) という（図 6・8）．この磁針偏差は地域によって異なるので，正確な南北を求めるときは地域補正をする必要がある．偏差の等しい地点を結んだ線を**等偏角線**といい，わが国の等偏角線は図 6・9 に示すように，すべて西偏の値を示している．たとえば，東京付近で 6°，仙台付近で 7°，北海道付近で 9° ぐらい磁北を東に振れば真北が出る．

(**b**) **求 心 器** 求心器は，地上の測点と図上の測点を下げ振りで同一鉛直線上にあるようにする．いいかえれば，地上の測点を正しく図上に示し，また測板上の点を地上に移すためのものであって，その要・不要は縮尺の大小によって定まる（図 6・7）．

(**c**) **測 量 針** 測量針 (surveying pin) は，平板を据え付けた地上点に対応する図上点の位置を示したり，図上点に測量針を立てて，これにアリダードの定規縁を沿わせて目標を視準したりするときに用いるものである．測量針はピアノ線でつくられ，直径は $0.32 \sim 0.35$

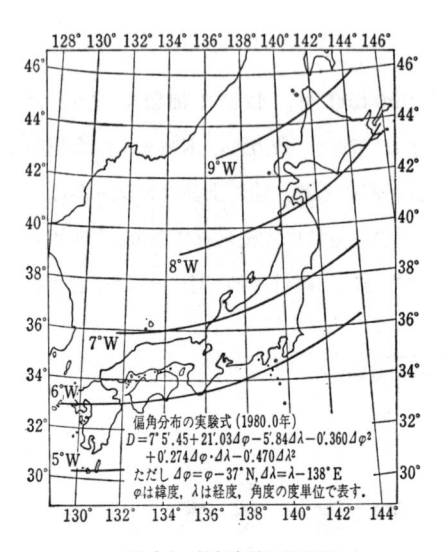

図 6・9 等偏角線と年差図

mm，長さは 3.7 cm が標準であるが，長さ 3.0 cm 程度の木綿針でもよい．

最近では，測量針の代わりに測針器（図 **6・10**）を使用することが多くなった．これは，測量針の支持装置と図紙を押さえつける働きをする文鎮とが一体となったもので，針の倒れや曲がりがなく，まっすぐに立ち，針の深さも調節できるように工夫されている．

図 6・10 測針器（複針型）

(**d**) **ターゲット** ターゲット（目標板，target）は，図 **6・11** のような約 20 cm×約 30 cm の長方形の金属板で，紅白に塗り分けてあり，その中央の境界線を視準する．

(**e**) **図 紙** 図紙 (sheet) は，通常ケント紙を用い，精度の高い測量をする場合は水張りをする．最近は，伸縮の少ない化学紙（ポリエチレン紙など）やアルミ箔を中間に入れたアルミケント紙（図 **6・12**）などが用いられ

ている.

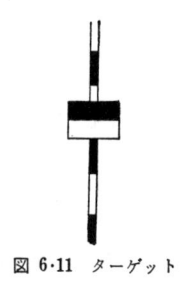

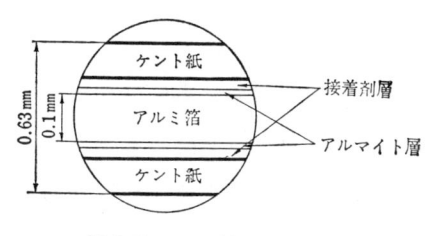

図 6·11 ターゲット

図 6·12 アルミ箔入りケント紙

6·2 器械・器具の検査と調整

平板では,測板・アリダードおよび求心器などについて**検査・調整** (testing and adjustment) を行う（図 6·13）.

6·2·1 測板の検査と調整

測板の表面は平面でなければならない.

点　検　三角定規や直定規を測板の各方向にあて,すき間があるか否かを調べる.すき間があれば調整する.

調　整　紙やすりまたはかんなで削るか,測板を取り替える.

6·2·2 アリダードの検査と調整

（a）定規縁の検査・調整

（1）定規の縁は正しく直線であること.

検　査　定規の前後の向きをかえて2本の線を引き,この2直線が一致していればよい.一致しなければ調整する.

調　整　調整量が小さければ,紙やすりなどで調整する.大きければ交換する.

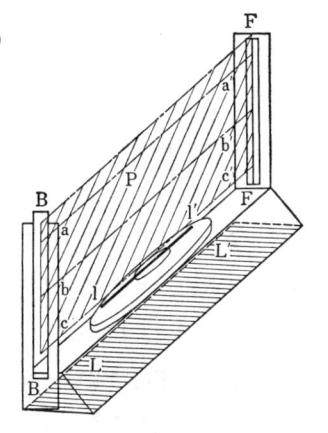

$ll'//LL'$
$FF\perp LL'$
$BB\perp LL'$
$P\perp LL'$
$aa'//bb'//cc'//ll'$
ll'：気泡管軸
LL'：定器の底面
BB：後視準板面
FF：前視準板面
P：視準面
$\left.\begin{array}{l}aa'\\bb'\\cc'\end{array}\right\}$：基準線

図 6·13 アリダードの条件

(2) 定規の mm 目盛および余切目盛が正しく刻まれていること．

検査 mm 目盛は検定済みの鋼巻尺などで調べる．余切目盛は $100/n$ 〔mm〕になっているか調べる．

調整 不正のものは交換するか，別の三角スケールなどを使用する．

(b) 水準器の検査・調整

気泡管軸がアリダードの底面と平行であること ($ll'//LL'$)．

検査 測板上にアリダードを置き，気泡を中央に導き，その位置で定規縁に直線を引く．つぎに，アリダードを前後向きを変えて，前に引いた直線に沿わせる．このとき，気泡が再び中央にあればよい．

調整 気泡が中央から移動した場合は，その移動量の 1/2 を気泡管調整ねじで調整し，残り 1/2 は平板の整準ねじで調整する．再び，このアリダードを使って，改めて平板を水平にして前の方法で検査し，気泡が移動しなくなるまで繰り返す（4・3・2 項参照）．

(c) 視準板の検査と調整

(1) 両視準板は定規底面と直交していること ($BB \perp LL', FF \perp LL'$)．

検査 正確な三角定規の直角辺の 1 辺を平板上に置き，アリダードの定規縁をこれに沿わせて，視準板を立てたとき，三角定規の直角辺の他の 1 辺と視準板が平行であればよい．

調整 平行でないときは，視準板のあたる定規端を紙やすりなどでけずるか，紙片をはり調整する．

(2) 視準面は定規底面に直交していること ($P \perp LL'$)．このことは，3 個の視準孔は一直線上にあって，その視準面に含まれていること，また，視準糸は定規底面に垂直であることが必要である．

検査 平板を正しく水平に据え付けて，前方 10 m のところに下げ振りを下げ，アリダードの 1 視準孔によって下げ振り糸を視準し，視準糸と下げ振り糸が一致していれば，視準糸は定規底面に垂直である．つぎに，アリダードをそのままの位置で，各視準孔からの視準線が一致していれば，3 個の視準孔は同一垂直線中にあることになる．

調 整　検査の結果，狂いの大きいものは交換する．

6・2・3 高低差を測定する場合に必要な検査と調整

平板によって高低差を測定する場合は，前述のほか，つぎの検査調整をしなければならない．

（1） 前視準板の目盛が両視準板の間隔の 1/100 になっていること．

検査・調整　正しくないものは交換する．

（2） 基準線が気泡管軸と平行であること（a-a′//b-b′//c-c′//l-l′）．

このことは，後視準板の3つの視準孔と，これに対応する目盛 (0, 20, 35) を結ぶ線（これを基準線という）が互いに平行で，かつ気泡管軸と平行でなければならない．

検　査　図 6・14 のように約 50～100 m 離れた2点 A, B に平板を水平に据え付け，視準孔の高さ i と等しいターゲットを視準し，その読みを $+n_A$，$-n_B$ としたとき，$n_A = n_B$ ならば，その基準線は気泡管軸と平行である．この検査を他の2つの基準線についても実施する．

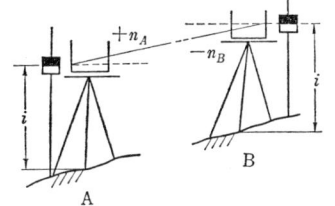

図 6・14　基準線の検査法

調　整　$n_A \neq n_B$ のときは，点Bで $-(n_A + n_B)/2$ を読めるように外心かんでアリダードを傾斜させ，移動した気泡を中央に導くように気泡管調整ねじで調整する．

6・2・4 求心器の検査と調整

求心器の先端Oと下げ振りをつるす溝Cとが，同一鉛直線上にあること．

検　査　平板を水平に据え，図 6・15 のように，図紙上の1点Oに測量針を立て，求心器の先端を点Oに合わせ，下げ振りの先端Dを地上にしるす．つぎに，求心器を 180° 回転して A′ に移して，そのときの下げ振りの先端 D′ を求める．D と D′ が一致していればよい．

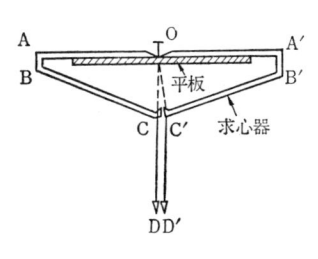

図 6・15　求心器の検査法

調整　一致しないときは DD′ の中点に下げ振りの先端がくるように，ABC の曲げ方を調整する．

なお，視準孔は 0.5 mm を標準とし，視準糸は 0.2 mm 以下と JIS で規定されている．

6・3　平板の据え付け

平板を1点に据え付けるには，つぎに述べる**致心**（求心；centering），**整準**（整置；leveling），**定位**（orientation）の3条件を満足するようにしなければならない．この条件を満足するように平板を据え付けることを，平板を**標定**（orientation）するともいう．

6・3・1　致　　　　心

致心とは，図紙上の測点と地上の測点とを同一鉛直線中にあるようにすることで，求心器で行う．移心装置のあるものは，これを利用して行うが，移心装置のないものは三脚の位置を変えて致心する．この場合，次項の整準をするため，測板が動いて，致心が狂うことがある．

表 6・1　致心誤差の許容範囲

縮　　尺	許容範囲 〔cm〕
1/10 000	100
1/5 000	50
1/1 000	10
1/500	5

致心誤差〔6・6・2（a）項参照〕が**表 6・1**に示す許容範囲をこえるときは，さらに致心をし直さなければならない．

6・3・2　整　　　　準

整準とは，測板を水平にすることで，整準装置のある場合とない場合により，それぞれつぎのように操作する．

（a）　**整準装置のある場合**　3個の整準ねじのある場合は，三脚で測板をほぼ水平にした後，アリダードを図 6・16 に示す（1）およびこれと直交する（2）の位置に置いて，4・1・4 項に説明した手順で整準する．この場合，右手親指の法則となる．

（b）　**整準装置のない場合**　1）　図 6・17 のように，任意の2脚 a, b に平行にアリダードを置き，脚 c を左右に動かして，気泡を中央に導き，2）　つぎ

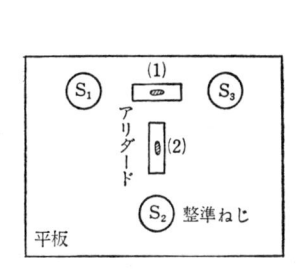

図 6·16 整準装置による整準 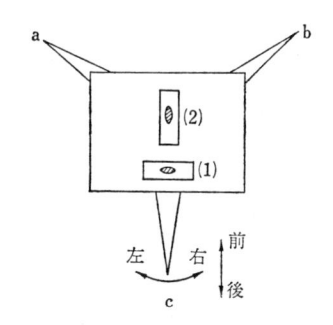　　　図 6·17 三脚による整準

にアリダードを 1) の場合と直交するように置き，脚 c を前後に動かして気泡を中央に導く．

6·3·3 定 位

定位とは，測板上の測線の方向と地上の測線の方向を一致させることで，これにはつぎのような方法がある．

(a) 磁針箱による方法　1) 初めに平板を据え付けたとき，測板に磁針箱を取り付け，磁針が箱内の指標に一致して，磁北を示したら，箱の長辺に沿って線を引けば，これが**磁北線** (magnetic north) になる．2) 他の測点に移したとき，箱内の指標に磁針が合うように平板を据え付ければ，測板は 1) の場合と同じ方向を向くことになる．

この方法は，磁力線の局所異常 (local deviation)[1] のある場所では使用できない．また，つぎに説明する方法に比し精度も劣るから，補助的にだいたいの方向を定めるのに使用するのがよい．

(b) 既知の測線を利用する方法　図 6·18 のように，図紙上に既知の測線 ab が描かれている場合は，まず図上の点 a と地上の点 A を求心器で一致させ，アリダードの定規縁を ab に合わせて，視準線が点 B を見通すように測板を回して固定すれば

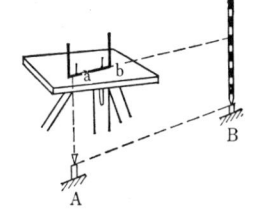

図 6·18 既知の測線による定位

---

[1] ある地点の付近に，鋼鉄類，鉄鉱石あるいは直流電流（電池を含む）などがあると，局所的に磁力線の方向が乱され，磁針が正しく磁北を指さなくなる．このような現象をいう．

よい[1].

平板測量の標定誤差のなかで最も精度に及ぼす影響の大きいものは，定位誤差であるから，定位の操作は十分注意して行う必要がある．

6・4 平板測量の方法

平板による測量には，その目的によりつぎの2種類に分けられる．

（a） **細部図根測量**　三角点やトラバース点だけでは，基準点が不足して，細部測量が困難な場合，平板によって所要の基準点（図根点）を図解的に増設する測量をいう．

（b） **細部測量**　基準点（図根点）を利用して地形の細部について行う測量をいう．

平板によって，上記の測量のため，点の平面位置を求める方法には，つぎの3種類がある．

（1） 放射法 (method of radiation)

（2） 道線法 $\begin{cases} 単道線法 \text{ (single graphical traversing)} \\ 複道線法 \text{ (reciprocal graphical traversing)} \end{cases}$

（3） 交会法 $\begin{cases} 前方交会法 \text{ (method of intersection, fore intersection)} \\ 側方交会法 \text{ (side intersection)} \\ 後方交会法 \text{ (resection, back intersection)} \begin{cases} 三点法 \text{ (three-points problem)} \\ 二点法 \text{ (two-points problem)} \end{cases} \end{cases}$

これら3種類の方法のうちいずれの方法を用いるかは，測量の目的や測量区域の状態などにより異なるが，一般に大地域の図根測量などには交会法や道線法が用いられ，小地域の細部測量には道線法や放射法が用いられる．

平板による水準測量については後述（6・5・3 項参照）する．

6・4・1 放射法（光線法）

ⅰ）測量する区域の内または外の1点Oに平板を据え（**図 6・19**），図紙上に

---

[1] 本章では，原則として地上の測点を A, B, C などの大文字で示し，図紙上の対応する点を a, b, c などの小文字で示す．

6・4 平板測量の方法

点oを致心して，測量針を立てる（点oとなる）．

ii) アリダードの定規縁をこの測量針に沿わせて，点Aを視準し，方向線 oa を引く．

iii) OA の距離を測定し，定められた縮尺で点oからこの距離をとって点aを定める．

iv) 以下同様に B, C, D, … を視準して，図紙上に b, c, d, … を定める．すなわち，点O（点 o）は多角形 ABCD… と多角形 a, b, c, d, … の相似の中心となっている（点 O と点oは図 6・19 では重なっている）．

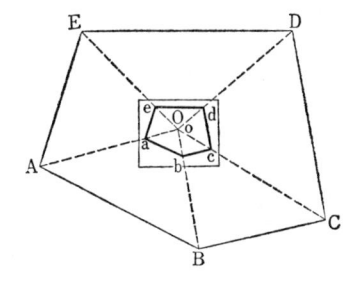

図 6・19 放 射 法

v) 最後に oa 線によって点 A を視準するか，AE の距離を実測して点検する．

この方法は小地域の細部測量に適している．距離は巻尺による直接距離測量のほか，スタジア測量などの間接距離測量を併用すると能率のよいことがある．

6・4・2 道 線 法

この方法は平板によるトラバース測量で，単道線法と複道線法とがある．

(a) 複道線法

i) 図 6・20 に示すように，多角形 ABCDE を測量する場合，点 A に平板を据え，図上に点aを定めて測量針を立てる．つぎに，アリダードをこの測量針に沿わせて，点Bを視準し，ab 線を引き，AB の距離を測定して，点bを定める．

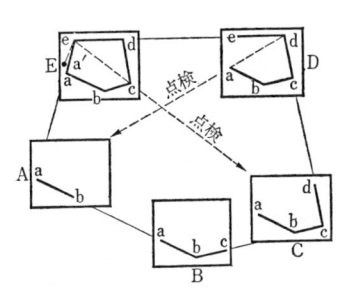

図 6・20 複道線法

ii) 点Bに平板を移動し，点Bと点bを一致させて点bに測量針を立てる．ba に沿ってアリダードの定規縁を置き，点Aを視準して平板を標定する．

154   6. 平 板 測 量

iii) 点Bで点Cを視準して，BC を測距して点 c を定める．

iv) 以下同様にして点 d, e を定めればよい．

v) 点Eに平板を据え，点Aを視準して，EA を測距して点 a′ を定めたとき，最初に定めた点 a と点 a′ とが一致しなければ，aa′ を閉合誤差という．許容誤差については 6・6・1（b）項で説明する．

vi) なお，できれば，図の破線のように D, E からそれぞれ A, C を視準して点検をする．

 (b) 単道線法　　磁針によって定位を行えば，図 6・20 において，平板を1点おきに A, C に据えれば測定ができる．この方法は作業が速いが，精度が落ちるので，やむを得ない場合だけ用いる．

 (c) 道線法の閉合誤差

i) 閉合誤差の許容範囲は後述（6・6・1 項参照）する．

ii) 大きな閉合誤差を生じた場合は，平板では，定位による誤差と考えて，まず，aa′ の垂直二等分線に近い測点の角を点検する（5・3・1 項参照）．

iii) 閉合誤差が許容範囲内にある場合は，コンパス法則〔5・3・8（a）項参照〕によって調整量を求めて誤差を配分する．

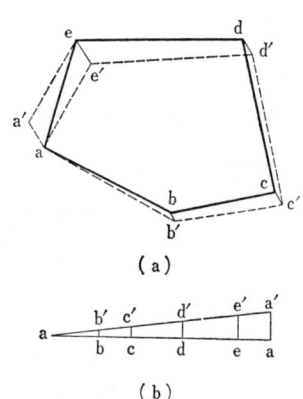

図解によって，調整量を求めるには，図 6・21（b）のように測線 ab, bc, …, ea の長さに比例して，一直線上に a, b, c, …, a をとり，図（a）の閉合誤差 aa′ に等しく aa′ をとり，各測点の調整量 bb′, cc′, … を求めて，各測点をその調整量だけ aa′ に対して平行移動して b′, c′, d′, e′ を定める．

図 6・21　閉合誤差の調整

6・4・3　前方交会法

2個または3個の既知点に平板を据え，方向線を引くことによって，未知点の位置を求める方法を前方交会法という．

1) 図 6・22 において，点Aおよび点Bを既知点とし，他を未知点とする．まず，点Aに平板を標定し，各未知点を視準して，方向線 ap, aq, ar を引く．

2) 平板を点 B に標定して，方向線 bp, bq, br を引き，ap, aq, ar との交点をそれぞれ p, q, r とすれば，これらの点が求める未知点である．

この方法では，方向線の交角は 30°～150° とし，各方向線の長さはなるべく等しいように留意すると，未知点の位置の誤差を少なくできる．

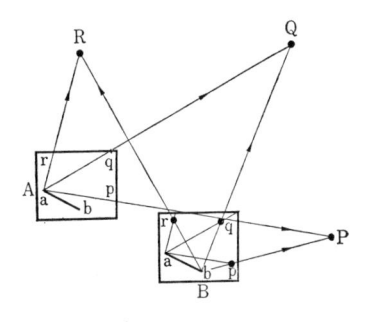

図 6·22 前方交会法

未知点の位置をより正確に求める必要があるときには，図 6·23 のように，既知点 A, B, C から未知点 P を視準する．3 方向線が 1 点で交わらないで小さな（内接円の直径 0.3 mm 以内）三角形ができた場合は，その中央に点 P があるものとする．この三角形を**示誤三角形** (triangle of error) という．

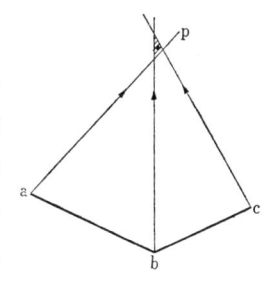

図 6·23 示誤三角法

6·4·4 側 方 交 会 法

図 6·24 (a) のように 2 個の既知点 A, B があり，点 B には平板を据えないで，方向線だけで未知点 P の位置を求める方法を側方交会法という．

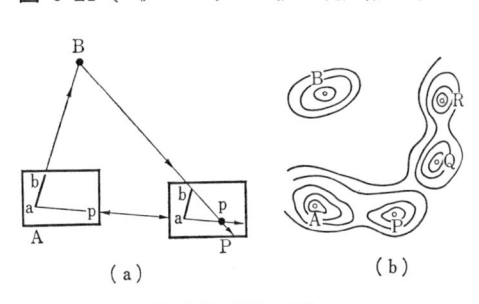

図 6·24 側方交会法

i) 点 A に平板を標定し，ap 線を引く．

ii) 平板を点 P に移し，P の対応点 p を ap 線上に任意に仮定して，この点 p と点 P を致心して平板を標定する．これにより，AP と ap とは同一鉛直面内にあり，かつ方向が一致する．

iii) 点 b に測量針を立て，アリダードをこれに当てて点 B を視準して方向線 bp を引けば，ap 線との交点が求める点 p である．

この方法は，図（b）のような地形のとき便利である．

6・4・5　後方交会法

2個または3個の既知点が未知点Pから視準できるとき，既知点に平板を据え付けることなく，図紙上の点pを求める方法を後方交会法といい，既知点の数により，それぞれ3点法（3点問題），2点法（2点問題）という．3点問題には**透写紙法** (tracing-paper method)，**レーマン法** (Lehmann's method) および**ベッセル法** (Bessel's method) がある．

（a）透写紙法

i) 未知点Pに平板を据え，図紙上にトレーシングペーパーをのせ，この上に点 p′ を仮定する．

ii) 既知点を視準して，方向線 p′a′, p′b′, p′c′ を引く〔図 6・25（a）〕．

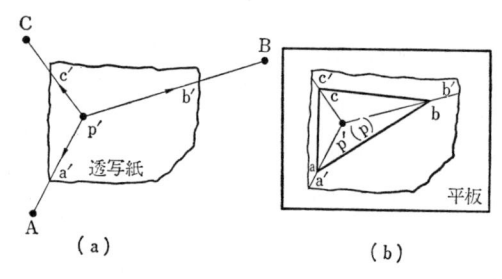

図 6・25　透写紙法

iii) トレーシングペーパーを図紙上で動かし，p′a′, p′b′, p′c′ がそれぞれ図紙上の a, b, c を通るように合わせ，点 p′ を図紙上に移せば，これが求める未知点 p である[1]〔図 6・25（b）〕．

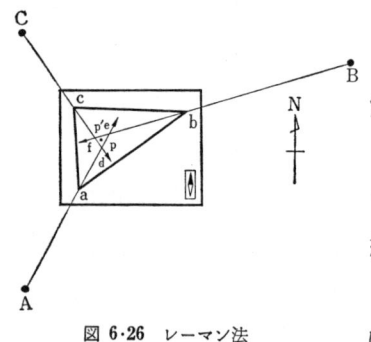

（b）レーマン法

i) 未知点Pに，磁針で概略の方位を定めて平板を据える（**図 6・26**）．

ii) 図紙上の点 a, b, c に測量針を立て，それぞれ A, B, C を視準して，方向線 ap, bp, cp を引く．

iii) もし3方向線が1点 p で交われば，その点 p が求める未知点である．

図 6・26　レーマン法

iv) 方向線が1点で交わらないで，示誤三角形 def ができたら，その付近に

---

1) この方法は点Pが △ABC の外接円の上にある場合は不定となる．

1点 p′ を仮定して，p′ を点 P に致心し，p′a を PA の方向に合わせ，bp′, cp′ を引く．

v) もし，さらに示誤三角形ができたら，上記4の操作を示誤三角形がなくなるまで繰り返す．

上記4で点 p′ を仮定する場合には，つぎに説明するレーマンの法則によればよい．

i) 図 6·27 (a) において正しい未知点の位置 P から3方向線 ad, be, cf に下した垂線の長さ l_1, l_2, l_3 は，それぞれ ap, bp, cp に比例する．

ii) 正しい点 P は方向線 $\overrightarrow{ad}$, $\overrightarrow{be}$, $\overrightarrow{cf}$ に対して同じ側にある．

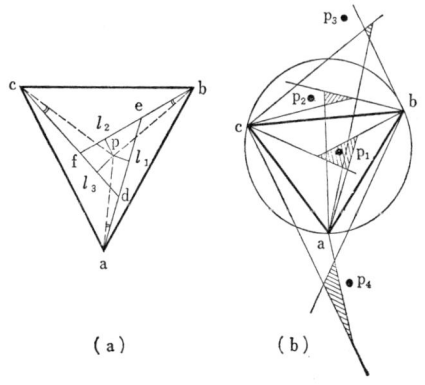

図 6·27 レーマンの法則

上記 i) および ii) を考えると，示誤三角形と正しい点P(・印)との関係位置は，図 6·27 (b) のようになる．図中 p_1, p_2, p_3 および p_4 は $\angle c$ に対し，それぞれ △abc 内，外接円内，外接円外，$\angle a$ の対頂角内にある場合を示す．この方法は経験を積むと短時間に点Pを求めることができるが，点Pが △ABC の外接円上にあるときは，平板の標定が正しくなくても示誤三角形ができないので使用できない．

(c) **ベッセル法**　図 6·28 (a) において，a, b, c は既知点 A, B, C の位置関係を測板上に縮分して展開した点であり，Pを図上での未知点とする．地上での点Pは，点 A, B, C が視準できる位置で，後述する条件を考慮して決める．平板を点Pに据えて，平板上にPが決定されたとすると，つぎのような関係が成り立つ．いま，a, b, p を通る円を描き，pc を延長し，円との交点を z とすると，弧 $\overparen{az}$ および $\overparen{bz}$ に対する円周角の関係から，$\angle apz = \angle abz = \alpha$, $\angle bpz = \angle baz = \beta$, しかるに，$\alpha, \beta$ は点Pで求められるから，点 z は幾何学的に定められ，z, a, b の外接円を描いて，点Pを決定できる．この操作を平板

6. 平板測量

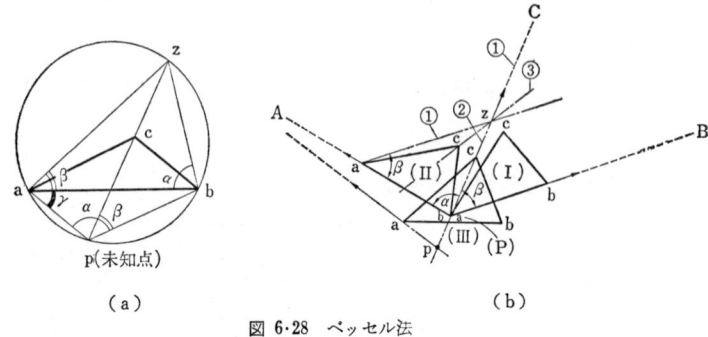

（a） （b）

図 6・28 ベッセル法

を用いた場合は，つぎのような方法で行う〔図 6・28（b）〕．

i）平板を求点Pに据える．

ii）図紙上のaをPに致心して，平板を整準し，aに測量針を立てて既知線 ab に沿わせてアリダードを置いて，Bを視準して平板を定位する〔図 6・28（b）の（I）の状態〕．つぎに，aに立てた測量針にアリダードを沿わせて，Cを視準して az 線を引く（$\angle baz=\beta$ となる）．

iii）bをPに致心して，平板を整準し，既知線 ba に沿わせてアリダードを置き，Aを視準して平板を定位する〔図 6・28（b）の（II）の状態〕．つぎに，bからCを視準して bz 線を引き，（I）の状態での az 線との交点を z とする（$\angle abz=\alpha$）．

iv）zc 線にアリダードを沿わせてCを視準して，平板を正しく定位する（図 6・28（b）の（III）の状態，この場合は致心は無関係でよい）．これにより AB//ab となる．

v）図 6・28（b）の（III）の状態の a に測量針を立て，Aを視準して，方向線 Aap を引き，zc の延長線との交点を求めれば，これが点Pの平板上の点，求点pである．この場合，Bbp 線を利用しても同じ結果が得られる．

この方法ではPの選び方によって，zとcが一致した場合，すなわち，Pが A，B，C の外接円上にあるときは，p は求められない．また，Pが外接円に近いと zc が短くなるので，p の位置は不正確となる．

6・5 平板測量の応用

6・5・1 傾斜角の測定

アリダードの前・後両視準板には，その間隔の 1/100 の目盛が刻まれている．また，両視準板には図6・5のように視準孔があるので，引出板を引き出すことによって，図6・29のように最大仰角（水平線より上向きの鉛直角）＋75，最小ふ（俯）角（下向き）－75 まで測定できる[1]．

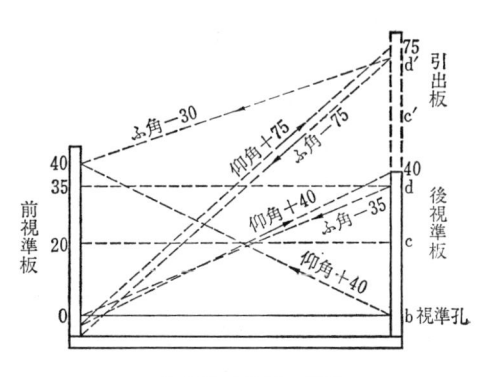

図 6・29 傾斜角の測定

6・5・2 距離測量（アリダードによるスタジア測量[2]，スタジア法）

図 6・30 において，点 A に平板を据え，点Bにポールを立て，その上の2点C,D を視準したときの，CD の間隔を z（基線長という）とし，C,D に対する前視準板の目盛をそれぞれ n_1, n_2 とすれば，距離 L は式 (6・1) で表せる．

$$L = \frac{100}{n_1 - n_2} z = \frac{100}{n} z \quad (6・1)$$

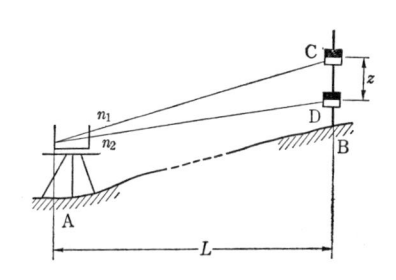

図 6・30 アリダードによるスタジア測量

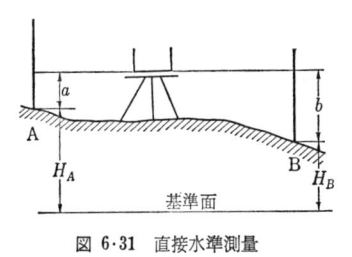

6・5・3 水準測量

(a) 直接水準測量　7・5・1 項で説明する水準測量と同じ原理で，図 6・31 のように，点Aの標高 H_A がわかっていれば，a と b を測定して，次式で点Bの標高 H_B が求められる．

図 6・31 直接水準測量

---

1) ±75 というのは $\tan\theta = \pm\frac{75}{100} \fallingdotseq \pm 53°60'$ のことである．
2) スタジア測量（8・2 節）参照．

$$H_B = H_A + a - b \tag{6・2}$$

（b）間接水準測量　アリダードで読定した分画と水平距離から計算によって高低差を求める方法を間接水準測量といい，既知点に平板を据え，求点に立てた目標板を視準する直視準と，その逆の求点に平板を据え，既知点の目標板を視準する反視準の2通りの方法がある．一般に，間接水準測量は2方向から行うか，1方向から直視および反視準の一対の観測を行い平均をとる．

（1）直視準の場合　図6・32において，既知点Aに平板を据え，視準孔までの高さを i，求点Bの視準高（7・5・2項参照）を h（測標高ともいう）とすれば，求点Bの標高 H_B は次式で計算できる．

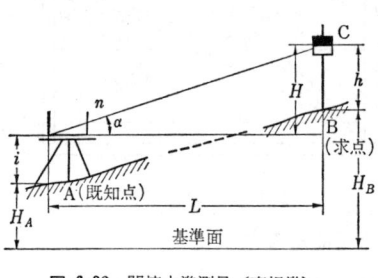

図6・32　間接水準測量（直視準）

$$\left. \begin{array}{l} H_B = H_A + i + H - h \\ \text{ただし，}\ H = \dfrac{n}{100}L \end{array} \right\} \tag{6・3}$$

また，求点Bのほうが点Aに比べて標高が低く，アリダードの傾斜分画がふ角となるときは H が（－）となり次式となる．

$$H_B = H_A + i - H - h \tag{6・4}$$

以上の場合，$i = h$ として測定すれば，H_B は次式で計算できる．

$$H_B = H_A \pm H \tag{6・5}$$

（2）反視準の場合　図6・33において，求点Bに平板を据え，既知点Aの目標板を視準すると，求点Bの標高 H_B は次式で計算できる．

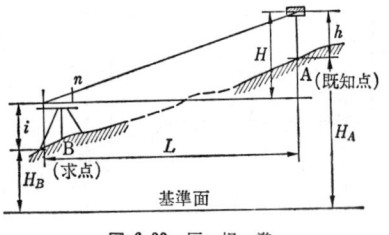

図6・33　反　視　準

$$\left. \begin{array}{l} H_B = H_A + h - H - i \\ \text{ただし，}\ H = \dfrac{n}{100}L \end{array} \right\} \tag{6・6}$$

6・5 平板測量の応用

また，アリダードの傾斜分画 n がふ角となるときは，H が（＋）となり次式となる．

$$H_B = H_A + h + H - i \tag{6・7}$$

この場合も，$i=h$ として測定できれば H_B は次式で計算できる．

$$H_B = H_A \mp H \tag{6・8}$$

間接水準測量の場合，6・5・2 項のスタジア測量と併用すれば，距離 L を実測しないで，求点 B の標高 H_B は傾斜分画 n_1, n_2 を読定するだけで求められる．

例題-6・1 既知点Aに平板を整置し，アリダードと3mのスタジア標尺とを用いて，点（1），（2），（3）に対する分画を読み取った．点（1），（2），（3）までの距離および標高をメートル以下1位まで求めよ．

ただし，点Aの標高およびアリダードで読定した分画は，**表6・2**のとおりとし，地上から平板上にあるアリダードの視準孔までの高さと，地上から下方視準板の中央までの高さは等しいものとする．

点Aの標高：35.8 m　　　　　　　　　　　　　　　（昭 37 士補）

表 6・2

点　名	Aから両視準板をはさんだ分画	Aから下方視準板の中央を視準した分画
（1）	6.2	＋3.4
（2）	8.4	－6.2
（3）	5.2	＋2.2

解答　式 (6・1) で距離を求め，式 (6・3) で標高を求めればよい．

$$z = 3 \text{ m}, \quad L_1 = \frac{100 \times 3}{6.2} = 48.4 \text{ m}, \quad H = \frac{3.4}{100} \times 48.4 = 1.6 \text{ m},$$

$$H_1 = 35.8 + 1.6 = 37.4 \text{ m}$$

同様にして

$$L_2 = 35.7 \text{ m}, \quad H_2 = 33.6 \text{ m}; \quad L_3 = 57.7 \text{ m}, \quad H_3 = 37.1 \text{ m}$$

6・6 平板測量の許容精度と誤差

6・6・1 許容精度

表 6・3 許容距離誤差

縮 尺	許容距離誤差
1/100	0.2 mm×100＝2 cm
1/250	0.2 mm×250＝5 cm
1/500	0.2 mm×500＝10 cm
1/1 000	0.2 mm×1 000＝20 cm
1/5 000	0.2 mm×5 000＝1 m

平板測量の平面位置決定の精度は，図紙上に描かれた点が，正しい位置から図紙上でどれだけ偏位しているかで示される。

国土調査法の地籍調査作業規程準則では，偏位は 0.2 mm 以内と定められている。

（a） 距 離 誤 差 図上の許容位置誤差（許容偏位）を 0.2 mm として，誤差が距離の測定のみによるとすれば，許容距離誤差は**表 6・3** のようになるので，平板測量では，縮尺によって距離の測定方法や器具を考慮する必要がある。

（b） 図根点および地物等の水平位置誤差 建設省公共測量作業規定では，図根点測量における基準点の水平位置誤差を，つぎのように定めている。道線法は複道線法により行い，既知点から出発し他の既知点に閉合するか，やむをえない状況の場合は出発点に閉合させ，その閉合誤差は各縮尺に関係なく，図上で $0.3 \text{ mm} \sqrt{n}$ 以内，ただし，n は辺数とする。また，地物等の水平位置は，放射法，支距法（3・5・3項参照）等により測定図示し，その場合の距離測定は直接測定とし，測定する方向線長は図上 10 cm 以上とし，測定誤差は図上 0.3 mm 以内（標準偏差）と運用基準で定めている。

6・6・2 平板の据え付けに対する許容誤差

（a） 平板の致心誤差（致心の不完全による誤差） 平板を据えるとき，地上の点Aと図上の点aとが同一鉛直線上にないために，既知点Pを視準し定位した後，つぎに求点 Q を視準して q の位置を定めたとき，図上の点 q には方向角誤差が生じ，その結果 Δq なる偏位誤差が生じる。図 6・34 において，図上の点 a と地上の点 A とのずれ a′a，すなわち e を致心誤差（eccentric error）という。実際に測量するときは，aに測量針を立て，これにアリダード

の定規を合わせて，既知点Pを視準し ap の方向線を描き，図上の点 p が決まる．このとき，Pの正しい方向の正しい位置 p' と p との方向（角）誤差 θ_1 は次式で示される．いま，$a'P=L_P$ とすれば

$$h_1 = e \cdot \sin\varphi_1$$

$$\sin\theta_1 = \frac{e}{L_p}\sin\varphi_1$$

θ_1 は微小角であるから近似的に

$$\theta_1 \fallingdotseq \frac{e}{L_p}\sin\varphi_1 \qquad (6\cdot9)$$

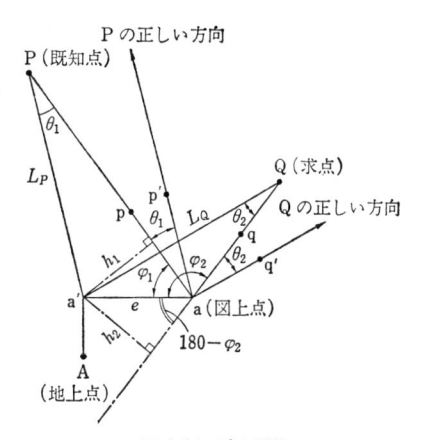

図 6·34 致心誤差

つぎに，この状態で求点 Q を視準すると，同様にして角誤差 θ_2 が生じる．

$$h_2 = e \cdot \sin(180-\varphi_2) = e \cdot \sin\varphi_2$$

$a'Q=L_Q$ とすると

$$\sin\theta_2 \fallingdotseq \theta_2 \fallingdotseq \frac{e}{L_Q} \cdot \sin\varphi_2 \qquad (6\cdot10)$$

したがって，図上の点 q の方向誤差 ε は式 (6·11) で表される．

$$\begin{aligned}
\varepsilon &= \angle\mathrm{paq} - \angle\mathrm{p'aq'} \\
&= \varphi_2 - \varphi_1 - (\varphi_2 - \varphi_1 - \theta_1 + \theta_2) \\
&= \theta_1 - \theta_2 \\
&= \frac{e}{L_p}\sin\varphi_1 - \frac{e}{L_Q}\cdot\sin\varphi_2
\end{aligned}$$

ここで，$L_p = L_Q = L$ とすると

$$\varepsilon = \frac{e}{L}(\sin\varphi_1 - \sin\varphi_2) \qquad (6\cdot11)$$

ε の最大値 $\varepsilon_{\max}$ は $\varphi_1 = 90°$，$\varphi_2 = 270°$ のときに生じ，その値は $2e/L$ となる．よって，点 q までの図上の長さを l とし，縮尺を $1/M$ とすれば，$l = L/M$ であるから，点 q の最大偏位量 $\varDelta q_{\max}$ は式 (6·12) で示される．

$$\varDelta q_{\max} = \varepsilon_{\max} \cdot l = \frac{2e}{L} \cdot l = \frac{2e}{M} \tag{6.12}$$

式 (6·12) から, 図上の最大偏位量 $\varDelta q_{\max}$ を 0.2 mm とした場合の許される致心誤差 e を計算すれば, 式 (6·13) となる.

$$e = \varDelta q_{\max} \cdot \frac{M}{2} = 0.2 \times \frac{M}{2} = 0.1 M \text{ [mm]} \tag{6.13}$$

式 (6·13) によって, 一定の縮尺の図面をつくる場合, 図上における許容誤差 $\varDelta q$ に対して, 致心誤差がどこまで許されるかを知ることができる. 表 6·1 は $\varDelta q = 0.2$ mm としたとき, 各縮尺に対して許し得る致心誤差の距離の限界を示したものである.

例題-**6·2** 平板の致心を行う場合, 求心器を不要とする縮尺の限界はいくらか. ただし, 許容致心誤差は 20 cm, 許容図上転位誤差は 0.2 mm とする.

(昭 54 士)

解答 式 (6·12) から $M = 2e/\varDelta q$. ここで, $e = 20$ cm, $\varDelta q = 0.2$ mm, 縮尺を $1/M$ から $M = 2 \times 200/0.2 = 2\,000$. したがって 1/2 000 となる.

(b) **整準誤差** 平板が水平に対して ε だけ傾いていたとすると, トランシットの鉛直軸誤差と同様に, 点 O に平板を据えて, OA, OB の 2 方向を視準して, 図上に ∠aob を描いたときの角誤差 ω は次式で示される.

$$\omega = \varepsilon(\sin\beta_1 \tan\alpha_1 - \sin\beta_2 \tan\alpha_2) \tag{6.14}$$

2 点 A, B の鉛直角がともに α で等しいとすれば, 式 (6·15) を得る.

$$\omega = \varepsilon \tan\alpha (\sin\beta_1 - \sin\beta_2) \tag{6.15}$$

ω の最大値 $\omega_{\max}$ は $\beta_1 = 90°$, $\beta_2 = 270°$ のときに生じ, 次式となる.

$$\omega_{\max} = 2\varepsilon \tan\alpha \tag{6.16}$$

よって, A を視準して定位し, B を求めるとし, OB=L とすれば, b の最大偏位量 q は次式で求められる.

$$q = \frac{L}{M} \omega_{\max} = \frac{2\varepsilon L \tan\alpha}{M} \tag{6.17}$$

いま, 傾斜角の読みを $n = 20$, $L/M = 10$ cm 程度の測定で, $q \leq 0.2$ mm とすれば, ε の許容範囲は次式で求められる.

$$\varepsilon = \frac{q}{2} \cdot \left(\frac{M}{L}\right) \cdot \frac{1}{\tan \alpha} = \frac{0.02}{2} \times \frac{1}{10} \times \frac{100}{20}$$

$$= \frac{1}{200} \quad ^{1)}$$

6・6・3 測量の方法による誤差

(a) 放射法 放射法により，既知点 A から求点 P の位置を求めると，視準誤差（角誤差）と距離誤差（距離の実測誤差と距離縮写[2]の誤差）によって，点 P には平面位置の誤差が生じる．図 6・35 に示すように，いま，AP 間の図上距離を l，視準誤差を δ，距離縮写の誤差 p'p'' を ε とすると，点 P の平面位置の誤差 E は，これら 2 つの誤差の合成によって生じる pp'' となり，式 (6・18) で表される．

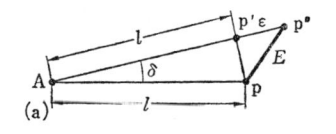

図 6・35 放射法による誤差

$$E = \pm \sqrt{(l\delta)^2 + \varepsilon^2} \qquad (6\cdot18)$$

いま，$l\delta, \varepsilon$ をともに 0.2 mm とすれば次式となる．

$$E = \pm \sqrt{0.2^2 + 0.2^2} = \pm 0.3 \text{ mm}$$

(b) 交会法 図 6・36 において，既知点 A, B から方向線を描画して，交会点 P を決定する前方交会法の場合について考える．P は方向誤差により P' に転位する．既知点 A, B から求点 P までの距離を S_1, S_2，AP と BP との交会角を φ とし，視準誤差を $d\alpha, d\beta$ とすると，$d\alpha$, $d\beta$ が微小角のため点 Q の交会角も φ としてよい．

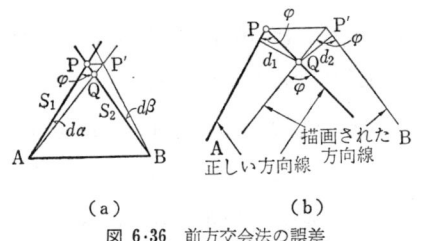

図 6・36 前方交会法の誤差

△PQP' は第 2 余弦法則により

---

1) 1. アリダードの気泡管の半径を 1m とし，気泡の中心からのずれを 5mm としたとき ε は 1/200 となる．
   2. 式 (6・14) は，アリダードで最大傾斜に近い方向に視準した場合を考える．
2) 平板測量で距離を実測し，方向線上に縮尺でこれをとると，距離の実測誤差は，ほとんど縮小されて 0 となるが，縮尺で測って針でプロットするとき誤差を生ずる．この誤差をいう．

$$\overline{PP'}^2 = \overline{PQ}^2 + \overline{P'Q}^2 - 2PQ \cdot P'Q \cdot \cos\varphi$$

ここで，$d_1 = PQ\sin\varphi$, $d_2 = P'Q\sin\varphi$ を上式に代入すると

$$\overline{PP'}^2 = \frac{d_1^2}{\sin^2\varphi} + \frac{d_2^2}{\sin^2\varphi} - 2 \cdot \frac{d_1}{\sin\varphi} \cdot \frac{d_2}{\sin\varphi} \cdot \cos\varphi$$

ここで，第1，第2項は符号のいかんにかかわらず正，第3項は最小二乗法の原則から，正・負相半ばするので0とみなすと

$$\overline{PP'}^2 = \frac{d_1^2}{\sin^2\varphi} + \frac{d_2^2}{\sin^2\varphi} = \frac{1}{\sin^2\varphi}(d_1^2 + d_2^2)$$

また，$d_1 = S_1 \cdot d\alpha$, $d_2 = S_2 \cdot d\beta$ であるから

$$PP' = \pm \frac{1}{\sin\varphi}\sqrt{S_1^2 d\alpha^2 + S_2^2 d\beta^2}$$

ここで，交会点の誤差 PP' の中等誤差を M，視準誤差 $d\alpha$, $d\beta$ の中等誤差を等しく m とし，距離 $S_1 = S_2 = S$ とすると

$$M = \pm \frac{\sqrt{2}}{\sin\varphi} \cdot mS = \pm \frac{\sqrt{2}}{\sin\varphi} \cdot d \qquad (6 \cdot 19)$$

この式から，M は φ が 90° のとき最小となり，また，求点までの距離 S が小さいほうが小となる．もちろん，$d\alpha$, $d\beta$ の中等誤差 m が小さくなることが必要であるが，その精度は平板では $1/500 \fallingdotseq 6'$ といわれている．いま，$d = 0.2\,\mathrm{mm}$, $m = 6'$ として s を求めると，$s = d \times \rho'/m' = 0.2 \times 3\,437/6 \fallingdotseq 114\,[\mathrm{mm}]$ となり，$d \leqq 0.2\,\mathrm{mm}$ とするためには図上距離 s は 10 cm 以下となる．また，式 (6·19) において，$d = 0.2\,\mathrm{mm}$, $\varphi = 90°$ とすると $M = \pm\sqrt{2} \cdot d = \pm 0.28$ mm となる．また，交会点の位置の誤差の許容限界 $M_{\max}$ を 0.5 mm とすれば $0.5 \geqq 0.2\sqrt{2}/\sin\varphi$, $\sin\varphi \geqq 0.565\,6$, $\varphi \geqq 34°27'$. したがって，30° 以下の交会角では交会点の識別が不正確となるので，交会角の制限値を30°～150°としている．

例題-6·3 平板測量の交会法において，交角を φ，方向線描画の偏位を図上 0.2 mm とすれば，交会点の中等誤差 M は

$$M = \pm\sqrt{2}\,\frac{0.2}{\sin\varphi}$$

で表される．

6・6 平板測量の許容精度と誤差

φ が $30°$, $60°$, $90°$ の場合についてそれぞれ M を計算して, どの交会法が最もよい精度になるか答えよ. (昭29 士補)

[解答] φ の値を与えられた式に入れて, それぞれの M を求めると, つぎのようになり, $90°$ の場合が最も精度がよい.

$$M_{30} = \pm 0.56 \text{ mm}, \quad M_{60} = \pm 0.32 \text{ mm}, \quad M_{90} = \pm 0.28 \text{ mm}$$

(c) 道 線 法 道線法における平面位置の誤差は放射法と同様, 方向誤差と距離誤差との総合であり, 放射法の繰り返しによる誤差の累積と考えればよい. いま, 道線の辺数を n, 各辺長を $l_1, l_2, \cdots, l_n$, 方向誤差を $\delta_1, \delta_2, \cdots, \delta_n$, 距離縮写誤差を $\varepsilon_1, \varepsilon_2, \cdots, \varepsilon_n$ とすると, 閉合点の位置誤差 M は式 (6・18) から

$$M = \pm \sqrt{\{(l_1\delta_1)^2 + \varepsilon_1^2\} + \{(l_2\delta_2)^2 + \varepsilon_2^2\} + \cdots + \{(l_n\delta_n)^2 + \varepsilon_n^2\}}$$

ここで, $l_1\delta_1 = l_2\delta_2 = \cdots = l_n\delta_n = l\delta$, $\varepsilon_1 = \varepsilon_2 = \cdots = \varepsilon_n = \varepsilon$ とすると

$$M = \pm \sqrt{n\{(l\delta)^2 + \varepsilon^2\}}$$

また, $l\delta = \varepsilon$ とすると, $M = \pm \varepsilon\sqrt{2n}$ となり, $\varepsilon = 0.2$ mm とすると

$$M = \pm 0.28\sqrt{n} \text{ [mm]} \tag{6・20}$$

となる.

(d) スタジア法 スタジア法による距離は, 式 (6・1) の $L = 100z/n$ から求められる. いま, 上下目標板の間隔を z, 視準板目盛の読みの差の分画数を n, それぞれの誤差を dz, dn とすれば, 距離 L の誤差 dL は式 (2・12) の全微分から求められる.

$$dL = \frac{\partial L}{\partial z}dz + \frac{\partial L}{\partial n}dn$$

$$= \frac{100}{n}dz - \frac{100z}{n^2}dn \tag{6・21}$$

ここで, $\frac{\partial L}{\partial z} = \frac{100}{n}$, $\frac{\partial L}{\partial n} = -\frac{100z}{n^2}$ である.

上式で, dz は作業開始前に十分注意して正しい長さで目標板を取り付けることができるので $dz = 0$ とし, $n = 100z/L$ を代入すると次式となる.

$$dL = -\frac{100z}{n^2}dn = -\frac{100zL^2dn}{100^2z^2} = -\frac{L^2dn}{100z} \tag{6・22}$$

式 (6·22) は，アリダードのスタジア法によって距離を求める場合の，測定してもよい限界距離を求める式となる．

例題-6·4 縮尺 1/5000 地形図の細部測量において，平面位置の許容誤差を図上 0.5 mm とすれば，アリダードによるスタジア法で測定してよい距離の限度はいくらか．ただし，上下の目標板（ターゲット）の間隔は 2 m，アリダードの分画読定誤差はそれぞれ ±0.1 分画とする． （昭 55 士）

解答 スタジア法による距離の誤差を求める式は，目標板の間隔 z に誤差がないものとすると，式 (6·22) となる．

$$dL = \frac{L^2 dn}{100 z} \quad \text{〔普通（−）を省略して考える．〕}$$

したがって

$$L = \pm \sqrt{\frac{dL \, 100 \, z}{dn}} \quad \text{となる．}$$

ここで，アリダードの分画数 n は図 6·30 のように $n = n_1 - n_2$ から求まり，$n_1 n_2$ の読定誤差 dn_1, dn_2 は等しく標準偏差で表し，±0.1 分画とすると，誤差伝播の法則の式 (2·16) から，2 回読定した n の誤差 dn は次式となる．

$$dn = \pm\sqrt{dn_1{}^2 + dn_2{}^2} = \pm\sqrt{0.1^2 + 0.1^2} = \pm 0.1\sqrt{2} = \pm 0.14$$

また，距離の誤差は実長で考えると

$$dL = 0.5 \times 5.000 = 2.5 \text{ m}, \quad z = 2 \text{ m}$$

これらを代入すると

$$L = \pm \sqrt{\frac{2.5 \times 100 \times 2}{0.14}} = \pm 59.8 \text{ m}$$

ゆえに，59.8 m 以下の距離であれば測定可能である．

6·6·4 その他の誤差

(a) アリダードの外心誤差 アリダードの視準線と定規縁との間隔は約 30 mm ずれている．これを外心距離という．それゆえに，図 6·37 のように，Aに致心して，Pを視準したときの方向線には，水平角の誤差が生じる．いま図 6·37 において，ap は定規縁の方向，A′P は視準線，真の方向は AP であるから，図上の方向線 ap には角誤差 θ が生じ，θ は通常微小角であるから，式 (6·23) で示される．ここで，外心距離を e，AP = L とすると

$$\theta \fallingdotseq \sin\theta = \frac{e}{L} \quad (6·23)$$

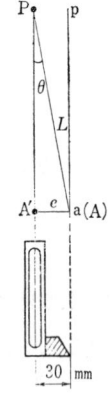

図 6·37 外心誤差

6・6 平板測量の許容精度と誤差

また，L は実距離であるから，縮尺を $1/M$，図上の方向線長を l とすると，$l=L/M$ となる．角誤差 θ による視準点Pの図上での偏位量を q とすると，$q=l\cdot\theta$ であるから，式（6・23）との関係から式（6・24）となる．

$$q=\frac{L}{M}\cdot\frac{e}{L}=\frac{e}{M} \tag{6・24}$$

よって，$e=30$ mm，$q\leq 0.2$ mm とすれば，0.2 mm $\geq 30/M$，$M\geq 150$ となり，1/150 以下の縮尺では，外心による誤差を考慮しなくてもよいことがわかる．外心誤差を少なくするために，近い測点を視準するときはポール（半径約 1.5 cm）の左側縁を視準するとよい．

例題-6・5 一般のアリダードは，構造上，方向線を描くための定規縁と視準糸および視準孔を含む面（視準面）とは一致せず，約 3 cm 離れている．これをアリダードの外心という．いま，縮尺 1/500 において，方向線の長さ 10 cm を描いた場合，視準方向に及ぼす外心誤差はいくらか．ただし，$\rho'=3400$ とする． (昭 55 士)

解答 この問題では，アリダードの外心誤差によって，視準方向に生じた角誤差をたずねている．角誤差 θ は微小角で，これをラジアンで表すと式（6・23）の $\theta=e/L$ となり，したがって，θ を角度分で表すと，$\theta'/\rho'=e/L$ となる．ここで，$e=3$ cm，図上距離 l の実距離 L は，$L=10$ cm $\times 500=5\,000$ cm．以上を上式に代入すると

$$\theta'=e\rho'/L=3\times 3\,400/5\,000=2.04'$$

（b） アリダードの視準誤差 アリダードで目標を視準する場合，視準孔の大きさによる視準誤差 δ と視準糸の太さによる視準誤差 ε の両方によって，方向角に誤差が生じる．図 6・38 に示すように，δ と ε は次式のようになる．

$$\delta\fallingdotseq\tan\delta=\frac{d_1}{2C}, \quad \varepsilon\fallingdotseq\tan\varepsilon=\frac{d_2}{2C}$$

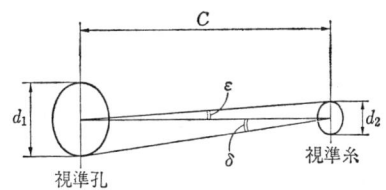

図 6・38 視準誤差

1方向の角誤差を $d\theta$ とすると，誤差伝播の式（2・14）から，$d\theta$ は式（6・25）で表される．

$$d\theta=\sqrt{\delta^2+\varepsilon^2}$$

$$=\sqrt{\frac{d_1^2}{4C^2}+\frac{d_2^2}{4C^2}}=\frac{\sqrt{d_1^2+d_2^2}}{2C} \qquad (6\cdot25)$$

ここで，d_1 は視準孔の直径，d_2 は視準糸の直径，C は視準板の間隔である．

方向角は2方向線による夾角であるから，2方向の角誤差の総合となる．それぞれ $d\theta_1, d\theta_2$ とし，夾角の誤差を $d\omega$ とすると

$$d\omega=\pm\sqrt{d\theta_1^2+d\theta_2^2}$$

ここで，$d\theta_1=d\theta_2=d\theta$ とすると

$$d\omega=\pm\sqrt{2}\,d\theta$$

となる．したがって，方向角誤差 $d\omega$ により，図上距離 l における平面位置誤差 q は次式で示される．

$$q=d\omega\cdot l=\sqrt{2}\cdot\frac{\sqrt{d_1^2+d_2^2}}{2C}\cdot l \qquad (6\cdot26)$$

いま，$q\leqq0.2$ mm，$d_1=0.6$ mm，$d_2=0.2$ mm，$C=220$ mm とすれば，l は次式となる．

$$l\leqq\frac{2qC}{\sqrt{2}\cdot\sqrt{d_1^2+d_2^2}}=\frac{2\times0.2\times220}{\sqrt{2}\cdot\sqrt{(0.6)^2+(0.2)^2}}\fallingdotseq98\text{ mm} \qquad (6\cdot27)$$

よって，点の図上転位を 0.2 mm 以内にとどめるには，縮尺にかかわらず，方向線は約 10 cm 以下にすべきである．

（c）磁針による定位誤差 磁針箱によって定位するときに，磁針の先端と磁針箱の南北刻線とを一致しない状態で，平板を定位したために生じる方向誤差をいう．図 6・39 に示すように，磁針の先と刻線を合わせる際に生じる磁針の偏位誤差を e，これによる方向誤差を δ，磁針の全長を $2R$ とすれば，$\delta=e/R$ となり，この δ による図上の点の位置誤差 q は，図上の方向線の長さを l とすると，次式で求められる．

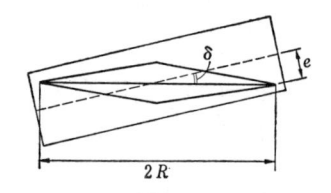

図 6・39　磁針の偏位誤差

$$q=\delta\cdot l=\frac{e}{R}\cdot l \qquad (6\cdot28)$$

6·6 平板測量の許容精度と誤差

式 (6·28) で, $e=0.2\,\mathrm{mm}$, $q\leqq0.2\,\mathrm{mm}$ とすれば, $R=l\cdot e/q$ で $e/q\geqq1$ だから, $R\geqq l$ となる. すなわち, 磁針の偏位が $0.2\,\mathrm{mm}$ は避けられないとするとき, それによる位置誤差 q を $0.2\,\mathrm{mm}$ 以下にするためには, 方向線 l は磁針の長さの半分以下にしなければならないことがわかる.

例題-6·6 縮尺 1/1000 の地形図作成のため, 箱型磁針により平板を標定し, 100 m 離れた地点 P までの距離を布巻尺で測定した. その際, 距離測定に 1 m の誤差があり, 磁針の先端も指標から 0.4 mm 偏位していた. 地点 P の図上の位置誤差はいくらか. ただし, 磁針の全長は 10 cm とする.

(昭 55 士)

解答 図 6·40 は, 方向視準誤差 δ に起因する位置の転位誤差 q と距離誤差 dl との総合誤差 E との関係を示したもので, また, R と e は磁針の半長と偏位の関係である. 磁針の偏位から $\delta=e/R$, 角誤差 δ のための図上の点の位置誤差は $q=l\cdot\delta$, 距離誤差 dl とこの q との総合誤差 E は

$$E=\pm\sqrt{dl^2+(l\cdot\delta)^2}$$

となる. $l=L/M$, 縮尺は $1/M$ だから

$$q=l\cdot\delta=L\cdot e/M\cdot R=100\times10^3\times0.4/1\,000\times50$$
$$=0.8\,\mathrm{mm}$$
$$dl=dL/M=1\,000\,\mathrm{mm}/1\,000=1\,\mathrm{mm}$$
$$E=\pm\sqrt{1^2+0.8^2}=\pm1.3\,\mathrm{mm}$$

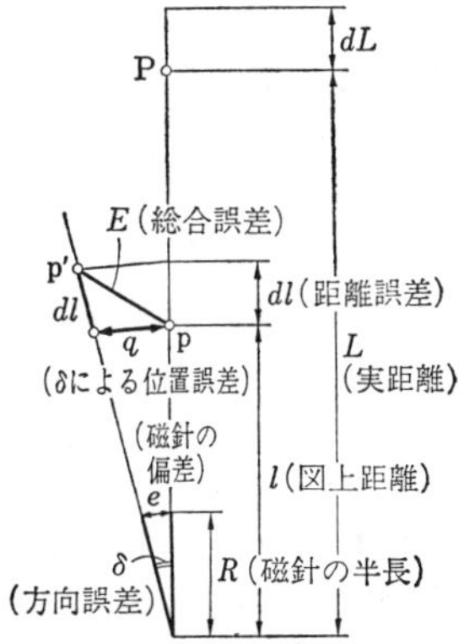

図 6·40

(d) 望遠鏡付きアリダードによる水準測量の誤差 望遠鏡付きアリダードによる水準測量も式 (6·3) の $H=nL/100$ で求める. すなわち, 図 6·32 において, 鉛直角を α とし, $n/100$ の代わりに $\tan\alpha$ を用いれば, 次式を得る.

$$H=L\tan\alpha \qquad (6\cdot29)$$

ここで, H, L, α の標準偏差をそれぞれ m_H, m_L, m_α とすると, 誤差伝播の法則により次式を得る.

$$m_H=\sqrt{\left(\frac{\partial H}{\partial L}m_L\right)^2+\left(\frac{\partial H}{\partial \alpha}m_\alpha\right)^2}$$

$$\frac{\partial H}{\partial L}=\tan\alpha,\quad \frac{\partial H}{\partial \alpha}=L\cdot\frac{1}{\cos\alpha^2}$$

したがって

$$m_H = \sqrt{(\tan\alpha \cdot m_L)^2 + \left(\frac{L}{\cos^2\alpha} m_\alpha\right)^2}$$

L は十分注意して測定し，$m_L=0$ とすれば

$$m_H = \pm \frac{L}{\cos^2\alpha} \cdot m_\alpha \tag{6・30}$$

この場合，α を 10°以下で測定するとすれば，$\cos^2\alpha \fallingdotseq 1$ となるので次式となる．

$$m_H = \pm L m_\alpha \tag{6・31}$$

$m_H = 1' = 0.0003$（ラジアン），L をキロメートル単位で表せば次式となる．

$$m_H = 0.3L \ [\mathrm{m}] \tag{6・32}$$

例題-6・7　縮尺 1/2500 の平面図を平板測量で作成するとき，既知点Aから図上距離 10 cm のところにある求点 B の高さを，アリダードによる間接法で測定した．このとき，アリダードの分画読定値 25 分画，読定誤差 0.1 分画，図上距離の測定誤差 0.3 mm とした場合，求点 B の高さの最大誤差はいくらか．ただし，目標板高はアリダードの器械高と同じとし，既知点の標高は誤差を含まないものとする．　　　　　　　　　　　　　　　（昭 56　士）

解答　アリダードによる間接水準測量で直視準，仰角の場合である．求点Bの標高は式 (6・5) の $H_B = H_A + H$ から求められ，H_A には誤差は含まないから，H のみに含むことになる．$H = L \cdot n / 100$ において，アリダードの分画読定値 n の誤差を dn，AB 間の距離 L の測定誤差を dL とすると，これらの誤差により，AB 間の高低差 H に誤差 dH が及んでくる．H の全微分 dH は最大誤差となり，式 (2・12) から次式となる．

$$dH = \frac{\partial H}{\partial n} dn + \frac{\partial H}{\partial L} dL = \frac{L}{100} dn + \frac{n}{100} dL$$

ここで，縮尺 $=1/M$ とすると

$L = l \cdot M = 10 \text{ cm} \times 2.500 = 250 \text{ m}$，$dL = dl \cdot M = 0.3 \text{ mm} \times 2500 = 0.75 \text{ m}$

$n = 25$，$dn = 0.1$ を代入し，dH の最大を求めると

$$dH = \frac{250}{100} \times 0.1 + \frac{25}{100} \times 0.75 = 0.44 \text{ m}$$

演 習 問 題　　　　　　　　　　　　　　　　　173

演 習 問 題

（1）つぎの文は，平板測量について述べたものである．間違っているものはどれか．
1．平板の標定とは，平板の上面を水平にし，地上点とそれに対応する平板上の点とを同一鉛直線上に合わせ，平板の方向を定めることである．
2．基準点を用いて平板を正しい方向に置くには，なるべく近い基準点によって標定する．
3．交会法では，距離の測定を行うことなく求点の位置を決定することができる．
4．支距（オフセット）法とは，求点から一定の基準となる側線（準拠線）へ垂線を下ろし，この垂線の長さと，準拠線上の既知点から垂線と準拠線との交点までの距離を測定して，求点の位置を決定する方法である．
5．放射（光線）法とは，既知点から求点に向けて方向線を引き，距離を測定してその距離を図上距離に直したものを方向線上にとり，求点の位置を決定する方法である．
　　　　　　　　　　　　　　　　　　　　　　　　　　　　（平成6　士補）

（2）つぎの文は，アリダードの点検について述べたものである．間違っているものはどれか．
1．紙上に定規縁に沿って細線を引き，アリダードを180°回転させ，前の細線に合わせて再び細線を引いたとき，2本の線が一致すればよい．これは，定規縁がまっすぐであるかどうかの点検である．
2．平板を整置（整準）し，平板上でアリダードを回し，水準器の気泡が中央にきたとき定規縁に沿って直線を引く．つぎに，アリダードを180°回転させ，再びその直線に沿って置いたとき気泡が中央にあればよい．これは，水準器軸と定規底面とが平行であるかどうかの点検である．
3．平板から適当な距離の地点に垂球を細糸で吊るし，アリダードの各視準孔より視準したとき，細糸と視準糸が合致すればよい．これは，定規の底面と各基準線とが平行であるかどうかの点検である．
4．2本の測針と遠方の目標を見通すように平板を回転させ定位する．つぎに，測針にアリダードを沿わして視準したとき，視準糸と目標が合致していればよい．これは，定規縁と視準面とが平行であるかどうかの点検である．
5．ほぼ平坦な土地において，点Aに平板を整置（整準）し，アリダードによって約100m離れた点Bに立てた目標板（器械高と同高）を視準して分画を読定する．つぎに，点Bに平板を整置し，同じアリダードによって点Aに立てた目標板（器械高と同高）を視準して分画を読定する．そのとき，分画読定値が等しく，符号が反対であればよい．これは，水準器軸と基準線とが平行であるかどうかの点検である．　　（平成5　士補）

（3）つぎの文は，平板測量の誤差について述べたものである．間違っているものはどれか．
1．アリダードを用いたスタジア測量で求める水平距離の誤差は，上下目標板の間隔

174   6. 平 板 測 量

が一定で，かつ，分画読定の誤差が一定であるとした場合，測定距離に比例する．

2. アリダードの視準孔の大きさと視準糸の太さによって生じる図上の水平位置の最大誤差は，平板から視準点までの距離に比例する．

3. 平板が正しく定位されていないことによって生じる視準点の図上の水平位置の誤差は，平板から視準点までの距離に比例する．

4. 導線法で求めた点の水平位置の誤差（標準偏差）は，各節点間の距離が等しく，各節点での距離測定および各測定の誤差（標準偏差）を一定とした場合，辺数の平方根に比例する．

5. 前方交会法で示誤三角形が生じる原因として，おもに平板の標定誤差，方向線の描画誤差，基準点の展開誤差が挙げられる．　　　　　　　　　　　　（平成7　士）

（4）　縮尺1/500の地形図作成のための平板測量において，基準点Aに平板を標定し，放射法により点Bを求めることとした．点Bの水平位置の誤差を図上 0.3 mm 以内にするためには，点A，B間の距離はいくらまで許されるか．最も近いものをつぎのなかから選べ．ただし，方向の誤差は 17′，距離縮写の誤差は図上 0.2 mm，$\rho = 3\,400′$ とし，その他の誤差（標定誤差を含む）はないものとする．

1. 16 m　　2. 19 m　　3. 22 m　　4. 25 m　　5. 28 m　　（平成4　士）

（5）　平板を用いた細部測量において，放射（光線）法で求める点の水平位置の許容誤差を図上 0.2 mm とするとき，作成できる地形図の縮尺として，つぎのなかで最大のものはどれか．ただし，平板の致心の許容誤差は 20 cm とし，その他の誤差は無視するものとする．

1. $\dfrac{1}{500}$　　2. $\dfrac{1}{1\,000}$　　3. $\dfrac{1}{2\,000}$　　4. $\dfrac{1}{3\,000}$　　5. $\dfrac{1}{5\,000}$　　（平成5　士）

（6）　平板測量において，アリダードの視準孔の直径を 0.7 mm，視準糸の直径を 0.3 mm，両視準板間隔を 27 cm，方向線長を最大 10 cm とするとき，視準誤差による位置誤差は最大いくらになるか．最も近いものをつぎのなかから選べ．

1. 0.1 mm　　2. 0.2 mm　　3. 0.3 mm　　4. 0.4 mm　　5. 0.5 mm

（平成2　士）

（7）　基準点Aにおいて，水平距離で 25 m 離れた求点Bに立てた目標板をアリダードで視準したところ，分画読定値として −16.0 を得た．求点Bの標高はいくらか．つぎのなかから選べ．ただし，既知点Aの標高は 58.4 m，器械高は 1.5 m，求点Bの目標板の高さは 3.0 m とする．

1. 49.9 m　　2. 52.9 m　　3. 55.9 m　　4. 57.9 m　　5. 60.9 m

（平成5　士補）

（8）　縮尺1/500地形図を作成するための平板測量において，アリダードおよび巻尺を用いて傾斜が一様な土地の2地点間の傾斜角および斜距離を測定したところ，傾斜角の分画値は −10.0 分画，斜距離は 36.00 m であった．この2地点間の水平距離はいくらか．最も近いものをつぎのなかから選べ．

ただし，$\sqrt{1.01} = 1.005$ とする．

演　習　問　題　　　　　　　　　175

　　1．35.4 m　2．35.6 m　3．35.8 m　4．36.0 m　5．36.2 m
　　　　　　　　　　　　　　　　　　　　　　　　（平成 9　士補）

（9）　既知点 A から求点 B の高さを求めるため，平板を点 A に整置し，アリダードを用いて点 B を視準したところ，+10.0 分画を得た．また，巻尺で点 A，B 間の水平距離を測定し，30 m を得た．分画の読定に伴う最大誤差を 0.1 分画，巻尺の距離測定における最大誤差を 10 cm とするとき，求点 B の高さの最大誤差はいくらか．つぎのなかから最も近いものを選べ．ただし，点 A における器械高と点 B の測標高は等しく，その他の誤差はないものとする．

　　1．1 cm　2．2 cm　3．4 cm　4．6 cm　5．7 cm　　（平成 7　士）

（10）　縮尺 1/5 000 の地図作成のための平板測量において，距離測定の誤差を図上で 0.2 mm 以内にするために，スタジア測量で測定できる距離は最大どれだけか．最も近いものをつぎのなかから選べ．ただし，目標板間隔は 3 m，目標板間隔の分画（目標板上端の分画読定値と下端の分画読定値の差）に含まれる誤差は最大 0.2 分画とし，他の誤差は無視できるものとする．

　　1．38 m　2．41 m　3．47 m　4．50 m　5．54 m　　（平成 3　士）

（11）　平坦な土地に整置した平板上のアリダードの外心かんを用いて，水準器の気泡を気泡管の一方の端に導いた後，100 m 離れた地点に直立させた標尺を視準して 0.9 m を読定した．つぎに，他方の端に気泡を導いた後，同じ標尺を視準したところ 1.5 m を読定した．この水準器の気泡管の曲率半径はいくらか．最も近いものをつぎのなかから選べ．ただし，気泡の移動量は 7.8 mm とする．

　　1．1.1 m　2．1.3 m　3．1.5 m　4．1.7 m　5．1.9 m
　　　　　　　　　　　　　　　　　　　　　　　　（平成 8　士補）

（12）　つぎの文は，GPS やトータルステーションを用いた地形測量について述べたものである．間違っているものはどれか．

　1．平板測量に必要な基準点は，GPS を用いて設置することができる．
　2．トータルステーションで地形・地物を測定する場合は，おもに放射法が用いられる．
　3．トータルステーションにより設置した基準点を用いて，縮尺 1/100 の地形図を平板測量で作成する場合は，外心誤差 3 cm のアリダードを使用することができる．
　4．トータルステーションによる地形・地物の測定結果は，データコレクタに記録されるので，手書きによる記録を省略することができる．
　5．データコレクタに記録された地形・地物の測定結果は，コンピュータのディスプレイに表示することができる．
　　　　　　　　　　　　　　　　　　　　　　　　（平成 7　士補）

7. 水準測量

　水準測量 (leveling) とは，ある基準面からのある地点の高さを鉛直方向の距離として求める測量で，普通はレベルと標尺を用いて2点間の高低差（比高）を求め，これをつぎつぎと加えて最終的に基準面からの高さを求める作業をいう．
　土木工事では，地形の高低を測定して構造物を計画し，その計画に従って所定の高さに構造物を建設するなど，重要な役割をするもので，その測定方法は比較的簡単であるが，その作業は慎重に行う必要がある．
　本章では，主として直接水準測量について説明する．なお，その内容については，「建設省公共測量作業規程」の3・4級および簡易水準測量程度を前提として記述するが，器械器具の性能や水準測量の精度など関連する所要事項については，一・二級に関係することについても言及することにする．なお，精密水準測量に関しては，（2）巻2・6節で述べる．

7・1　水準測量に関する用語

7・1・1　水準面その他

　(a)　**水準面・水平面**[1]　　地球を球であるとすると，その表面は重力の方向に直角な面が連なってできる一つの曲面と考えることができる．この面を**水準面** (level surface) といい，静水面もその一つである．また，水準面に接する平面を**水平面** (horizontal plane) という．測量の目的と範囲，要求される精度によって，地球が球面であることを考慮しなければならないときと，2点間を結ぶ地球表面に沿う長さを直線と考え，水準面を平面と考えてよいときがある（図 **7・1**）．

　(b)　**水準線・水平線**　　地球の中心を通る平面が水準面と交わってできる円を**水準線** (level line) といい，水準面に接する直線を**水平線** (horizontal

---

[1] 昭和27年，文部省学術用語分科審議会で選定した測量学関係の新用語に準じた．また，測量法第11条「測量の基準」ではつぎのように記している．（1）位置は平均海面からの高さで表示する．（2）距離および面積は水平面上の値で表示する．両者にくい違いがあるが，慣用上前者のほうが多く用いられているので，本書でもそれに従った．

7·1 水準測量に関する用語

line) といい，地平線ともいう．

（c）**平 均 海 面**　波を静止させ，潮汐による水位の変動を平均した海面を**平均海面**（mean sea-level）といい，陸図における標高の基準面となる．

（d）**ジ オ イ ド**　陸地に溝を縦横に掘って，平均海面を導き入れたとしてできる地球の全表面を覆う仮定の曲面を**ジオイド**（geoid）と呼び，これを地球の基準の形状とみなすことができ，ほぼ回転だ円体をなしている．

7·1·2 標 高 そ の 他

（a）**標　　　高**　ある点とジオイドとの鉛直距離を**標高**（elevation）または**真高**（orthometric elevation）〔（2）巻 p.100 参照〕という．地表の場合は**地盤高**（ground height, G. H.）という．

（b）**基　準　面**　高さの基準となる水準面を**基準面**（datum, datum plane）という．標高の基準面はジオイドである（図 7·1）．

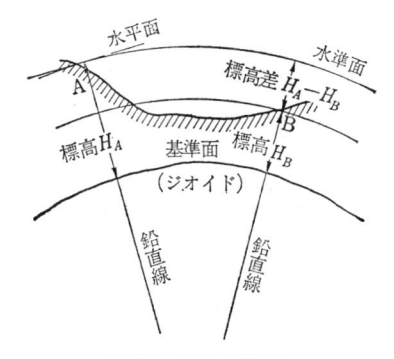

図 7·1 標高，基準面

わが国では，ジオイドは日本水準原点〔1·3（b）項参照〕の下方 24.4140 m を通る東京湾平均海面[1]と一致するものとして標高を求める．

（c）**水　準　点**　水準測量のための基準点として，堅固な人工または自然の石や金属でつくられた標石・標識などが埋められ，その標高が精密に測定され，その位置も明示されている点を**水準点**（bench mark）という．また，標高の基準を与える特別な水準点を**水準原点**（original bench-mark）といい，水準測量の最初の出発点となる．日本水準原点は東京都千代田区永田町 1-1 尾崎記念公園内にあり，図 7·2 は，その説明碑とその場所に設置されている一等水準点を示す（図 1·7）．

水準点を連ねた線によって**水準網**（leveling net）が形成される．水準点の

---

1) 東京湾平均海面は 1873～1879（明治 6～12 年）の 6 年半にわたって隅田川河口霊岸島で測定した潮位を平均して求めたものである．

(a) (b)

図 7·2 日本水準原点説明文と一等水準点

標高は国土地理院発行の地形図に示されているが，同院から水準点成果表の交付を受ければ，最も新しい値がわかる．図 7·3 に，わが国の一等水準網図を示す．

(d) 検 潮 場 　潮位を検潮儀 (tide gauge) で連続して観測する（検潮という）場所を検潮場 (tide station) という．図 7·3 には，わが国の検潮場の位置が示されている〔(2) 巻 6·3·2 項参照〕．

7·1·3 工事用基準面

河川や港湾の工事などでは，平均海面ではなく，最低干潮面のほうが便利なので，わが国では，工事用基準面に表 7·1 のような河川別基準面を決めてい

表 7·1　河川別基準面

河　川　名	基準面の名称	東京湾平均海面との関係 〔m〕
利根川・江戸川	Y.P. Yedogawa Peil	-0.8402
荒川・中川・多摩川	A.P[1] Arakawa Peil	-1.1344
淀川・大阪港	O.P. Osaka Peil	-1.3000*
吉　野　川	A.P. Awa Peil	-0.8333
北上川下流	K.P. Kitakami Peil	-0.8745
鳴瀬川・塩釜港	S.P. Siogama Peil	-0.0873
雄物川下流	O.P. Omono Peil	$\pm 0.$
高　梁　川	T.P. Takahashi Peil	$\pm 0.$
木曾川・天竜川	M.S.L.	$\pm 0.$

(* 昭和 41.4.1 改訂)

---

1) A.P. は 1873 年（明治 6 年），当時の内務省工師イアリンドゥ（オランダ人）によって創始されたもので，Peil とはオランダ語で「基準面」という意味である．

7・1 水準測量に関する用語

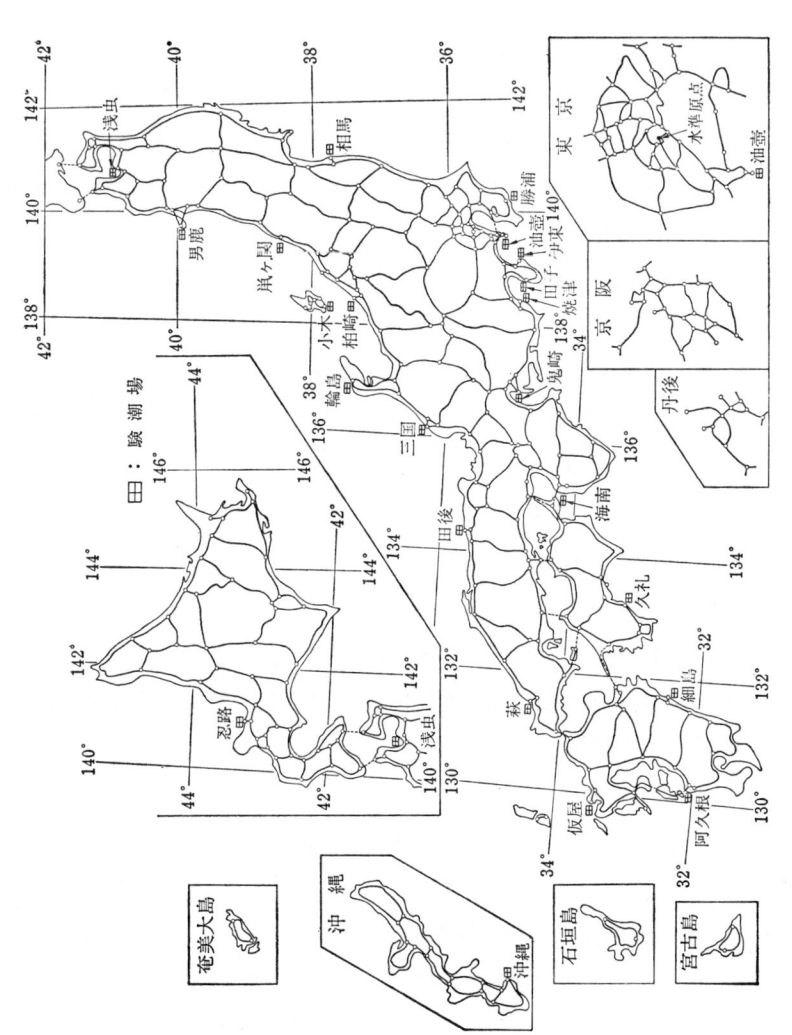

図 7・3 わが国の一等水準網図と検潮場位置

る.

7・2 水準測量の分類

水準測量は，その方法・目的などにより，つぎのように分類される．

7・2・1 測量の方法による分類

（a） **直接水準測量**　レベルと標尺によって直接高低差を測定する方法で，これを**直接水準測量**（direct leveling）という．交互水準測量（7・8節参照）もこれに含まれる．

（b） **間接水準測量**　トランシットで鉛直角を測定し計算により高低差を求める方法，スタジア法（8・2・3項参照）による方法，その他気圧計によって高低差を求める方法などを**間接水準測量**（indirect leveling）という．

アリダードによる間接水準測量については，6・5・3（b）項で説明した．

7・2・2 目的による分類

（a） **縦断測量**　河川，道路などに沿った一定の線上の地表の高低差を測定し，その線に沿った沿直面で切断した縦断面図をつくるための測量で，これを**縦断測量**（profile leveling）という．

（b） **横断測量**　河川，道路などに沿った一定の線上の測点で，その線に直角に地表の高低差を測定して，横断面図をつくるための測量を**横断測量**（cross leveling）という．

7・2・3 基本水準測量

国土地理院の行う水準測量で，その目的および精度によってつぎのように分けられる．

（a） **一等水準測量**　全国主要国道または地方道に沿って約1kmごとに一等水準点を設けて，その点の標高を測定するものを**一等水準測量**（first order eveling）といい，その精度は最も高く，各種測量の標高基準を与えるものである．

（b） **二等水準測量**　一等水準点から発して他の一等水準点まで，約1kmごとに二等水準点を設けて，その点の標高を測定するもので，これを**二等**

7・2 水準測量の分類

水準測量 (second order leveling) という. 二等水準点は, 三等水準測量や他の水準測量の基準となる.

（c）**三等水準測量** 一・二等水準点を基準にして水準路線を設け, 地形図や各種土木工事に必要な基準点を与える. この三等水準点は, 国道や地方道沿いに約 2 km ごとに設けられる.

（d）**測標水準測量** 三角点や多角点の標高を求めるため, 近くの一・二・三等水準点を基にして行う水準測量をいう.

7・2・4 国土交通省の行う公共測量

公共測量作業規程によれば, 精度に応じてつぎのように区分されている.

（a）**一級水準測量** 河川の測量や地盤変動調査などで, 特に精度を要する場合に適用する. 二級水準測量その他の測量の基準となる. 精度は一等水準測量に相当する.

（b）**二級水準測量** 平坦地にある市街地, 河川の測量または地盤変動調査で三級水準測量以下では, 精度的にその目的が得られない場合に適用する. 三級水準測量その他の測量の基準となり, 精度は二等水準測量に相当する.

（c）**三級水準測量** 道路・河川などの各種工事に必要な測量の基準や, その縦断測量などに適用する. 三等水準測量に相当する.

（d）**四級水準測量** 山地で三級水準測量を実施することが困難な場合に適用する. 精度は測標水準測量に相当する.

（e）**簡易水準測量** 特に, 精度を要しない測量や写真測量図化のための標定点の測量に適用する.

一般に, 土木測量のなかで道路・鉄道・河川などの工事で基準となる水準点の設置や工事上重要となる点の測定は, 三級水準測量に該当する精度を要求されることが多く, それより一段と重要度の低い工事上の点では, 四級水準測量程度と考えてよい. その他, 掘削地盤高や盛土高, 土量計算のための断面測定などの施工上の種々の高さを求める水準測量は, そのときの要求される精度を考えればよいが, 一般には簡易水準測量程度か, それ以下となる.

7・3 水準測量用器械・器具

7・3・1 標　　　尺

標尺（staff, leveling rod）は，水準測量を行うとき，レベルの視準線の高さを測るための目盛尺で，スタッフ，ロッド，箱尺など，呼称もいろいろである．目盛の読取り方法によって，自読式標尺と目標板標尺とに大別される．また，公共測量作業規程では水準測量の各区分で使用する標尺を表7・2のように定めている．材質には，木製，金属製，グラスファイバー製，プラスチック製

表 7・2　公共測量作業規程による水準測量の区分と使用レベルと標尺

区　　分	一　級 水準測量	二　級 水準測量	三　級 水準測量	四　級 水準測量	簡　易 水準測量
レ ベ ル	一級	二級	三級	三級	三級
標　　尺	一級	一級	二級	二級	箱尺

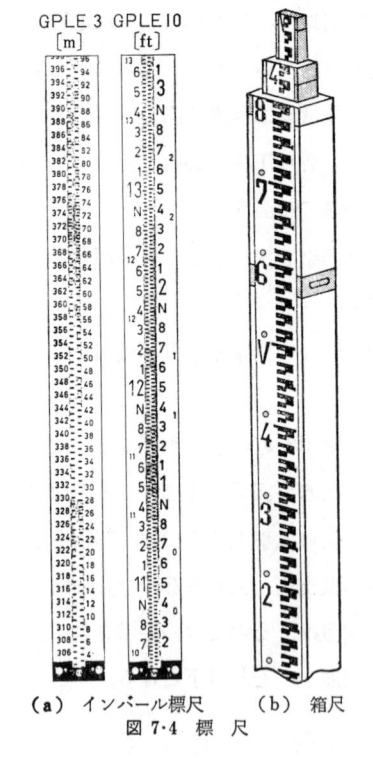

などがある．標尺には，標尺を鉛直に立てるための小型の気泡管が取り付けられている．

（a）一級標尺　一級標尺（precision staff, first order staff）は，一級・二級水準測量に使用される最も精密な標尺で，温度・湿度の変動が目盛に影響を与えないように工夫されている．標尺の材質は木製と金属製があり，目盛部分に線膨張係数が鋼の1/10といわれるインバール合金を用いていることからインバール標尺（invar staff）ともいわれる．目盛精度は±0.01 mm 以下である〔図7・4（a）〕．

（b）二級標尺　二級標尺（second order staff）は，三級・四級水

(a) インバール標尺　　(b) 箱尺
図 7・4　標　尺

準測量に用いる比較的精度の高い標尺である．構造形式は，中央で2つに折りたたむようになっている折りたたみ木製標尺で，全長3m，1cm間隔に幅3mmの目盛線を付けてあり，目盛精度は±0.3mmで，一般に精密標尺として市販されている．

(c) **箱　　　尺**　箱尺 (extensible staff) は簡易水準測量に用いられる標尺で，その形式は引出し式のため，その継手部分に誤差が生じやすい．従来から木製の中空箱形断面のものが最も多く用いられていたので，箱尺という名前がある．現在では，木製のほかグラスファイバー製，金属製があり，長さは2〜5m，2〜5段継ぎで，一般に5mm目盛が施されている．最近はアルミ製の箱尺（アルミスタッフ）が軽量で使いやすいことから多く利用されている〔図7·4(b)〕．

(d) **自読式標尺** (self-reading staff)　普通一般に用いられる標尺で，観測者が望遠鏡の視野内で直接目盛を読むものをいう．

(e) **目標板標尺** (target staff)　標尺にバーニヤ付きの紅白に塗り分けたターゲット（**図7·5**）をつけたもので，測定者の合図で**標尺手** (staff-man) がターゲットを上下して目盛を読み取る．これは測定作業に時間がかかるが，遠距離の標尺を視準する渡海（河）水準測量などで利用する．

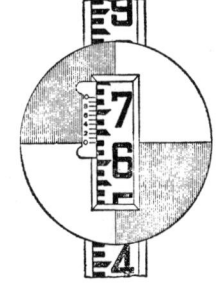

図7·5　ターゲット

7·3·2　レ　ベ　ル

レベル (level) は，気泡管によって望遠鏡の視準線を水平にし，標尺を読み取って，高低差を測定する器械である．現在，主として使用されているレベルは，構造上からつぎのように分けられるが，これらのほかに近代レベルの元祖ともいわれる**ワイレベル**（Y level）や**可逆レベル** (reversible level)，**ダンピーレベル** (dumpy level) などの古典的なレベルがあるが，現在わが国ではほとんど使用されていない．

184   7. 水準測量

(a) 構造形式による分類

(1) チルチングレベル（微動レベル）　　チルチングレベル (tilting level) は，図 7·6 および図 7·15 に示すように，望遠鏡と鉛直軸とはヒンジによって接合されていて，望遠鏡およびこれに付属している主気泡管を鉛直軸に無関係に傾斜微動ねじで傾けることができる構造になっている．したがって，整準ねじによって円形水準器の気泡がおおよそ中央にあるようにレベルを据え付ければ，望遠鏡を任意の方向に回したときに視準線が傾いても，そのつど微動ねじで主気泡管の気泡を合致するように調整すれば，視準線の高さはいつも水平で一定となる．

図 7·6　チルチングレベル

図 7·7 に示すように，気泡像合致式では気泡が l だけ移動すれば像の端が反対方向に移動し，ずれが $2l$ と 2 倍に拡大して現れ，その動きも拡大鏡を通し

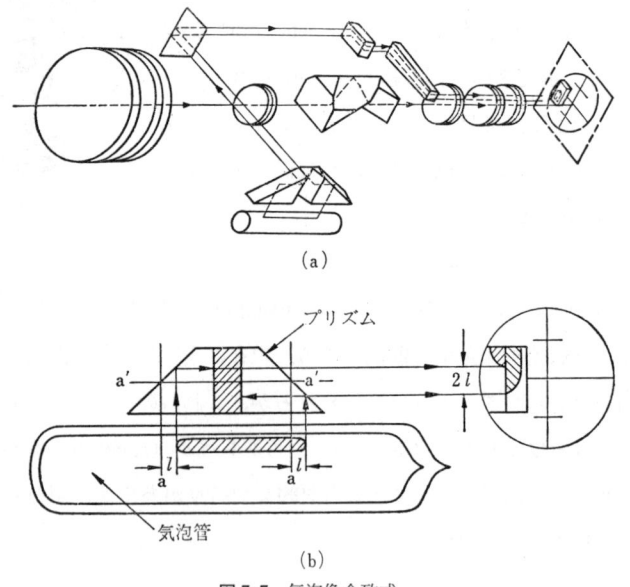

(a)

(b)

図 7·7　気泡像合致式

て見る仕組みになっている．実際は，視野のなかで標尺を見ながら傾斜微動ねじを用いて視準の傾きを変えて，気泡が正しく中央に合致したことを確認し，その瞬間に標尺の読みを取るようにする．元来，チルチングレベルは精密測量用として考案されたものであるが，操作が簡単なこと，能率のよいことなどのため，最近では特に精度を要しない簡易水準測量でも広く使用されている．

（2） **自動レベル**　自動レベル（オートレベル，automatic level，self-leveling level）は，円形水準器で概略の水平に据え付けると，**コンペンセーター**（**自動補正機構**，compensator），によって，視準線が水平となるようになっている（図7·8）．

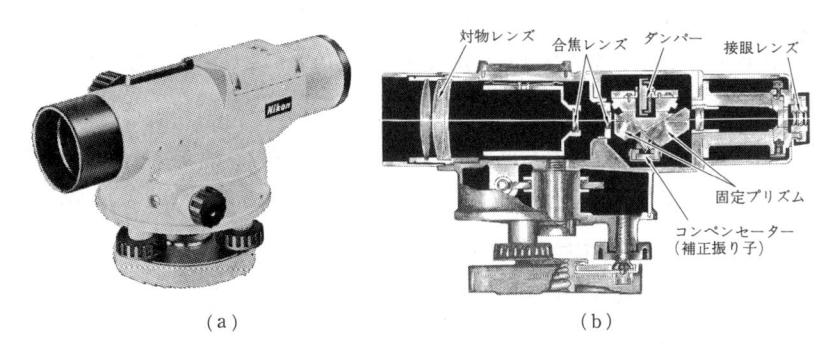

図7·8　自動レベル

自動レベルの補正機構は，メーカーによって各種のものが考案されているが，その原理の一例を図示すると**図7·9**のようになる．望遠鏡の光軸C-C'が水平線より α だけ傾いている場合，対物レンズの光学的中心を通る水平線上の物点は焦点板の位置において B となり，C' より ε だけずれた位置に結像する．このとき，焦点板より L だけ離れた位置，補正点 A に反射面をおいて，HH'線を水平より β だけ傾けると焦点板十字線中心の C' に結像する．ここで

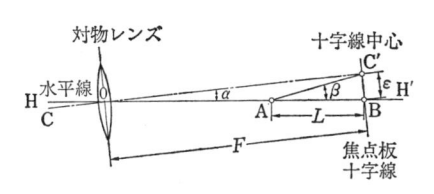

図7·9　自動レベルの原理

$$\varepsilon = F\alpha, \quad \varepsilon = L\beta \quad \therefore \quad \beta = \alpha \cdot F/L$$

この F/L を補正角倍率といい，器械により一定の値となる．したがって，補正角 β を傾斜角 α に対して，この条件を満足するように選べば，対物レンズの中心を通る水平線上の物点が望遠鏡の傾きの量にかかわらず，つねに焦点板十字線中心に像を結ぶことになる．

　光線を水平より β だけ傾けるにはいろいろな方法があるが，その一例として図7·8（b）に示すように，2個の台形の固定プリズムと4本の特殊つり線で懸垂した可動反射面（三角形プリズム）の補正振り子から成っている．振り子方式の場合は，その振り子体の振れを速やかに正常位置に静止させるための**ダンパー**（**制動機構**，damper）が重要な要素となる．ダンパーには，空気式（ピストンとシリンダー）や誘電渦流（インダクション）などが用いられる．

　自動レベルは，チルチングレベルよりさらに能率がよいので，広く使用されるようになった．

　（3）　**精密レベル**　　高精度のレベルであって，**オプチカルマイクロメーター**（光学測微装置，optical micrometer）を有するレベルを**精密レベル**（precision level）という．標尺の目盛間隔は，一般に 5 mm か 10 mm であるので，普通のレベルでは標尺の目盛の端数は目分量で読むが，精密レベルではオプチカルマイクロメーターによって精密に端数を読めるようになっている．**図7·10**は，その原理を模式図で示したもので，対物レンズの前面に平行平面ガラスを設置し，マイクロメーターのダイヤルを回転させることによって，平行平面ガラス板が傾き，入射光を上下に平行移動させ，その移動量をマイクロメーターで読み取る方法がとられている．一般に，マイクロメーターの1回転の測微範囲は，上下に±5 mm 計10 mm で，最小読取り値は 0.1 mm，目測によっ

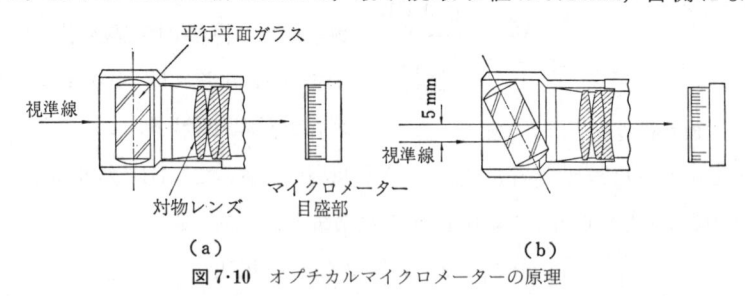

図7·10　オプチカルマイクロメーターの原理

て 0.01 mm まで読み取れるものもある．オプチカルマイクロメーターには本体に組み込んだものと，対物レンズの前に取り付ける着脱式のものとがある．図7·11は着脱式のものを，また，読取り方法の一例を図7·12に示す．

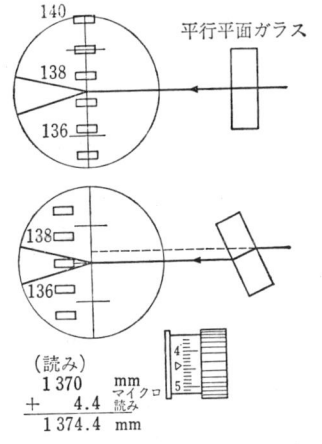

図7·11 オプチカルマイクロメーター　　図7·12 マイクロメーターの読取り方法

(b) **公共測量作業規程による分類**　規程38条の器械の性能区分を**表7·3**に，測量区分との関係を表7·2に示してある．

表7·3 使用器械の性能（公共測量作業規程）

区　分	水準器感度	摘　　　　　要
一級レベル	10″/2 mm （合致式）	平行平面ガラス読取り装置付きで，かつ読取り精度が 0.1 mm（目測 0.01 mm）までできるもの．
二級レベル	20″/2 mm （合致式）	平面ガラス読取り装置を付属品として有し，0.5 mm（0.1 mm）まで測定できるもの．
三級レベル	40″/2 mm	目測 1 mm

(c) **国土地理院「測量機器性能基準」による分類**　国土地理院の測量機器性能別分類によると，表7·4のとおりである．

(4) **電子レベル（ディジタルレベル）**　1990年代に入って，電子画像処理技術を応用した電子レベルが開発された．これは，高精度の自動レベルに観測者の目の代わりをする画像処理機能を持たせたレベルで，標尺の特殊な模様を検出器が読み取り，コンピュータが記憶している基準コード像と比較して，高さおよび標尺までの距離を自動的に算出し，測定値をディジタルに表示する

7. 水準測量

表 7·4 レベルの性能分類

級別	形式	望遠鏡 有効口径 [mm]	望遠鏡 最短視距離 [m]	水準器感度 主気泡管	水準器感度 円形気泡管	読取り装置	使用目的	備考
一級	T	50	3.0	10″/2 mm	5′/2 mm	平面鏡などの精密読取り機構は目盛 0.1 mm, 目測 0.01 mm 以上を有すること.	一等水準測量	チルチング合致方式であり, 視準線微調装置を有すること.
二級	T	40	2.5	20″/2 mm	10′/2 mm	上記は特に必要ないが, 精密読取り機構を付属品として有すること.	二等水準測量	同 上
一級	A	50	3.0	補正子 A	5′/2 mm	平面鏡などの精密読取り機構は 0.1mm, 目測 0.01 mm 以上を有すること.	一等水準測量	空気制動
二級	A	40	2.5	補正子 B	10′/2 mm	上記は特に必要としないが, 精密読取り機構を付属品として有すること.	二等水準測量	空気制動, 磁気制動, その他

(注) T：気泡管レベル, A：自動レベル, 補正子 A, B は気泡管感度 10″, 20″ 程度が確保できる. (「最新測量機器便覧」から)

ものである．電子レベル専用標尺は，インバール製または特殊なグラスファイバー製の板に特異な模様（バーコード目盛）を刻んだものである．標尺に刻んだ特異な模様は各メーカーごとに違うために，メーカー間の互換性がないのが現状である．

実際の測定は標尺に望遠鏡を向けピントを合わせ，キーを押すだけで高さと距離が自動測定されディジタル表示される．そのため，観測者による個人差や誤読がなくなるし，さらに，水準測量用データコレクタと接続することにより，測定結果は自動的に記録される．

図 7·13 に，二級電子レベル（国土交通省国土地理院登録）とバーコードの一例を示すが，測定精度は 1 km 往復標準偏差 1.0 mm と，一級水準測量の制限値を十分に満足している性能を持っている．測定時間も高速で操作は簡単，読み取り精度もよいので，将来の水準測量の新しい可能性をひらく目玉になりそうである．

（5） **レーザーレベル**　レーザーレベルは 1970 年代の電子技術の急激な進歩により開発され，本体から赤外線レーザーを照射し水平基準面を作る装置

(a) (b)

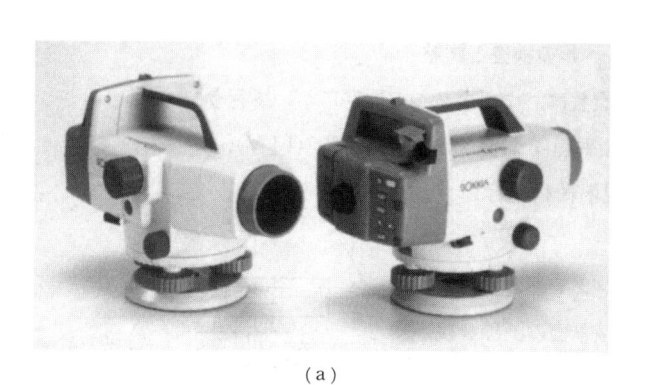

図 7·13

である．図 7·14 に示す回転照射型のレーザーレベルは，水平回転のレーザー光を標尺側の受光器で検知することにより，その地点の高さを容易にかつ迅速に求めることができる．

図 7·14

レーザー機器は，測定光の水平精度 ±10″ で測定範囲は半径 300 m までと高精度のもの，整準作業が不要のオートレベリング機構搭載のもの，水平回転と鉛直回転のレーザー照射が 1 台で可能なものなど機種もいろいろあり，土木建築現場や内装工事の墨出し，構造物の変位計測，地盤の沈下計測など幅広い利用が可能である．

7・4 レベルの検査と調整

7・4・1 チルチングレベルの検査と調整

チルチングレベルの調整は，つぎの2つの要件について行う．

ⅰ) 円形気泡管の接平面を鉛直軸に垂直にする (l⊥V)．

ⅱ) 主気泡管軸と視準軸を平行にする (L//C)．

図 7・15 に，チルチングレベルの視準軸，鉛直軸，気泡管の接平面の関係を模式的に示した．

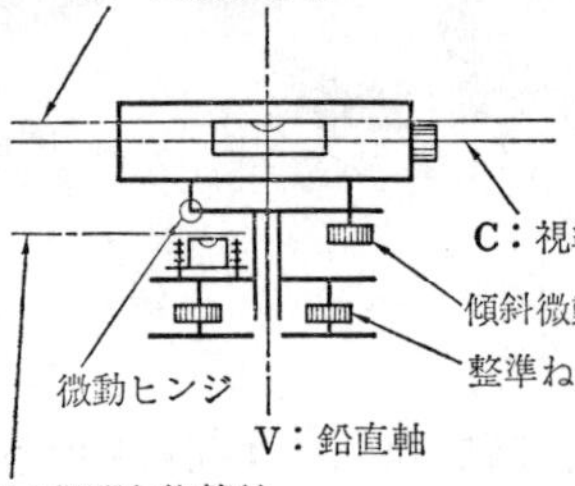

(a) 第1調整 (l⊥V)

(1) 検　　査　　2個の整準ねじに平行に望遠鏡の方向をおき，整備ねじで円形気泡管の中央に気泡がくるようにする．つぎに望遠鏡を鉛直軸の周りに180°回転して，気泡が移動しないでつねに中央にあればよい．

図 7・15 チルチングレベルの模式図

(2) 調　　整　　気泡が動けば，その移動量の1/2を整準ねじで，残りの1/2のずれ量は円形気泡管調整ねじを用いて気泡を中央にする．つぎに望遠鏡を 90°回転した位置で他の1個の整準ねじで気泡を中央に導く．気泡が移動しなくなるまで，調整を繰り返す．

(b) 第2調整 (L//C)　　つぎの2段階に分けて行う．

(1) 第1段階検査〔主気泡管軸と視準軸とが平行な鉛直平面内にあればよい．図 7・16 (a)〕　　整準ねじと望遠鏡を図 7・16 (a) のように置き，整準ねじを用いて整準し，つぎに傾斜微動ねじを用いて，主気泡管の気泡を合致させ，20～30 m 離れた標尺の読みを取る．

つぎに，整準ねじAを矢印の方向に1回転(視準軸が傾き，読みが変化する)させ，整準ねじBを矢印の方向に約1回転し，標尺の読みが最初の読みと等しくなるようにすると，視準軸は初めの位置に戻り，気泡管を視準軸の周りに回転したことになる．このとき，気泡像の両端が合致していれば，この条件は満

7・4 レベルの検査と調整

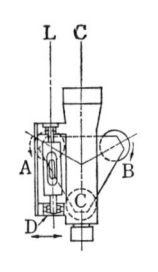

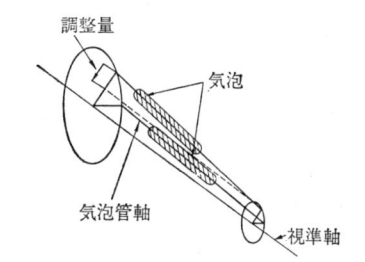

(a) LとCが平行な鉛直平面内にあればよい

(b) LとCが平行でない場合

図 7・16 チルチングレベルの第2調整の1

足されていて調整の必要はない．

(2) 調　整　　図 7・16(b) のように気泡が動いて，気泡像が一致しないときは，D の横方向調整ねじを用いて，気泡が中央にきて合致するまで調整する．

(3) 第2段階検査（主気泡管軸と視準軸とが平行な水平平面内にあればよい．図 7・15）　　チルチングレベルは，望遠鏡を支架のなかで回転できないから，4・3・6 項のくい打ち調整法によって検査する．$b_2-a_2 \neq b_1-a_1$ であれば調整が必要となる（例題 7・1）．

(4) 調　整　　くい打ち調整法の結果，調整量が求まったら，傾斜微動ねじを用いて，視準線が（$b_2 \pm$ 調整量）になるように視準する．このとき気泡像の合致状態はくずれるから，主気泡管端部の気泡合致修正ねじを回転し，再び気泡像を合致の状態に導く．

7・4・2 自動レベルの検査と調査

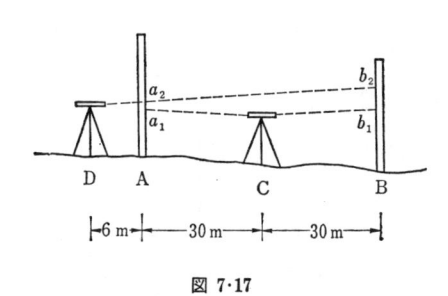

(a) 第1調整　　円形気泡管の気泡管軸を鉛直軸に対し垂直にする．

(b) 第2調整　　くい打ち調整法により視準線を水平にする．

図 7・17

例題-7・1　レベル（水準儀）を点検するために図 7・17 のように，

60 m 離れた 2 点 A, B にそれぞれ標尺を立て，その中央 C にレベルを整置して，気泡を正確に合わせ，A および B の標尺を視準したところ，その読定値は $a_1=0.629$ m, $b_1=1.202$ m となった．つぎに，レベルを $\overline{BA}$ の延長上 D に整置し（AD の間隔は 6 m），気泡を正確に合わせ，A および B の標尺を視準したところ，その読定値は $a_2=1.214$ m, $b_2=1.927$ m であった．気泡管の気泡を中央に導いたとき，視準線が水平になるためには，点 D においてどのような調整をすればよいか．

解答 これはくい打ち調整法の問題であるから，式 (4・3) を利用すればよい．式 (4・3) において

$$a_1=0.629\text{ m} \quad b_1=1.202\text{ m} \quad a_2=1.214\text{ m} \quad b_2=1.927\text{ m}$$
$$L=60\text{ m} \quad l=6\text{ m}$$

を代入して d を求めれば

$$d=\frac{60+6}{60}\{(1.214-0.629)-(1.927-1.202)\}=\frac{66}{60}\times(-0.140)=-0.154\text{ m}$$

となり $b_2=1.927$ m の下 0.154 m，すなわち B の標尺の 1.773 m の目盛を点 D で視準して，気泡像が正確に合うように，気泡管を調整すればよい．

7・5 直接水準測量の方法

7・5・1 直接水準測量作業

直接水準測量は 7・2・1 項で述べたように，レベルと標尺を用いて直接高低差（比高ともいう）を測定する方法で，実際にはつぎのようにして作業をする．

図 7・18 で点 A を標高 H_A のわかっている測点とし，まず，器械を (1) に据えて点 A, B および C の標尺を読み，その値をそれぞれ a, b, c とすれば，B および C の標高 H_B, H_C は，つぎの関係から求められる．

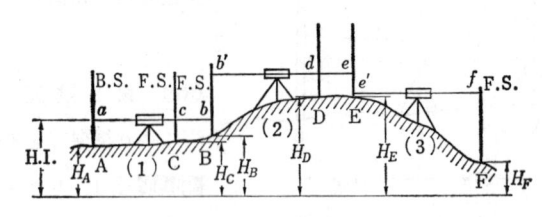

図 7・18 直接水準測量作業

7·5 直接水準測量の方法

$$\text{H.I.} = H_A + a = H_B + b = H_C + c \tag{7·1}$$

$$\therefore \quad H_B = H_A + (a-b) \quad H_C = H_A + (a-c) \tag{7·2}$$

つぎに，器械を（2）に移して，点Bを既知点として，（1）と同様にして，点DおよびEの標高を求め，さらに器械を（3）に移して，点Eを既知点として点Fの標高を求めることができる．

7·5·2 用 語

（a）**後 視** 標高のわからない点に器械を据えて，標高のわかっている点を視準すること，またはその読みを**後視**（back sight, B.S.）という．図 7·18 で a, b', e' をいう．正視（plus sight）ともいう．

（b）**前 視** 標高を求めようとする点を視準すること，またはその読みを**前視**（fore sight, F.S.）という．図 7·18 で b, c, d, e, f をいう．負視（minus sight）ともいう．

（c）**器 械 高** 水準測量では，視準線の**標高**（**視準高**, height of collimation）を**器械高**（height of instrument, H.I., または instrument height, I.H.）という．

（d）**もりかえ点** 視準距離が長くなったり，高低差が大きくて標尺が読めないような場合は，器械をもりかえる必要が生じる．この中つぎ点を**もりかえ点**（turning point, T.P.）という．この点では前視と後視をとる．この点の読みに誤差があると，以後の測定全体に影響するので，特に注意を要する．図 7·18 において点BおよびEをいう．

（e）**中 間 点** 図 7·18 において，点CおよびDのように前視だけ読む点を**中間点**（intermediate point, I.P.）という．標尺の読みの誤差はほかには影響を与えない．

図 7·18 において，点Fの標高 H_F を点Aの標高 H_A から求めるには，式（7·3）によればよい．

$$\begin{aligned} H_F &= H_A + \{(a+b'+e') - (b+e+f)\} \\ &= H_A + (\sum \text{B.S.} - \sum \text{F.S.}^{1)}) \end{aligned} \tag{7·3}$$

---
1) 中間点の F.S. c, d は関係ない．F.S. のうち T.P. だけの合計である（表 7·7）

7・5・3 野帳の記入方法

野帳の記入方法には，つぎの2種類がある．野帳には市販の**レベル用野帳** (level book) を用いるとよい．

（a）昇降式　昇降式 (rise and fall system) は，**表7・5** のような記入方法で中間点がない場合に使用して便利である．

表7・5　昇降式による野帳記入例　　　　　（単位：m）

測 点	距 離	B.S.	F.S.	昇	降	G.H.	備 考
No. 1		2.631				60.387	No.1 の地盤高を
No. 2	52.1	1.499	1.398	1.233		61.620	60.387m とする．
No. 3	50.6	1.253	2.093		0.594	61.026	検算　60.387
No. 4	48.3	1.509	2.321		1.068	59.958	－）59.045
No. 5	44.7	1.727	3.234		1.725	58.233	1.342
No. 6	49.9		0.915	0.812		59.045	
合 計	245.6	8.619	9.961 －）8.619 1.342	2.045	3.387 －）2.045 1.342	（高低差）	

表7・5 では中間点がないから，$\sum$B.S. と $\sum$F.S. との差と昇の和と降の和との差は等しくなり，検算ができる．

この場合，距離の測定は望遠鏡によるスタジア線の読み（8・2・2 項参照）から求める程度の精度でよい．

（b）器高式　器械高（視準高）は，後視した点の地盤高に後視を加

表7・6　器高式による野帳記入例　　　　　（単位：m）

Sta.	Dist.	B.S.	H.I.	F.S.		Elev.	Remarks
				T.P.	I.P.		
No. 1	20.00	2.617	84.266			81.649	No. 1
No. 2	40.00				1.439	82.827	Elev.＝81.649m
2＋14.00	54.00				0.776	83.490	
No. 3	60.00				0.754	83.512	
3＋9.40	69.40				0.630	83.636	
No. 4	80.00	2.168	85.913	0.521		83.745	check
4＋12.85	92.85				1.672	84.241	81.649
No. 5	100.00				1.263	84.650	＋）3.569
No. 6	120.00			0.695		85.218	85.218
Sum		4.785 －）1.216 3.569		1.216			

7・5 直接水準測量の方法

えれば求められる．これから，前視を減ずれば前視した点の地盤高が得られる．このように器械高を求めておいて，前視した点の地盤高を求める方法を**器高式**（system of instrument height）という．中間点が多い場合に便利である．その記入例は**表 7・6** のようである．

7・5・4 視準距離

（a） 適当な視準距離 レベルの視準距離を長くすると，能率はよいが，あまり長くすると，標尺が読みにくくなり，器械の調整の不完全や気象条件による誤差が大きくなる．適当な視準距離は器械の性能・所要精度・天候および地形などによって異なるが，建設省公共測量作業規程による視準距離と標尺目盛の読定単位は**表 7・7** に示す．

表 7・7 視準距離および読定単位

項目 \ 区分	一級水準測量	二級水準測量	三級水準測量	四級水準測量	簡易水準測量
視準距離〔m〕	最大 50	最大 60	最大 70	最大 70	最大 80
読定単位〔mm〕	0.1	1	1	1	1

（b） 後視距離と前視距離を等しくする 後述する視準軸誤差（7・6・2 項参照）や両差（7・6・4 項参照）による誤差を消去するため**後視距離**と**前視距離**を等しくする（balancing backsight and foresight distance）．

7・5・5 水準測量作業上の注意事項

（a） レベルによる外業についての注意事項（4・4・1 項参照）

　i） レベルは特定の点に据え付ける必要はないので，なるべく日光の直射を避け，また堅固な地盤の点に据え付ける．

　ii） レベルは標尺のほぼ中央に据え付ける．

　iii） 望遠鏡の視差をなくす〔4・1・2(d) ii〕項参照〕．

　iv） レベルの据え付け回数はなるべく偶数回とする．

　v） 水準測量は高低せんのある標尺台を使用しないときは，必ず往復の測定を行い，その往復差〔7・7・2 項参照〕が制限内にない場合は再測する．

　vi） 野帳の記入の際は，特に後視と前視の記入の間違いのないようにする．

（b） 標尺を使用するときの注意事項

ⅰ) 標尺は付属の水準器で鉛直に立てる．ただし，水準器は感度が鈍いから，頼りすぎないようにする．

ⅱ) 左右の傾きは望遠鏡でわかるが，前後の傾きは発見しにくいから，標尺を前後に静かに動かして最小の読みをとるとよい（**図 7·19** は標尺の最小読取りの例である）．

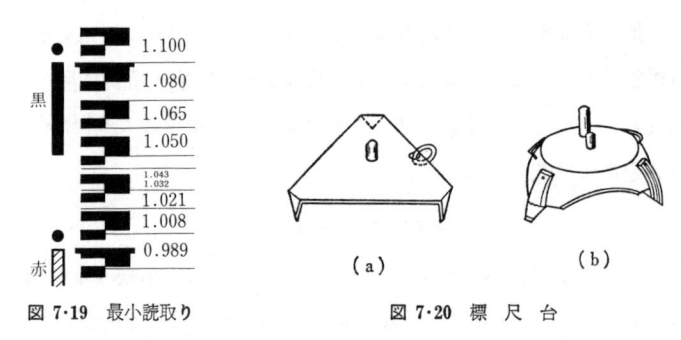

図 7·19 最小読取り　　図 7·20 標 尺 台

ⅲ) 引抜き式の場合は確実に継目で止める．

ⅳ) 標尺は沈下や移動を生じないような点を選んで立てる．重要なもりかえ点には，**図 7·20** のような**標尺台**（turning plate）を使用する．高せんと低せんのある標尺台（b）を使用して，1点で2回標尺を読む場合は往復測量をしなくてよい．この場合は，メートルの単位の読み違いは発見しにくいので，傾斜地では特に慎重に読み取る必要がある．

7·6 水準測量の誤差

7·6·1 概　　　要

直接水準測量に伴う誤差にはつぎのようなものがある．それらは十分取り除くように点検および調整をし，さらに点検調整が十分でも万一誤差が生じた場合でも，できるだけこれが消去されるような方法で測定する必要がある．

7·6·2 器 械 誤 差

（a） 視差〔4·1·2（d）ⅱ）項参照〕

（b） 視準軸誤差　視準線（視準軸）が気泡管軸と平行でないことによっ

7・6 水準測量の誤差

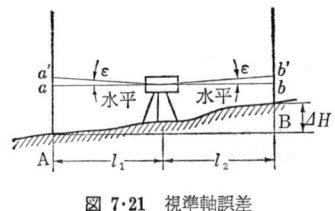

図 7・21 視準軸誤差

て生じる誤差をいう.

図 7・21 において,レベルに視準軸誤差があって,視準線が ε だけ傾いていて,その読みを a', b' とすると, A, B の高低差 Δh は次式で示される.

$$\Delta h = a' - b'$$
$$= (a + l_1 \tan \varepsilon) - (b + l_2 \tan \varepsilon)$$
$$= (a - b) + (l_1 - l_2) \tan \varepsilon \qquad (7 \cdot 4)$$

式 (7・4) から,万一調整したレベルに視準軸誤差があっても,レベルを AB 2 点の中央に据え付けて,$l_1 = l_2$ にすれば,Δh は AB 間の正しい高低差 $\Delta H = (a - b)$ を示すことになる.

レベルを 2 点間の中央に据え付けなくてはいけないという理由の 1 つは,これである (a, b は視準軸誤差のないときの読みとする).

例題-7・2 水準測量で,後視と前視の視準距離を等しくするおもな理由はつぎのうちどれか.

 i) 視準軸と気泡管軸とが平行でないために生じる誤差を小さくするため.
 ii) 標尺の傾斜による誤差を小さくするため.
 iii) 観測の個人差を小さくするため.
 iv) 標尺の零目盛誤差が観測値に及ぼす影響を小さくするため.

(昭 36 士補)

解答 i)

7・6・3 標尺による誤差

(a) **標尺の目盛が正しくないための誤差** 木標尺の検定公差は表 7・3 に示したが,目盛の不正は公差の小さい鋼巻尺や基準巻尺 (3・2・3 項参照) と比較して,補正すればよい.

(b) **標尺の零(点)目盛誤差** 標尺の底面がすり減って正しい零線を示さないことによる誤差を**標尺の零(点)目盛誤差** (error due to incorrect zero line) という.AB 間を測定する場合 2 個の標尺 S_1 および S_2 を図 7・22

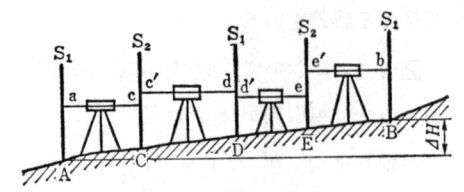

図 7·22 零(点)目盛誤差

のように使用する場合，器械の据え付け回数を偶数回とすれば，この誤差は消去される．

例題-7·3 レベルの据え付け回数を偶数とすれば，前記の S_1, S_2 の標尺に零(点)目盛誤差があっても，AB 間の高低差は正しく求められることを証明せよ．

解答 略す

(c) **標尺の傾きによる誤差** 傾いた標尺で測定すると，標尺の読みはつねに正しい値より大きくなる．その量 Δh は図 7·23 において，次式で示される．

$$\Delta h = \frac{d^2}{2h} \quad {}^{1)} \qquad (7 \cdot 5)$$

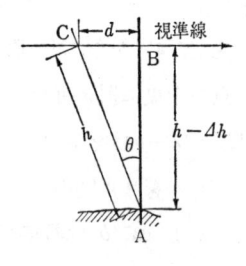

図 7·23 標尺の傾きによる誤差

例題-7·4 レベルを用いて，標尺をつぎの状態において観測した場合，それぞれの観測結果にどれだけの誤差を生じるか．

i) 標尺が 4m の高さのところで 20cm 傾いていて，3.00m を読み取った場合．

ii) 感度 20″ のレベルで1目盛(2mm)だけ気泡がずれたまま 50m 離れた標尺を 2.55m と読み取った場合． (昭 28 士補)

解答 読取り誤差を Δh とすれば，3.00m の高さのところの傾きは 20cm×3.00/4.00=15cm であるから，式 (7·5) から

$$\Delta h = \frac{(0.15)^2}{2 \times 3.00} = 0.004 \, \text{m} = 4 \, \text{mm}$$

正しい読みは 2.996m となる．

式 (4·2) で計算すると

---

1) AB=L とすると，$L=\sqrt{h^2-d^2}=h\sqrt{1-\left(\frac{d^2}{h^2}\right)}$

2項定理より $\sqrt{1 \pm x}=1 \pm \frac{1}{2}x \mp \frac{1}{8}x^2 \pm \frac{1}{16}x^3 \mp \cdots$

したがって，$L=h\left\{1-\frac{1}{2}\frac{d^2}{h^2}+\frac{1}{8}\left(\frac{d^2}{h^2}\right)^2-\cdots\right\}$, 第2項までとると $h-L=\Delta h=\frac{d^2}{2h}$

$$l = \frac{\alpha_0'' \times n \times L}{206\,265} = \frac{20'' \times 1 \times 50}{206\,265} = 0.005 \text{ m}$$

正しい読みはレベルの傾きにより，(2.55＋0.005) m または (2.55−0.005) m となる．

7・6・4 球差・気差および両差[1)]

地球表面が曲率を有する球面であるための誤差を球差という．図 7・24 において，点 A と点 B との高低差は零であるが，点 A から点 B に立てた標尺を視準すると，その視準線は水平線 AD の方向となる．標尺の読みは BD となるので，点 A に比べて点 B の標高は BD だけ低いことになる．この BD が球差でその値は $L^2/2R$ で表され，球差補正は $(+)L^2/2R$ となる．

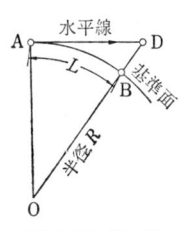

図 7・24 球差

また，上空から地表に達する光線は直進しないで，大気の密度の差のために屈折して曲線となる．このために，目標の標高を大きく測定することになる．この誤差を気差といい，気差の補正は $(-)KL^2/2R$（K は屈折率で 0.12〜0.14）となる．球差と気差の両方の誤差を合わせて考えたものを両差といい，$(1-K)L^2/2R$ となる．両差は視準距離 100 m 以下では 1 mm 以下[2)]であって，距離が短い場合はほとんど問題にならない．また，後視と前視の視準距離を等しくすれば，両差の影響が消去できる．

7・6・5 その他の誤差

水準測量では，以上の誤差のほか，器械および標尺の沈下による誤差，標尺の読取り誤差，誤読や誤記による錯誤，個人誤差などがある．

表7・8

A	(1) レベル（水準儀）から前視標尺および後視標尺までの距離を等しくする． (2) 器械設置点（測点）数を偶数にする．
B	イ) 標尺の傾きによって生じる誤差 ロ) 地表面の球差の影響 ハ) 視準線（軸）誤差 ニ) 標尺の底面の零目盛が一致していないために生じる誤差 ホ) 気差の影響 ヘ) 標尺の目盛誤差

---

1) 両差については（2）巻 2・3・10 項，また円補正については同 2・6・4 項参照．
2) $K=0.13$, $R=6\,370$ km, $L=100$ m とすると，両差は 0.68 mm となる．

A	B
(1)	
(2)	

(昭 41 土補)

例題-7・5 水準測量を行う場合，表7・8 の A 欄における処置によって消去されるものはそれぞれ何か．B 欄のなかから適当なものを選んで，それらの頭書の符号を解答欄に記入せよ．

解答 （1）（ロ），（ハ），（ホ）　（2）（ニ）

7・7 水準測量の許容誤差と誤差の調整

7・7・1 水準測量の誤差

水準測量は，その目的に応じて，いろいろの方法でなされるので，その誤差の表示方法も異なるが，つぎの4種類に分けられる．

i) 2点間を往復した場合の誤差で往復差・出合差または較差ともいう．

ii) 標高の既知の点から，ほかの既知点に結んだ場合の誤差で結合差という．

iii) ある1点から出発して，また，その点に戻った場合の誤差で閉合誤差・環閉合差ともいう．

iv) 1点の標高を2つ以上の既知点から求めた場合の誤差．

水準測量の誤差は水準路線長 1 km 当たりの水準誤差を m（たとえば，往復差，環閉合差）とすれば，同じ条件での路線距離 L（2点間往復のときは片道距離）の水準誤差 M は式（2・17）から次式となる．

$$M = \sqrt{\underbrace{m^2 + m^2 + \cdots m^2}_{L 個}} = \sqrt{Lm^2} = m\sqrt{L} \quad (7\cdot 6)$$

したがって

$$m = M/\sqrt{L} \quad (7\cdot 7)$$

となる．この式から，水準測量の誤差 M は路線距離の平方根に比例することになり，実際に生じた誤差 M を L の平方根で割った m によって，水準測

量の精度を比較できる．一般に，M, m は mm で L は km で表される．建設省公共測量作業規程では式 (7·6) によって表している．また，水準路線長に対する往復差によって表示する場合もある．

7·7·2 水準測量の許容誤差

水準測量の許容誤差は，測量の目的，および地形などによって異なり，使用器械や作業方法も許容誤差の大きさにより選ぶ必要がある．

表7·9 にその例を示す．誤差が許容誤差をこえた場合は再測しなければならない．

表7·9 水準測量の観測値の精度等（国土交通省公共測量作業規定）

項目＼区分	一級水準測量	二級水準測量	三級水準測量	四級水準測量	簡易水準測量
往復観測値の較差	$2.5\,\text{mm}\sqrt{S}$	$5\,\text{mm}\sqrt{S}$	$10\,\text{mm}\sqrt{S}$	$20\,\text{mm}\sqrt{S}$	
環閉合差	$2\,\text{mm}\sqrt{S}$	$5\,\text{mm}\sqrt{S}$	$10\,\text{mm}\sqrt{S}$	$20\,\text{mm}\sqrt{S}$	$40\,\text{mm}\sqrt{S}$
既知点から既知点までの閉合差	$15\,\text{mm}\sqrt{S}$	$15\,\text{mm}\sqrt{S}$	$15\,\text{mm}\sqrt{S}$	$25\,\text{mm}\sqrt{S}$	$50\,\text{mm}\sqrt{S}$
往復回数	1往復	1往復	1往復	1往復	片道とし，往復を防げない

（注）S は観測距離（片道，km 単位）とする．

7·7·3 水準測量における重さ

2·2·6 項で述べたように，重さは測定値の信頼度を表し，重さが大きければ信頼度が高いことになる．したがって，測定値のばらつきも小さく，標準偏差も小さくなる．いま，測定値 l_1, l_2, l_3 の重さを p_1, p_2, p_3 とし，標準偏差を M_1, M_2, M_3 とすれば，誤差学では重さと標準偏差の関係は，次式で示される．

$$p_1 : p_2 : p_3 = \frac{1}{M_1^2} : \frac{1}{M_2^2} : \frac{1}{M_3^2} \tag{7·8}$$

すなわち，重さの比は標準偏差の2乗の逆数に比例する．

つぎに，重さと路線距離との関係を考えてみる．異なった路線距離を L_1, L_2, L_3 とし，各路線における視準距離を一定とすると，各水準路線における測点数はそれぞれの路線距離に比例し，n_1, n_2, n_3 となる．いま，1測点にお

ける測定精度を等しく,その標準偏差を m とすると,誤差伝播の法則〔式 (2·17)〕から L_1, L_2, L_3 における標準偏差 M_1, M_2, M_3 はつぎのようになる.

$$M_1 = \pm\sqrt{\underbrace{m^2+m^2+m^2+\cdots m^2}_{n_1\text{個}}} = \pm\sqrt{n_1}\cdot m$$

同様に,$M_2 = \pm\sqrt{n_2}\cdot m$, $M_3 = \pm\sqrt{n_3}\cdot m$

したがって,重さとの関係は

$$p_1 : p_2 : p_3 = \frac{1}{n_1 m^2} : \frac{1}{n_2 m^2} : \frac{1}{n_3 m^2} = \frac{1}{n_1} : \frac{1}{n_2} : \frac{1}{n_3}$$

となり,各視準距離は等しいとすると,測点数は距離に比例するから

$$p_1 : p_2 : p_3 = \frac{1}{L_1} : \frac{1}{L_2} : \frac{1}{L_3} \tag{7·9}$$

すなわち,重さは路線距離の逆数に比例する.また,式 (7·8), (7·9) から

$$M_1^2 : M_2^2 : M_3^2 = L_1 : L_2 : L_3 \tag{7·10}$$

すなわち,標準偏差の2乗は路線距離に比例する.

7·7·4 誤差の調整

水準測量の往復差や閉合差が許容誤差の範囲内にあった場合は,つぎに示す考え方で**誤差の調整**(adjustment of elevation)をして標高を求める.

前にも述べたように,測定値の重みが大きいことは,精度が高く,誤差(往復差,閉合差)は小さいということになる.したがって,誤差の配分は小さくすることになる.一方,重さの小さい測定値には大きく誤差を配分する.

いいかえると,1) 誤差は重さの逆数に比例して配分する.これが誤差配分の基本的考え方となる.このことと式 (7·8) から 2) 誤差は標準偏差の2乗に比例して配分する.また,同様に式 (7·9) から 3) 誤差は路線距離に比例して配分する.

(a) 2点間を往復,または標高既知の2点を結んだ場合 標尺の読取りの精度(重さ)は視準距離に反比例するとすれば,測定値から計算された高低差に対する調整量は,それぞれの測定区間長に比例することになる.いいかえれば,誤差は出発点から中間点までの距離に比例して配分する.

7·7 水準測量の許容誤差と誤差の調整

例題 -7·6 標高が既知の水準点A (73.691 m) および B (79.452 m) の間にB.M.を4点設けて,測定した結果は,表7·10のようであった.測定結果は制限内にあるものとして,各B.M.の標高を計算せよ.

表7·10 各B.M.の標高を求めよ

測 点	距 離 [m]	高 低 差 [m] 往 測	高 低 差 [m] 復 測
A			
B.M.1	841	+2.908	-2.904
B.M.2	527	+1.865	-1.861
B.M.3	630	+1.232	-1.236
B.M.4	493	-0.742	+0.740
B	515	+0.514	-0.514

解答 往復の高低差の平均を求め,Aを基準として測定標高を計算すれば,表7·11のようになる.

点Bの標高を比較して,誤差が,79.467−79.452=+0.015 m 生じたことがわかる.

この−15 mmを点Aからの距離に比例して,配分する補正量は,次式で計算する.

B.M.1 に対する補正量　　$-15 \times (841/3\,006) = -4$ mm
B.M.2 に対する補正量　　$-15 \times (1\,368/3\,006) = -7$ mm
B.M.3 に対する補正量　　$-15 \times (1\,998/3\,006) = -10$ mm
B.M.4 に対する補正量　　$-15 \times (2\,491/3\,006) = -13$ mm
点 B に対する補正量　　$-15 \times (3\,006/3\,006) = -15$ mm

測定標高に補正量を加えれば,調整標高が得られる.計算結果は表7·11に示した.

表7·11 水準測量の誤差の調整

測 点	距離 [m]	点Aからの距離 [m]	高 低 差 [m] 往 測	高 低 差 [m] 復 測	高 低 差 [m] 平 均	測定標高 [m]	補 正 量 [m]	調整標高 [m]
A						73.691		73.691
B.M.1	841	841	+2.908	-2.904	+2.906	76.597	-0.004	76.593
B.M.2	527	1 368	+1.865	-1.861	+1.863	78.460	-0.007	78.453
B.M.3	630	1 998	+1.232	-1.236	+1.234	79.694	-0.010	79.684
B.M.4	493	2 491	-0.742	+0.740	-0.741	78.953	-0.013	78.940
B	515	3 006	+0.514	-0.514	+0.514	79.467	-0.015	79.452

(b) 1点から出発して,出発点に閉合した場合　前項と同様に,出発点から各測点までの距離に比例して誤差を配分する.図7·25において,閉合誤差を Δh とし,No.1,No.2,No.3,…の各測点間の距離を l_1,l_2,l_3,…,

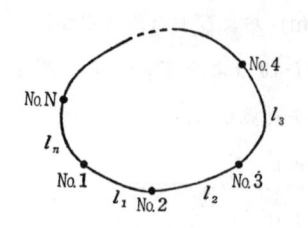

図7·25 閉合誤差

l_n とし，全路線距離を L とすれば，各測点に対する補正値 C_1, C_2, C_3, $\cdots$, C_n は次式で求められる〔図6·21（b）参照〕．

$$C_1=-\frac{l_1}{L}\varDelta h, \quad C_2=-\frac{l_1+l_2}{L}\varDelta h, \quad \cdots,$$

$$C_n=-\frac{l_1+l_2+\cdots l_n}{L}\varDelta h=-\frac{L}{L}\varDelta h=-\varDelta h$$

(7·11)

例題-7·7 水準点 No.1（標高64.735）から出発して，7 km の水準測量を行い，表7·12 の測定標高を得た．中間の B.M. の正しい標高を求めよ．ただし，閉合誤差は許容誤差内にあるものとする．

表7·12 水準測量の誤差の調整

測 点	測点間の距離〔km〕	測定標高〔m〕	補 正 値〔m〕	調整標高〔m〕
No.1		64.735		**64.735**
B.M.1	1	69.210	**−0.003**	**69.207**
B.M.2	2	71.482	**−0.009**	**71.473**
B.M.3	3	68.533	**−0.018**	**68.515**
No.1	1	64.756	**−0.021**	**64.735**

解答 閉合誤差 $\varDelta h=64.756-64.735=0.021$ m
補正量

$$C_1=-\frac{1}{7}\times(0.021)=-0.003 \text{ m}$$

$$C_2=-\frac{1+2}{7}\times(0.021)=-0.009 \text{ m}$$

$$C_3=-\frac{1+2+3}{7}\times(0.021)=-0.018 \text{ m}$$

$$C_4=-\frac{1+2+3+1}{7}\times(0.021)=-0.021 \text{ m}$$

補正値と調整標高は，表7·12に太字で記入してある．

（c） **1点の標高を2つ以上の既知点から求めた場合** それぞれの既知点から得られた測定値を用いて標高を計算し，各測定値の重さが測定距離の逆数に比例するとして，重さを考えた平均の標高を求め，その点の標高とする．

例題-7·8 図7·26のような水準点 A，B，C を既知点として水準網を構

成した．その観測の結果および既知点の標高は**表 7·13** のとおりである．新設点 Q の最確値はいくらか．　　　　　　　　　　　　　　　　　　(昭 53　士)

表 7·13

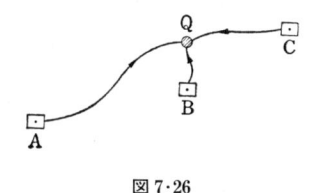

コース	距　離 〔km〕	高低差 〔m〕	出発点の標高 〔m〕
A→Q	100	+5.614	8.116
B→Q	20	−14.394	28.156
C→Q	40	+3.140	10.612

図 7·26

解答　これは，重みつきの平均値の問題で，重さは路線距離の逆数に比例するとして求めればよい．

$$\text{点Aから点Qの標高}=8.116+5.614=13.730 \text{ m}$$
$$\text{点Bから点Qの標高}=28.156-14.394=13.762 \text{ m}$$
$$\text{点Cから点Qの標高}=10.612+3.140=13.752 \text{ m}$$

重さは，式 (7·9) から

$$p_1:p_2:p_3=\frac{1}{L_1}:\frac{1}{L_2}:\frac{1}{L_3}=\frac{1}{100}:\frac{1}{20}:\frac{1}{40}=1:5:2.5$$

重さを用いて重量平均を行うと，最確値 H は次式から求まる．

$$H=\frac{[ph]}{[p]}=13.700+\frac{1\times 0.030+5\times 0.062+2.5\times 0.052}{1+5+2.5}=13.755 \text{ m}$$

7·8　渡海（河）水準測量

7·8·1　概　　要

水準路線のなかに河川，渓谷その他海峡などの障害物がある場合，または河川測量において両岸に設置した水準点の高さを測定する場合などでは，前視と後視の視準距離を等しくすることができなく，視準距離も標準をはるかにこえることになる．このような理由から視準軸誤差，気差，球差および標尺の目盛をはっきり読み取ることができないための読取り誤差が生じる．これらの誤差を消去して精密な測定をする方法が渡海水準測量または渡河水準測量 (over-river leveling) である．平成 8 年に改訂された建設省公共測量作業規程によれば，渡海（河）水準測量には，観測距離に応じて，交互法と俯仰ねじ法の 2 方法がある．不等距離観測にあたっては種々の注意が必要になる．

7・8・2 交　互　法

図 7・27 に示すように，渡河する両岸の 2 点 A，B の高低差を求める場合，レベル 1 台を使用した場合の**交互法**（reciprocal leveling）では，所要観測セット数の観測順序はつぎの方法で行われる．なお，使用レベルは気泡管レベルおよび自動レベルで，観測距離は二～四級水準測量で約 450 m 以下を標準としている．

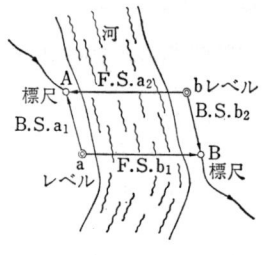

図 7・27　交互水準測量　　　　　図 7・28　測 定 結 果

（1）点 A から約 5 m の位置にある点 a にレベルを据え，自岸標尺 A を 1 回後視し，つぎに対岸標尺 B を 5 回前視し，さらに自岸標尺 A を 1 回後視する．以上で往観測を終り，これを 1 セットとする．

（2）対岸標尺 B の読定は，標尺に取り付けられた目標板を観測者の指示によって上下し，視準線に合致したとき標尺手が mm 位まで読み取る．

（3）復観測は，レベルを対岸の b 点に移動して（1）と同様に自岸標尺 B を後視し，対岸標尺 A を 5 回前視し，最後に自岸標尺 B を後視，復観測 1 セットを終了する．この場合，点 B の位置は距離が $\overline{Aa} \fallingdotseq \overline{Bb}$，$\overline{Ab} \fallingdotseq \overline{Ba}$ となるように設定する．

以上の測定結果として，測定値と誤差の関係は**図 7・28** に示すとおりとする．すなわち，標尺 A，B を視準したときの測定値を a_1, b_1 と a_2, b_2，その誤差を e_1, e_1' と e_2, e_2' とすると，AB の高低差 Δh はつぎの式で求められる．

$$\Delta h = H_B - H_A = (a_1 - e_1) - (b_1 - e_1')$$

または

$$\Delta h = H_B - H_A = (a_2 - e_2') - (b_2 - e_2)$$

ここで

$$\overline{Aa}=\overline{Bb},\ \overline{Ab}=\overline{Ba}\ \text{とすると}\ e_1=e_2,\ e_1'=e_2'$$

となる．したがって，この両式の両辺を加えると，式（7·12）を得る．この式には誤差 e_1, e_2 および e_1', e_2' は消去されるので，精密な高低差が得られる．

$$2\varDelta h=(a_1-b_1)+(a_2-b_2)-e_1+e_1'-e_2'+e_2$$

$$\varDelta h=\frac{(a_1-b_1)+(a_2-b_2)}{2} \tag{7·12}$$

以上のように，視準軸誤差と球差は1台のレベルを対岸に移動して観測すれば理論的に消去できる．しかし，気差は，光の屈折による誤差であり，大気の状態が位置的にも時間的にも一定でない．したがって，気差の影響を小さくしさらに精度を高くする方法として，2台のレベルを両岸にそれぞれ1台ずつ配置して同時観測を行い，さらに，視準軸誤差の消去から2台のレベルを交互に交換する方法がある．

7·8·3 俯仰ねじ法

標尺に間隔をあけて2枚の目標板を設置し，レベルの俯仰ねじ（傾斜微動ねじ）目盛により，目標板の下段，レベルの水平位置，目標板の上段のそれぞれの位置を視準し，そのときの俯仰ねじ目盛の読定値から高低差を算出する．なお，使用できるレベルは，気泡管レベルで両岸に各1台ずつ2台用いる方法は，一～二級水準測量では約2km以下の観測に用いられる．

観測方法は，自岸の標尺目盛を1視準1読定した後，対岸目標板の下段位置と上段位置およびレベルの水平位置の3箇所の俯仰ねじ目盛を読み取り，これを往復5回両岸で同時観測を行う．さらに，再び自岸標尺目盛を1視準，1読定を行う．この観測を1/2セットとし，ほぼ13時を対称に1/2セットを対として1セットとする．

7·8·4 測定にあたっての条件と留意事項

ⅰ) 両岸の観測点は，ほぼ同高で，同じような気象条件の場所を選ぶ．

ⅱ) 視準線が水面から3m以上のところを通るような高い測点を選ぶ．

ⅲ) 測定は，できるだけ無風で，しかも曇天の日で温・湿度の変化の少な

いときを選ぶ．1日のなかでは，日の出，日没の前後2時間を除いた時間帯がよい．

iv) 観測日数 T は $T=2 \cdot 2S$ で，S は観測距離 km 単位である．

v) 観測セット数 n は $n=4 \cdot T$ で示され，1日の観測セット数は4セット以内とし，したがって，河幅が大きくなれば観測日数が大きくなり，観測セット数も大きくなる．

vi) 目標板の白線幅は $4 \times S$（単位は cm）（S は渡河距離で km 単位）と，渡海距離に比例して決められる．

例題 -7・9 図7・29に示す渡河水準測量（俯仰ねじ法）を実施して，表7・14の結果を得た．点Aと点Bの高低差は何mか．つぎのなかから選べ．

ただし，m_1, m_2：目標板を視準したときのレベルの俯仰ねじ目盛の読定値
m_0：レベルの気泡を合致させたときの俯仰ねじ目盛の読定値
l：自岸標尺目盛の読定値
とする．

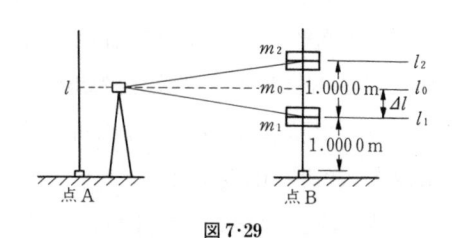

表7・14

	読定値
l	1.789 0 m
m_1	20.00
m_0	60.00
m_2	90.00

1. 0.039 0 m   2. 0.217 6 m   3. 0.289 0 m   4. 0.544 3 m
5. 0.961 0 m

解答 2. l_1, l_2：下段，上段目標板位置の標尺目盛
m_1, m_2：下段，上段目標板読定値（俯仰ねじ）
l_0：前視標尺（対岸標尺）の m_0 に対する標尺目盛

関係図の比例関係から $\dfrac{\varDelta l}{m_0-m_1}=\dfrac{l_2-l_1}{m_2-m_1}$

$$\varDelta l=\dfrac{(m_0-m_1)(l_2-l_1)}{(m_2-m_1)} \qquad l_0=l_1+\varDelta l \qquad A，B の高低差 = l-l_0$$

演 習 問 題

(1) つぎの文は，水準測定において，視準線の調整が十分でないために生じる誤差を消去するための方法について述べたものである．正しいものはどれか．
1. レベルの気泡を中央に導いてから観測する．
2. レベルは水準点からつぎの水準点までの間に偶数回整置する．
3. レベルの望遠鏡と三脚の向きを特定の標尺に対向させて整置する．
4. レベルと後視標尺および前視標尺の距離を等しくする．
5. レベルと標尺間の距離を長くしてレベルの整置回数を減らす．　（平成6　士補）

(2) つぎの文は，一級水準測量の観測について述べたものである．間違っているのはどれか．つぎのなかから選べ．
1. 往観測の出発点に立てる標尺と，復観測の出発点に立てる標尺は，同一のものとする．
2. 標尺補正のための温度測定は，水準点および固定点で実施する．
3. レベルおよび標尺は，作業期間中においても点検調整を行う．
4. 標尺の下方20cm以下は読定しない．
5. レベルと後視標尺および前視標尺との距離は，等しくする．　（平成8　士補）

(3) 気泡管レベルの傾きによる誤差を調べるため，気泡管レベルから40m離れた地点に標尺を鉛直に立てて視準した．このときの読定値は1.500mであった．つぎに，レベルの読定値が増加する向きに主気泡管の気泡を6mm移動させて視準した．この場合の読定値はいくらになるか．最も近いものをつぎのなかから選べ．ただし，主気泡管の感度は$20''/2mm$，$\rho''=2''\times10^5$とする．
1. 1.504 m　2. 1.508 m　3. 1.512 m　4. 1.516 m　5. 1.524 m
（平成9　士補）

(4) 傾斜微動の支点が，鉛直軸の中心線から3cm離れているチルチングレベルを用いて，仮に鉛直軸を前視方向に1.2′傾けた状態で測定したとすると，これによる前視および後視の視準線の高さの差はいくらか．つぎのなかから選べ．ただし，$\rho'=3400$とする．また，前視と後視は180°対立した方向にあり，視準線と主水準器軸は平行とする．
1. 0.01 mm　2. 0.02 mm　3. 0.03 mm　4. 0.04 mm　5. 0.05 mm
（昭56　士）

(5) つぎの文は，水準測量の誤差について述べたものである．間違っているものはどれか．つぎのなかから選べ．
1. 標尺の零点誤差（零目盛誤差）は，レベルの設置回数を偶数回にすれば消去できる．
2. 鉛直軸誤差は，レベルの望遠鏡と三脚の向きをつねに特定の標尺に対向させて整置し観測すれば小さくできる．
3. 自動レベルの視準線誤差は，コンペンセーターが完全に機能しても生じる場合がある．

7. 水準測量

4. 球差による誤差は，平坦な地形でも生じる．
5. 標尺の傾きによる誤差は，傾きが同じならば比高の大きさに関係なく一定である．
(平成8 士補)

(6) つぎの文は，標準的な公共測量作業規程に基づいて実施する一〜二級水準測量に使用する測量機器の点検調整について述べたものである．間違っているものはどれか．つぎのなかから選べ．
1. 点検調整は，観測着手前と観測期間中おおむね10日ごとに実施する．
2. 自動レベルは，コンペンセーターを内蔵しているため，視準線の点検調整を省略できる．
3. 自動レベルは，コンペンセーターの機能点検が必要である．
4. 気泡管レベルは，主水準器と視準線の平行性の点検調整が必要である．
5. 標尺付属の円形水準器は，標尺を鉛直に立てたとき，気泡が中心にくるように点検調整することが必要である．
(平成9 士補)

(7) 水準点A，B間において，標準的な公共測量作業規程に基づいて**図7・30**に示す一級水準測量を行い，**表7・15**の結果を得た．観測結果を点検し，最も適切な処置をつぎのなかから選べ．
ただし，Sを片道の距離〔km〕とし，往復差の許容範囲は$2.5\,\mathrm{mm}\sqrt{S}$とする．
1. 水準点A〜固定点(1)の再測を行う．
2. 固定点(1)〜固定点(2)の再測を行う．
3. 固定点(2)〜水準点Bの再測を行う．
4. 水準点A〜固定点(2)の再測を行う．
5. 再測の必要はない．
(平成9 士補)

表7・15

	水準点A〜 固定点(1)	固定点(1)〜 固定点(2)	固定点(2)〜 水準点B
往観測の高低差〔m〕	−1.3457	+1.7731	+2.2768
復観測の高低差〔m〕	+1.3464	−1.7729	−2.2791
片道の観測距離〔km〕	0.400	0.400	0.640

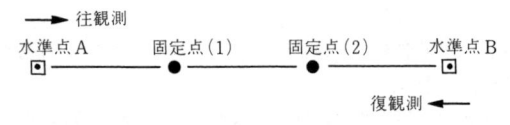

図7・30

(8) **図7・31**のような路線において一級水準測量を行い，**表7・16**の結果を得た．再測するとしたらどの路線か．つぎのなかから選べ．ただし，各路線の距離はすべて4kmとする．また，図7・31の矢印は観測方向を示す．

演 習 問 題   211

表7·16

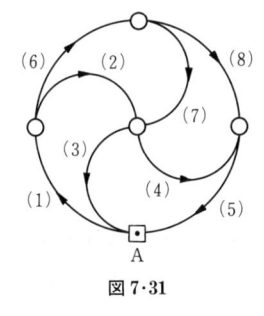

路線番号	観測高低差〔m〕
(1)	−4.067 5
(2)	+2.348 0
(3)	+1.723 0
(4)	−4.307 0
(5)	+6.015 0
(6)	+5.353 5
(7)	−3.017 5
(8)	−7.323 0

図7·31

1．(1)と(6)　2．(2)と(7)　3．(3)と(8)　4．(4)と(7)
5．(5)と(6)　　　　　　　　　　　　　　　　　（平成5　士）

(9)　つぎの文は，渡河水準測量（交互）について述べたものである．間違っているものはどれか．
1．両岸の観測点は，ほぼ同じ高さにする．
2．観測セット数は，観測距離に応じて決める．
3．視準線は，水面から離れるようにつとめて高くする．
4．目標板の白線の太さは，観測距離に応じて調整する．
5．気差の影響を小さくするため，両岸の観測点で同一レベルを用いて観測する．

（平成4　士）

(10)　つぎの文は，水準測量のレベルについて述べたものである．（イ）〜（ニ）に入る語句の組合せとして最も適当なものはどれか．つぎのなかから選べ．

1970年代の電子技術の急激な進歩により（イ）が開発された．この器械は，赤外線レーザーを照射し，水平基準面を作る．このレーザー光を標尺側の受光器で検知することにより，その地点の高さがスピーディに求まるため，土木建築現場で多く用いられている．1990年には，画像処理技術を応用した電子水準儀が開発された．これは，ディジタルカメラと（ロ）を組み合わせたものといえる．基本的な原理は，標尺の（ハ）を観測者の目の代わりとなる検出器で読み取り，器械内部で記憶している基準のコード像の信号と比較し，高さおよび（ニ）を自動的に測定される．そのため，観測者による個人差や誤読がなくなるとともに，小形，軽量となり取扱いが容易になった．さらに，水準測量作業用電卓（データコレクタ）と接続することにより，測定結果は自動的に記録される．

	イ	ロ	ハ	ニ
1.	回転レーザーレベル	自動レベル	1 cm刻み目盛	標尺までの距離
2.	回転レーザーレベル	自動補償機構	1 cm刻み目盛	標尺の方向
3.	チルチングレベル	回転レーザーレベル	バーコード目盛	標尺の位置
4.	回転レーザーレベル	自動レベル	バーコード目盛	標尺までの距離
5.	チルチングレベル	自動補償機構	反射シート	標尺の位置

（平成8　士）

8. 間接距離測量

間接距離測量 (indirect measurement of distance) は 3·1·2 項に説明したように，巻尺を使用しないで距離を測定する方法である．これを分類するとつぎのようになる．

間接距離測量
- (a) 略 測 法　　歩測・音測など
- (b) 物理学的方法　　スタジア法・タキメーター・直交基線法など
  （光学的）
- (c) 電磁波による方法　　電波測距儀・光波測距儀

最近は光波測距儀が発達し，小型かつ低廉なものが普及したので，他の間接測量の方法は補助的に使用するのみとなった．本書でも，光波測距儀は巻尺と同様に使用されるものとして，第3章で説明することにした．

8·1 略　測　法

(a) 歩　測　　歩測 (pacing) は 1 歩 (pace) を 75 cm，1 複歩 (stride) を 150 cm で歩くように練習しておくと，平地で 1/100，相当凹凸な土地で 1/200 程度の精度が得られるので，距離の点検，水準測量のセンタ―レベリング，略測図の作製などに利用できる．長い距離を歩測する場合は**歩数計** (pedometer)（万歩メーターもその1種）を利用するとよい．

(b) 音　測　　音測 (acoustic surveying) はストップウォッチで音の到達する時間から距離を略測する方法で，空気中の音速 v [m/s] と気温 t [℃] との関係は式 (8·1) で表される．

$$v = 331 + 0.6\,t \tag{8·1}$$

(c) 自動車の距離計　　自動車の距離計 (odometer) は，路線の踏査などに利用できる．

(d) キルビメーター　　地図などの曲線をローラー

図 8·1　キルビメーター

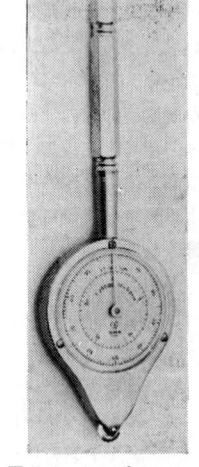

でたどると，曲線長が求められる（図 8·1）．

8·2 スタジア測量

8·2·1 概　　要

スタジア測量[1]（stadia survey）は，トランシットの望遠鏡内の 2 本のスタジア線を利用して，距離や高低差を間接に測定する方法をいう．

スタジア測量は，作業が簡便で迅速なので，精度は高くないが，利用方法が適切だと能率的に測量作業を進めることができる．

8·2·2 スタジア測量の原理

図 8·2 において，トランシットを点 A に据え，点 B に標尺を鉛直に立て，望遠鏡を水平にして，標尺に焦準したとする．スタジア線にはさまれた**標尺の長さ**（夾長）(stadia interval) を l，A, B 2 点間の距離を D，対物レンズの焦点距離を f，スタジア線の間隔を i とすれば，つぎの 3 式が成立する．

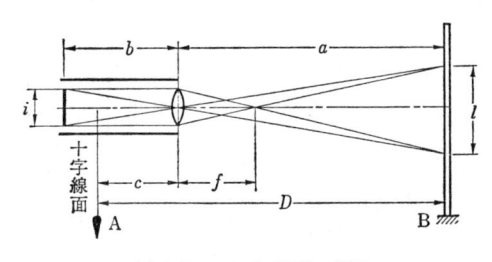

図 8·2　スタジア測量の原理

$$l : i = a : b, \quad \frac{1}{f} = \frac{1}{a} + \frac{1}{b}, \quad D = a + c \tag{8·2}$$

式 (8·2) から，a, b を消去すれば，式 (8·3) を得る．

$$D = \frac{f}{i} l + f + c \tag{8·3}$$

c は D が変化すると，対物レンズを移動させるため変化するが，その変化はひじょうに小さいので一定と考えると，次式を得る．

$$D = Kl + C \tag{8·4}$$

---

[1]　1.　アリダードによるスタジア測量については，6·5·2 項に述べた．
　　2.　スタジア線はレベルの望遠鏡内にも，たいていつけられている．
　　3.　stadia とは stadium の複数形で，古代ギリシャの競技場の長さを基準とした長さの単位で，約 185 m である．

式 (8·4) はスタジア測量の基本の公式である。ここに、$K=f/i$, $C=f+c$ は、器械によってきまる定数で、**スタジア定数** (stadia constants) といい、K を**スタジア乗定数** (stadia multiplation constant)、C を**スタジア加定数** (stadia addition constant) という。スタジア定数は器械の箱に掲げられていて、その値は $K\fallingdotseq 100$, $C=10\sim 30\,\mathrm{cm}$ 程度であるが、最近の内焦式（4·1·2項参照）望遠鏡では $C\fallingdotseq 0$ となるように製作されている。

スタジア定数が不明なとき、または疑わしいときは、2·2·12項に従って決定する。

8·2·3 スタジア測量の一般公式

式 (8·4) は水平の場合であるが、図 8·3 のように視準線が傾斜しているときは、つぎに説明するように、水平距離 D と高低差 H とを同時に求めることができる。

図 8·3 において

　α：視準線の鉛直角

　l：標尺の夾長

　l'：視準線 CO に対し直角に標尺を立てたと仮定したときの夾長

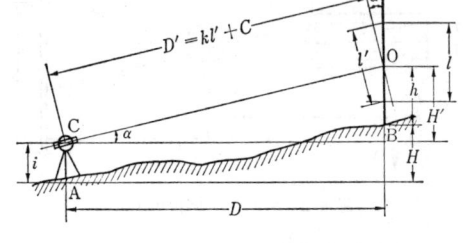

図 8·3 スタジアの一般公式

　h：点 B に立てた標尺の十字横線による読み（**視準高**または**目標高**）という。7·5·2 項参照）.

　i：くい頂から器械の水平軸の中心までの高さ（器械高 H.I.）とすると、式 (8·4) から

$$\mathrm{CO}=D'=Kl'+C \qquad D=D'\cos\alpha=Kl'\cos\alpha+C\cos\alpha$$
$$H'=D'\sin\alpha=Kl'\sin\alpha+C\sin\alpha$$

しかるに

$$l'=a'b'\fallingdotseq ab\cos\alpha=l\cos\alpha$$

であるから

$$D=Kl\cos^2\alpha+C\cos\alpha$$

$$H' = Kl \cos \alpha \sin \alpha + C \sin \alpha = \frac{1}{2} Kl \sin 2\alpha + C \sin \alpha \qquad (8 \cdot 5)$$

となる．式 (8・5) が**スタジアの一般公式**である．

AB 間の高低差は図 8・3 から明らかなように，次式で求められる．

$$H = H' + i - h$$

この場合，十字横線で i の位置を視準すれば，$h = i$ となるから

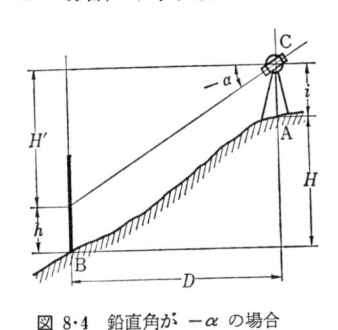

$$H = H'$$

となる．また，式 (8・5) で $\alpha = 0$ とすれば，式 (8・4) を得る．

図 8・4 のように鉛直角が $-\alpha$ のときは

$$H = H' + h - i$$

$h = i$ になるように視準すれば

$$H = H'$$

図 8・4 鉛直角が $-\alpha$ の場合

となり，鉛直角が負のときも，D および H' の計算は $\alpha > 0$ として符号に関係なく計算できる．

例題-8・1 トランジットを用いるスタジア測量で，上下のスタジア線にはさまれた標尺上の長さの読取り値は 0.865 m，高低角は $+5°0'$ であった．両地点間の水平距離およびトランジット点に対する標尺点の比高を計算せよ．ただし，スタジア乗定数 $K = 100$，加定数 $C = 0$ である．（昭 33 士補）

解答　　$D = Kl \cos^2 \alpha = 100 \times 0.865 \times 0.9962^2 = 85.84 \,\mathrm{m}$

$H = \frac{1}{2} Kl \sin 2\alpha = \frac{1}{2} \times 100 \times 0.865 \times 0.1736 = 7.51 \,\mathrm{m}$

8・2・4　スタジア測量の作業と注意事項

（a）**スタジア測量作業**　　スタジア測量は前述のように精度は高くないが，地形の起伏などに影響されることが少ないので，目的によって，つぎのような測量に利用される．

　i ）　間接距離測量

　ii ）　間接水準測量

　iii）　トラバース測量

iv）細部地形測量

v）平板測量との併用

スタジア測量に必要な人員は，細部地形測量の場合を基準として考えると，班長兼器械手1名，記録手1名，および標尺手 2〜3 名である．

（b）**スタジア測量作業の注意事項**　トランシットの使用上の一般的な注意のほか，つぎのような点に注意する．

i）標尺は，水準測量と同様に，標尺を鉛直に立てる．

ii）視準高が器械高に近い位置で，スタジア下線は 10 cm ごとの端数のない位置を視準すると，夾長の計算に誤りが少なくなる．

iii）一般に鉛直角は分（′）単位で読み取ればよい．

iv）水平距離だけを測定する場合は，約 3° 以下は鉛直角の影響が少ないから読み取る必要はない．

v）高低差を求める場合は，上記の夾長を読み取ってから，視準高を器械高に合わせ，鉛直角を読む．

vi）地形を測量する場合は，記録手は略図などを詳細に描き，また，記録する値が多いので，間違いのない記録を取る必要がある．

表 8·1 はスタジア測量の記入例である．

8·2·5　スタジア測量の誤差

スタジア測量で得られた距離と高低差に生じる誤差は，器械の調整不完全なことによる誤差は別として，つぎのようなものがある．

（a）**スタジア定数が正しくないことによる誤差**　定数は気象条件などでほとんど変化はしない．

（b）**標尺の目盛が正しくないことによる誤差**　基準巻尺と比較検定して補正する．

（c）**標尺の読取り誤差**　読取り誤差は 150 m で約 ±3 mm，300 m では約 ±7 mm 程度である．読取り誤差を小さくするためには，かげろうなどの立たない時刻を選んで測定する．この誤差がスタジア測量の誤差のなかではいちばん大きい．

8・2 スタジア測量

表 8・1 スタジアによるトラバース測量の野帳記入例

器械名　　　　　　　　　器械手　大山一雄　　　　昭和44年10月24日　晴
$K=100$　$C=0$　　　　　記録手　石田太郎

測点	視準点	上線読み下線読み [m]	夾長 [m]	水平目盛	夾角	鉛直角	水平距離(平均) [m]	備考
A	D	2.10 0.70	1.40	0°00′	94°36′		166.5	
	B	2.17 0.50	1.67	94°36′				
B	A	2.06 0.40	1.66	94°36′	64°38′	+4°05′	145.7	
	C	2.07 0.60	1.47	159°14′				
C	B	1.96 0.50	1.46	159°14′	117°21′	−4°03′	115.6	
	D	1.86 0.70	1.16	276°35′		−4°56′		
D	C	1.97 0.80	1.17	276°35′	83°29′	+4°58′	140.0	
	A	2.00 0.60	1.40	360°04′				

計 360°04′

(d) **標尺の傾斜による誤差** 標尺が鉛直でないと,夾長にも,視準高にも誤差を生じるから,距離と高低差に誤差を生じる.誤差は視準線に沿直角があるとさらに大きくなる.

(e) **鉛直角の測定値が正しくないための誤差** 鉛直角が $0°\sim20°$ の範囲では,鉛直角の誤差が $1'$ の場合,水平距離の誤差は $1/30\,000\sim1/5\,000$,高低差の誤差は水平距離に対する比で表すと,$1/3\,000\sim1/4\,000$ 程度である.

8·2·6 スタジア測量の精度

スタジア測量は高い精度を期待しないで活用すべきである.その精度はほぼつぎのような値と考えてよい.

(a) **急傾斜地で,標尺の傾斜に特別の注意をしない場合**

　　水平距離　　　　　　　　　　　　　　　　1/100 以下
　　高低差（水平距離 300 m に対して）　　　　約 60 cm

(b) **緩傾斜地で,標尺の傾斜に相当の注意をはらった場合**

　　水平距離（視準距離 $70\sim400$ m）　　　　　約 1/200
　　高低差（鉛直角を $1'$ まで測定,水平距離 300 m に対し）　約 10 cm

(c) **スタジア測量によるトラバース測量の誤差** トラバースの総延長を L とすれば,閉合誤差は $0.02\sqrt{L}$ 〔m〕以下とされている.

(d) **高低差の閉合誤差** 普通の土地で,$0.002\sqrt{L}$ 〔m〕以内に十分収められる.起伏の多い地形では精度は著しく低下する.

演 習 問 題

(1) スタジア測量を行うために,点 A にトランシットを据え,器械高を測ったら 1.480 m であった.点 B の標尺を視準し,十字横線を器械高に合わせてそのときのスタジア上線の読み 1.85 m,スタジア下線の読み 1.11 m,鉛直角 $+3°30'$ を読み取った.点 AB 間の水平距離と点 B の標高を計算せよ.ただし,点 A の標高は 58.54 m,乗定数 $K=100$,加定数 $C=0$ とする.

(2) 点 A にトランシットを据え,点 B に標尺を垂直に立ててスタジア測量を行い,つぎの結果を得た.

　器械高=1.46 m,鉛直角=$+5°28'$,スタジア上線の読み=1.58 m,スタジア下線の読み=1.00 m,十字横線の読み=1.29 m

演習問題

点 A の標高を 35.38 m として，点 AB 間の水平距離と点 B の標高を求めよ．ただし，乗定数 $K=100$，加定数 $C=0$ とする．

（3） トランシットを用いたスタジア測量により，傾斜地における 2 点間の水平距離 D および高低差 H'（鉛直角 $\alpha=0$ のときの視準線と視準高までの高さ）を求める式は次式となる．

$$D = Kl\cos^2\alpha + C\cos\alpha$$

$$H' = \frac{1}{2}Kl\sin 2\alpha + C\sin\alpha$$

ここで，鉛直角 α に誤差 $d\alpha$ が含まれているとき，高低差 H' に及ぼす誤差 dH_α を求める式のうち正しいものをつぎのなかから選べ．ただし，$d\alpha$, dl, dK はそれぞれ鉛直角 α, 夾長 l, 乗定数 K の誤差とする．

1. $K\,dl\cos^2\alpha$
2. $-Kl\,d\alpha\sin 2\alpha$
3. $\frac{1}{2}K\,dl\sin 2\alpha$
4. $Kl\,d\alpha\cos 2\alpha$
5. $l\,dK\cos^2\alpha$

（4） トランシットを用いたスタジア測量により距離を測定した結果，つぎの値を得た．スタジア上線の標尺の読定値 2.50m，下線の標尺の読定値 0.50m，鉛直角 α は $+30°$ であった．この測定において標尺の読定誤差は ± 1 cm，鉛直角 α の誤差 $d\alpha$ は $\pm 3'$ とすると，距離測定の誤差と距離測定の精度を求めよ．ここで，$K=100$，$C=0$ とし，その他の誤差はないものとする．

（昭 50　土類）

9. 面積および体積の測定

測量で取り扱う土地の面積(地積ともいう)とは,その土地を囲む境界線を基準面上に投影したときの線内の面積をいう.

面積の測定 (calculation of area) 作業は,境界線の方向および長さを求める外業と,外業の結果得られた図形または数値によって,面積を求める内業とに分けられるが,本章では内業による面積の計算法について説明する.

体積の計算には,鉄道・道路など細長い土積と建物の敷地造成,埋立など広い面積にわたる土積などを求める場合があり,それぞれに便利な方法があるので,これらについて主として説明する.

9・1 面積の計算方法

9・1・1 面積計算法の分類

面積の計算方法 (calculation of area of land) は,つぎのように分類される.

(a) 直接および間接測定法

(1) **直 接 法** 必要な距離および角度を現地で測定して,計算する方法(現地法ともいう).

(2) **間 接 法** 現地で測定された境界線を図に描いて,図上の距離を測定して面積を計算する方法(図上距離法ともいう).プラニメーターその他の面積測定器械により測定する方法もある.

(b) 使用する計算式による分類

 i) 三斜法
 ii) 三辺法
 iii) 台形法
 iv) 支距法(オフセット法)
 v) 座標法(倍横距法を含む)
 vi) その他

(c) 面積測定作業規程準則による分類(昭和 27 年 7 月 24 日 経済安定本部令第 14 号).

　i) 図上法(三斜法・三辺法・台形法・支距法・プラニメーター法)

　ii) 現地法

　iii) 座標法(倍横距法によるものとする.ただし,ほかの方法によることを妨げない)

本書では,主として上記(b)の分類に従って説明する.

9・1・2 面 積 計 算

(a) 三 斜 法　三斜法 (diagonal and perpendicular method) は,あまり広くない宅地などの測量に使用されるもので,図 9・1 のように誤差を少なくするため,地域をできるだけ正三角形に近い三角形に分割して,その底辺と高さを図上で求めて,表 9・1 のように計算する.

表 9・1 三斜法の計算

三角形の番号	底辺 [m]	高さ [m]	倍面積 [m²]
(1)	34.37	22.17	761.98
(2)	34.37	18.40	632.41
(3)	27.33	20.75	567.10
(4)	27.33	18.62	508.88

合計 $2F = 2\,470.37$
$F = 1\,235.2 \text{ m}^2$

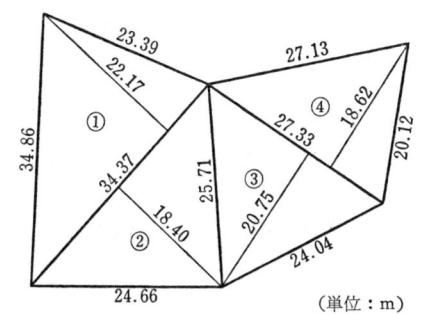

図 9・1 三斜法および三辺法

(b) 三 辺 法　三辺法 (triangle division method) は三角形の 3 辺 a, b および c がわかれば,次式で面積 F を計算できる〔式中 $s = (a+b+c)/2$ とする〕.

$$F = \sqrt{s(s-a)(s-b)(s-c)} \qquad (9 \cdot 1)$$

図 9・1 の面積を表 9・2 のように計算する.

(c) 三角形の2辺 a, b と夾角 α が,わかっている場合　この場合は,面積 F は式 (9・2) で計算すればよい.

$$F = \frac{1}{2} ab \sin \alpha \qquad (9 \cdot 2)$$

222   9. 面積および体積の測定

表 9・2 三辺法の計算　　　　　　(単位：m)

番　号	(1)	(2)	(3)	(4)
a	34.86	34.37	25.71	27.13
b	34.37	24.66	24.04	27.33
c	23.39	25.71	27.33	20.12
$2s$	92.62	84.74	77.08	74.58
s	46.31	42.37	38.54	37.29
$s-a$	11.45	8.00	12.83	10.16
$s-b$	11.94	17.71	14.50	9.96
$s-c$	22.92	16.66	11.21	17.16
F	380.93	316.24	283.50	254.50

$\sum F = 380.93 + 316.24 + 283.50 + 254.50 = 1235.2 \, \text{m}^2$

(d) 台形法（台形法則，台形公式，trapezoidal formula）　境界線が，図 9・2 のように折れ線である場合は，1つの測線から支距（オフセット）を出して，その距離を測定して，台形の連続として，全面積 F を次式で計算する．

$$F = d_1\left(\frac{y_0+y_1}{2}\right) + d_2\left(\frac{y_1+y_2}{2}\right) + \cdots$$
$$\cdots + d_n\left(\frac{y_{n-1}+y_n}{2}\right) \quad (9\cdot3)$$

図 9・2　台形法

この場合，$d_1 = d_2 = \cdots = d_n = d$ のときは，式 (9・4) となる．

$$F = d\left(\frac{y_0+y_n}{2} + y_1 + y_2 + \cdots + y_{n-1}\right) \quad (9\cdot4)$$

台形法は，次項で説明する支距法の一種とも考えられるから，曲線で囲まれた面積の計算にも用いられる．

例題-9・1　図 9・3 のような四辺形 ABCD の面積を計算せよ．　　　　（昭 32　士補類）

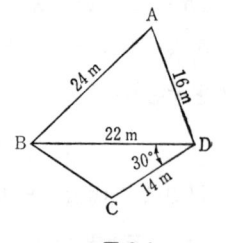

図 9・3

解答　△ABD の面積は式 (9・1)，△BDC の面積は，式 (9・2) で求めればよい．

$(24+22+16) \div 2 = 31 \, \text{m}$

$\triangle \text{ABD} = \sqrt{31 \times (31-24)(31-22)(31-16)} = \sqrt{31 \times 7 \times 9 \times 15} = 171.2 \, \text{m}^2$

9・1 面積の計算方法

$\triangle \text{BDC} = \dfrac{1}{2} \times 22 \times 14 \times \sin 30° = \dfrac{1}{2} \times 22 \times 14 \times \dfrac{1}{2} = 77 \text{ m}^2$

□ABCD = 171.2 + 77 = 248.2 m²

(e) 支 距 法　河川, 道路その他の曲線部のある境界線で囲まれた面積を測定するには, その曲線の内または外に測線を設けて, 通常図 9・4（b）のように, 等間隔のオフセットを出して計算する. これを**支距法（オフセット法；offset method）**という. その計算には, つぎの方法がある.

図 9・4　シンプソンの第1法則

(1) 台 形 法　間隔が等しいので, 式 (9・4) で計算する.

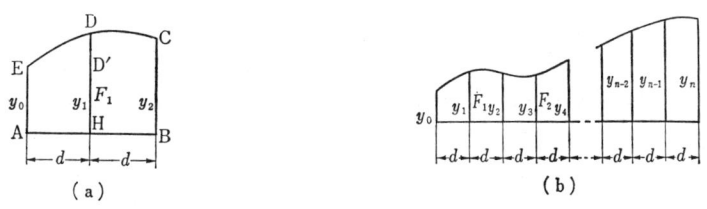

(2) シンプソンの第1法則　シンプソンの第1法則 (1/3 法則, Simpson's first 1/3 rule) は, 図 9・4（a）のように2区間を1組みとして, EDC の境界線を2次の放物線と考えて, ABCDE の面積 F_1 を計算すると, 式 (9・5) を得る[1]).

$$F_1 = \dfrac{d}{3}(y_0 + 4y_1 + y_2) \qquad (9・5)$$

同様にして, F_2 以下を求めれば, 全面積 F は式 (9・6) で示される.

$$F = \dfrac{d}{3}\{y_0 + y_n + 4(y_1 + y_3 + \cdots + y_{n-1})$$
$$+ 2(y_2 + y_4 + \cdots + y_{n-2})\} \qquad (9・6)$$

この場合, n は偶数でなければならない. 奇数の場合は, 最後の1区間は台形として計算して, 加えればよい.

(3) シンプソンの第2法則　シンプソンの第2法則 (3/8 法則, Simp-

---

1) EDC を通る放物線を $y = ax^2 + bx + c$, A, H, B の座標をそれぞれ $x_0, x_0 + d, x_0 + 2d$ とすれば, 次式が得られる.

$F_1 = \displaystyle\int_{x_0}^{x_0 + 2d}(ax^2 + bx + c)dx = 2adx_0^2 + 2d(2ad + b)x_0 + 2d\left\{c + bd + \dfrac{4}{3}ad^2\right\}$

$y_0 = ax_0^2 + bx_0 + c,\ y_1 = a(x_0 + d)^2 + b(x_0 + d) + c,\ y_2 = a(x_0 + 2d)^2 + b(x_0 + 2d) + c$ であるから, これらの4式から x_0, a, b, c を消去すれば式 (9・5) を得る.

son's second 3/8 rule) は，図 9・5 のように 3 区間を 1 組みとして，KHGE の境界線を 3 次の放物線と考えて，ADEGHK の面積 F_1 を計算すると，式 (9・7) を得る[1]．

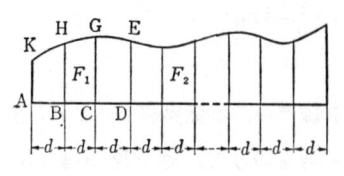

図 9・5 シンプソンの第 2 法則

$$F_1 = \frac{3d}{8}(y_0 + 3y_1 + 3y_2 + y_3) \tag{9・7}$$

同様に，F_2 以下を求めれば，全面積 F は式 (9・8) で表される．

$$F = \frac{3}{8}d\{y_0 + y_n + 3(y_1 + y_2 + y_4 + y_5 + \cdots + y_{n-2} + y_{n-1})$$
$$+ 2(y_3 + y_6 + \cdots + y_{n-3})\} \tag{9・8}$$

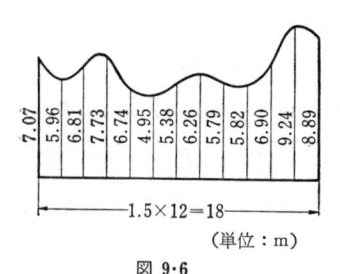

式 (9・8) は，n が 3 の倍数のときに使用できる．3 の倍数でないときは，端数の区間は台形公式か，シンプソンの第 1 法則（2 区間の場合）で計算して，加えればよい．

例題-9・2 図 9・6 の全面積 F を台形法，シンプソンの第 1 および第 2 法則で求めよ．

図 9・6
（単位：m）

解答 （a） 台形法〔式 (9・4)〕

$$F = 1.5 \times \left(\frac{7.07 + 8.89}{2} + 5.96 + 6.81 + 7.73 + 6.74 + 4.95 + 5.38 + 6.26 \right.$$
$$\left. + 5.79 + 5.82 + 6.90 + 9.24\right)$$
$$= 1.5 \times 79.56$$
$$= 119.34 \text{ m}^2$$

（b） シンプソンの第 1 法則〔式 (9・6)〕

$$F = \frac{1.5}{3}\{7.07 + 8.89 + 4 \times (5.96 + 7.73 + 4.95 + 6.26 + 5.82 + 9.24)$$
$$+ 2 \times (6.81 + 6.74 + 5.38 + 5.79 + 6.90)\}$$
$$= 0.5 \times 238.04 = 119.02 \text{ m}^2$$

（c） シンプソンの第 2 法則〔式 (9・8)〕

---

[1] KHGE を通る放物線を $y = ax^3 + bx^2 + cx + e$ として式 (9・5) の場合と同じ計算方法で式 (9・7) が求められる．

9・1 面積の計算方法

$$F = \frac{3 \times 1.5}{8} \{7.07 + 8.89 + 3 \times (5.96 + 6.81 + 6.74 + 4.95 + 6.26 + 5.79 + 6.90 + 9.24) + 2 \times (7.73 + 5.38 + 5.82)\}$$

$$= \frac{3 \times 1.5}{8} \times 226.77 = 127.55 \text{ m}^2$$

例題-9・3 $F_1 = \int_{0.6}^{1.2} \sin x \, dx$, $F_2 = \int_{0.6}^{1.2} \tan x \, dx$ を**表 9・3**の値を用いて,台形法,シンプソンの第1および第2法則によって計算せよ.

表 9・3

y	x (ラジアン)	角　　　度	$\sin x$	$\tan x$
0	0.6	34°22′39″	0.564 642 9	0.684 137 6
1	0.7	40 06 25	0.644 216 3	0.842 285 4
2	0.8	45 50 12	0.717 356 6	1.029 640 1
3	0.9	51 33 58	0.783 325 9	1.260 154 1
4	1.0	57 17 45	0.841 471 5	1.557 410 9
5	1.1	63 01 31	0.891 206 7	1.964 752 9
6	1.2	68 45 18	0.932 039 5	2.572 160 2

解答 計算を省略し,答を表にすれば,**表 9・4**のようになる[1].

表 9・4

	台 形 法	第 1 法 則	第 2 法 則	積 分 計 算
$\int_{0.6}^{1.2} \sin x \, dx$	0.462 591 8	0.462 977 8	0.462 978 3	0.462 978 6
$\int_{0.6}^{1.2} \tan x \, dx$	0.828 239 2	0.823 305 6	0.823 457 8	0.823 160 6

(f) **倍横距 (D. M. D.) による方法** (5・3・11項で説明).

(g) **座 標 法**　座標法 (coordinate method) は,多角形の各頂点の直角座標がわかれば,これを用いて計算できる.

---

[1] 積分計算　$\int_{0.6}^{1.2} \sin x \, dx = \left[\cos x\right]_{0.6}^{1.2} = 0.825 335 3 - 0.362 356 7 = 0.462 978 6$

$\int_{0.6}^{1.2} \tan x \, dx = \dfrac{-1}{0.434 294 48} \left[\log_{10} \cos x\right]_{0.6}^{1.2}$

$= \dfrac{-1}{0.434 294 48} (\log_{10} 0.362 356 7 - \log_{10} 0.825 335 3)$

$= 0.823 160 6$

例題 9・3 でわかるように,台形法によると,$\sin x$ のように凸の曲線の面積は小さく求められ,$\tan x$ のように凹の曲線は大きく求められる.また,シンプソンの第1および第2法則は,一般に,第2法則のほうが正しい値に近いが,曲線の形状によっては,必ずしも第2法則のほうが近似値を与えるとは限らない.

図 9·7 で，四辺形 ABCD の面積は，つぎのようにして計算できる．

$$F = \square ABCD = (aADCc) - (aABCc)$$
$$= \{(aADd) + (dDCc)\} - \{(aABb) + (bBCc)\}$$

ここで，各台形の面積を座標値で求めれば

$$+aADd = \frac{1}{2}(y_4 - y_1)(x_1 + x_4)$$

$$+dDCc = \frac{1}{2}(y_3 - y_4)(x_3 + x_4)$$

$$-aABb = -\frac{1}{2}(y_2 - y_1)(x_2 + x_1)$$

$$-bBCc = -\frac{1}{2}(y_3 - y_2)(x_3 + x_2)$$

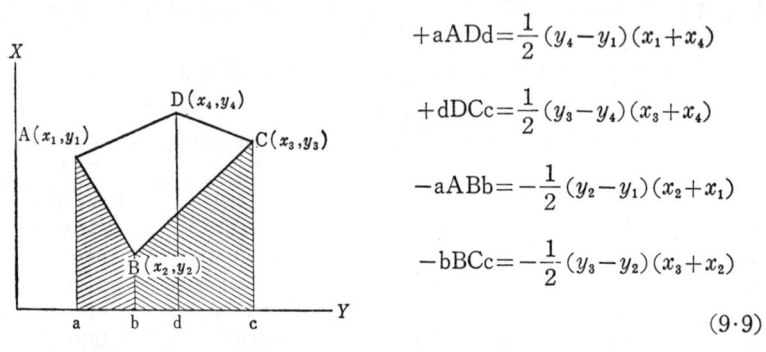

(9·9)

図 9·7 座 標 法

となるから，両辺を加えて，整頓すると式 (9·10) または式 (9·11) が得られる．

$$F = \frac{1}{2}\{y_1(x_2 - x_4) + y_2(x_3 - x_1) + y_3(x_4 - x_2) + y_4(x_1 - x_3)\} \quad (9·10)$$

$$F = \frac{1}{2}\{x_1(y_2 - y_4) + x_2(y_3 - y_1) + x_3(y_4 - y_2) + x_4(y_1 - y_3) \quad (9·11)$$

例題-9·4 図 9·8 のような A, B, C, D, E で囲まれた多角形の面積を求めよ．ただし A, B, C, D, E の座標は，表 9·5 のとおりである．

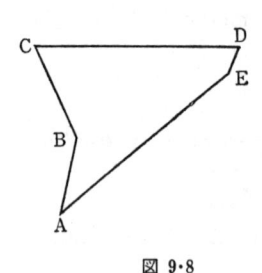

図 9·8

表 9·5

点	平面直角座標 [m]	
	X	Y
A	319	40
B	377	58
C	454	30
D	435	208
E	415	198

(昭 37 士補)

解答 式 (9·10) または式 (9·11) によって，表 9·6, 9·7 のように計算する．

9・1 面積の計算方法

表 9・6

点	x_n	y_n	$y_{n+1}-y_{n-1}$	$x_n(y_{n+1}-y_{n-1})$	
				+	−
A	319	40	−140		−44 660
B	377	58	− 10		− 3 770
C	454	30	+150	68 100	
D	435	208	+168	73 080	
E	415	198	−168		−69 720
				141 180	−118 150
				−118 150	
			倍面積……2)23 030		
			面　積…… 11 515 m²		

(別 解) 表 9・7 (単位：m)

$x_{n+1}-x_{n-1}$	$y_n(x_{n+1}-x_{n-1})$	
	+	−
− 38		− 1 520
+135	7 830	
+ 58	1 740	
− 39		− 8 112
−116		−22 968
	9 570	−32 600
		9 570
倍面積……2)23 030		
面　積…… 11 515 m²		

(h) その他の曲線で囲まれた面積の計算法

(1) 平行線を引いて求める方法　図 9・9 (a) のように，等距離の平行線を引いて，長方形の面積を計算する．

(2) 取捨線を引く方法
図 9・9 (b) のように，面積の加減が零になるような取捨線を引いて，多角形の面積を計算する．

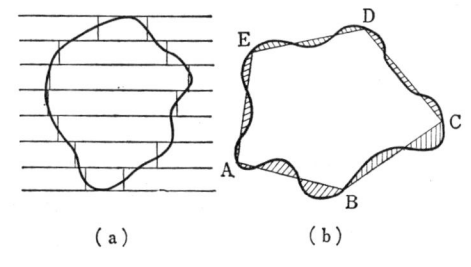

図 9・9　曲線形の求積法

(3) 図形を切り抜いて重さを測定する方法　厚さが一様な紙に図形を描いて切り抜いて，重さを測定すれば，相当精密な面積が求められる．

(i) 横断面の計算法　路線などの横断面の計算法は 9・2・2 項に示す．

9・1・3　プラニメーターによる求積

(a) 構　　造　プラニメーター (planimeter) は，図形の面積を測定する器械で[1]，最も一般的なものは図 9・10 のような極式プラニメーター (polar planimeter) である．その主要な部分は，極針 (pole, anchor point)，極かん (pole arm, anchor arm)，測輪 (measuring wheel, roller)，数字

盤 (disk), バーニヤドラム (graduated drum), 測かん (tracing arm), および測針 (測定レンズ, tracing point) などから成る（付属品として, 検査器).

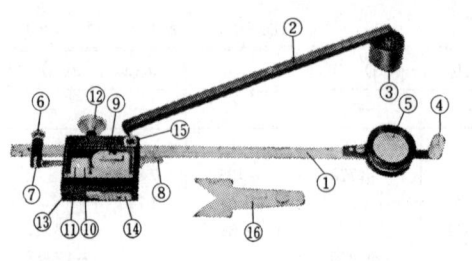

① 測かん
② 極かん
③ 極針および重錘
④ つまみ
⑤ 測定レンズ（または測針）
⑥ 固定ねじ
⑦ 微動ねじ
⑧ バーニヤ
⑨ 数字盤
⑩ 測輪
⑪ バーニヤドラム
⑫ 滑動車
⑬ 測定部（本体）
⑭ 帰零レバー
⑮ ピボット
⑯ 検査器

図 9·10 極式プラニメーター

プラニメーターには，単式（測かんの長さ一定のもの），複式（測かんの長さを，図形の縮尺に応じて選定できるもの），および補正式（測かんが極かんの下をくぐれるようになっていて，測かんの左右で測定ができ，器械誤差が補正できるもの）[1]などがある．図9·10は補正式を示す．

(b) 使 用 法

ⅰ) 図形の大きさに応じて，極針の位置を定めて固定する．

ⅱ) 測かんの長さを縮尺に応じて位置を固定する（収容箱に，その関係が示されている）．

ⅲ) 測針の起点を定めて，図形をたどって起点にかえる．

ⅳ) 測針の起点の位置の読み第1読み数 (initial reading) と起点へ戻ったときの読み第2読み数 (final reading) との差に，所定の乗数（単位面積）を掛けると，面積が求められる[2]．

$$面積 = \{(第2読み数) - (第1読み数)\} \times 乗数 \quad (9·12)$$

ⅴ) 極針が図形の内側にある場合で，時計回りのときは次項の加数を加える[3]．

---

[1] 現在は測かんにものさし状の目盛のついたものを補正式ということが多い．
[2] 1. 読み数は数字盤で1000位，測輪で100位と10位，バーニヤで1位を読み取る．測定中に数字盤の0を通過したら，10 000 を加える．
    2. 式 (9·12) は時計回りに測定した場合で，反時計回りの場合は第1読み数から第2読み数を引けばよい．
[3] 反時計回りのとき，面積 = {(第1読み数) - (第2読み数) - 加数} × 乗数

9·1 面積の計算方法　　　　　　　　　229

面積＝{(第2読み数)－(第1読み数)＋(加数)}×乗数　　　(9·13)

（c）　**零円または基準円**　極かんと測かんが，図 9·11 のように α の角をなし，このとき測輪 R の面が極 P を通るものとする．この状態を固定して，測針 T が極を中心とし，半径 L の円 Z を描いても，測輪は回転しないから，円 Z の面積は 0 である．この円 Z の半径 L は次式のように一定であるから（l を一定としたとき），その面積も一定となる．

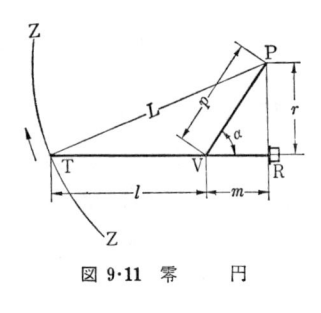

図 9·11　零　円

$$L^2=(l+m)^2+r^2=(l+m)^2+(p^2-m^2)$$
$$=l^2+2lm+p^2$$

この円 Z を**零円**（または**基準円**，zero circle）という．図形の面積を測定するとき，極針を図形のなかに置くと，図形の面積は零円だけ少なく求められるから，式 (9·13) のように加数として加えなければならない．

加数はプラニメーターの収容箱に記入されているが，不明のときは，面積のわかっている図形の内と外に極針を置いて，面積を測定すれば，その差から求められる．

（d）　**使用上の注意事項**

ⅰ）　極針は確実に固定し，測針は測輪がすべらないように静かに一定速度で動かす．

ⅱ）　乗数が不明のとき，または，疑わしいときは，既知の面積を測定するか，検定尺で円を描いて検定する．

ⅲ）　図形が大きい場合は，数個に分割して測定する．

ⅳ）　測定は数回行って平均値をとる．

例題-9·5　縮尺 1/200 の図形を時計回りに測定して，第1読み数 2.943, 第2読み数 7 085 を得た．乗数（単位面積）を 0.4□m として，この面積を求めよ．

解答　面積＝(7 085－2 943)×0.4＝1 656.8 m²

例題-9・6 縮尺 1/500 の図形で，極を図形内に置いて右回りに測定したところ，第1読み数 2 705，第2読み数 8 193 を得た．乗数 2□m，加数 21 133 として，この図形の面積を求めよ．

解答 面積＝(8 193－2 705＋21 133)×2□ m＝53 242 m²

（e）**プラニメーターの精度** プラニメーターによる測定精度は，測定する面積が小さいほど劣る．一般に，注意深く行えば，小面積で 1% 以内，適当な大きさの面積で 0.1〜0.2% 程度が期待できる．

地籍測量の面積測定作業規程準則では，図上法における 2 人以上の測定者による測定結果の較差の制限を，$dF=0.0003 M\sqrt{F}$ と定めている．

ここに，F は平方メートルを単位とする測定面積，dF は平方メートル単位で示した較差の制限，M は測定に使用した地図の縮尺を 1/M とする値である．

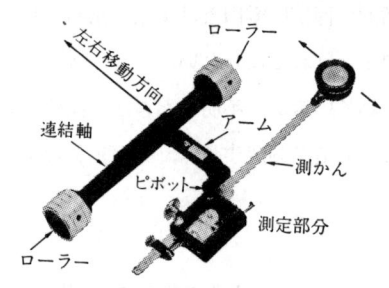

（f）**リニヤープラニメーター（直線式プラニメーター）** リニヤープラニメーター (linear planimeter) は，図 9・12 のように連結軸の両端にローラーが固結されている．連結軸は，これに直角な方向にだけ移動できるから，測定部分を支えるピボットは，極式では極針を中心として円を描くのに対して，上記の連結軸の移動方向と平行な 1 つの直線上だけを自由に移動できる．測定部分の使用方法は極式と同じである．ただし，リニヤープラニメーターには構造上零円は存在しない．

図 9・12 リニヤープラニメーター

リニヤープラニメーターは，測かんの長さに応じた上下幅で左右幅の長い図形を測定できるので，たとえば，路線の縦断図のように左右に長いグラフ等の求積に適している．**ローラープラニメーター** (roller planimeter) ともいう．

9・2 体積の計算方法

9・2・1 体積計算法の分類

体積の計算方法 (calculation of volume) には，通常つぎの 3 種がある．

9・2 体積の計算方法

(a) 断 面 法……… $\begin{pmatrix} \text{calculation of} \\ \text{volume by} \\ \text{cross sections} \end{pmatrix}$ $\begin{cases} 1. \ \text{角柱公式 (prismoidal formula)} \\ 2. \ \text{両端面公式 (end areas formula)} \\ 3. \ \text{中央断面法 (middle area formula)} \end{cases}$

(b) 点 高 法……… (by spot levels) $\begin{cases} 1. \ \text{長方形公式} \\ 2. \ \text{三角形公式} \end{cases}$

(c) 等高線法 (calculation of volume from contour lines)

(a)は細長い土積の計算に，(b)，(c)は広い面積にわたる土積の計算に適している．

9・2・2 断 面 法

路線測量などでは，路線に沿って横断面図を作製し，各断面に計画高を記入して，所要断面積を計算して，切土または盛土の容積を求める．断面積がわかったとして，体積を求めるのには，つぎのような方法がある．

(a) 角柱公式（またはプリズモイド公式） 図 9・13 のように平行な両端面を直線の母線が移動してできた立体を，一般に擬柱 (prismoid) といい，角柱・円柱・角すい・円すい・角筒・円筒などが含まれる．等間隔 $h/2$ の平行面の面積をそれぞれ F_1, F_m, F_2 とすれば，この角柱の体積 V は次式で求められる[1]．

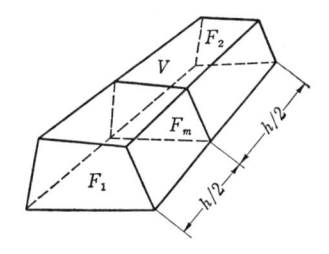

図 9・13 角柱公式

$$V = \frac{h}{6}(F_1 + 4F_m + F_2) \tag{9・14}$$

平行面が等間隔 h で，$F_0, F_1, \cdots, F_n$ まである場合は，全体の体積 V は式 (9・15) で求められる（n は偶数とする）．

$$V = \frac{h}{3}\{F_0 + F_n + 4(F_1 + F_3 + \cdots + F_{n-1}) + 2(F_2 + F_4 + \cdots + F_{n-2})\} \tag{9・15}$$

底面積 F，高さ h の角すいの体積 V は，式 (9・14) で $F_m = F_1/4$, $F_2 = 0$

---

[1] この場合，3つの断面が距離の2次式として変化するので，シンプソンの第1法則が適用される．よって，式 (9・14)，(9・15) はそれぞれ式 (9・5)，(9・6) に対応している．

とすれば，式 (9·16) で求められる．

$$V = \frac{1}{3}hF \tag{9·16}$$

（b） **両端面公式**（または平均断面法）（図 9·13）

$$V = \frac{h}{2}(F_1 + F_2) \tag{9·17}$$

式 (9·14) より大きい値が得られるが，簡単なので広く用いられている．

（c） **中央断面法**（図 9·13）

$$V = hF_m \tag{9·18}$$

式 (9·14) より小さい値が得られるが，(9·17) と同様広く用いられている．

例題-9·7 底面の半径 r，高さ h の円すいの面積を式 (9·15)，(9·16)，(9·17) および (9·18) で求めよ．

解答 底面積 $F = \pi r^2$，中央断面 $F_m = \pi r^2/4 = F/4$ であるから，式 (9·14)，(9·16)，(9·17)，(9·18) で求めた体積をそれぞれ V_{13}, V_{15}, V_{16}, V_{17} として計算すれば，つぎのようになり，$V_{16} > V_{15} > V_{17}$ となる．

$$V_{13} = \frac{h}{6}\left(F + 4 \times \frac{F}{4} + 0\right) = \frac{1}{3}hF \qquad V_{15} = \frac{1}{3}hF$$

$$V_{16} = \frac{h}{2}(F + 0) = \frac{1}{2}hF \qquad V_{17} = \frac{1}{4}hF$$

（d） **特別な面積の計算法** 路線などの横断面図には，各地点の高さがわかっている場合とか，こう配で示された斜面があったりするので，特別な計算法がある．

（1） **三高度断面の場合** 図 9·14 のように原地盤の3点 E, G, H の高さがわかっている場合は，つぎのように面積 F が求められる．

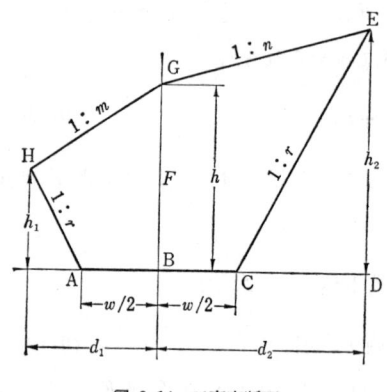

図 9·14 三高度断面

$$d_1 = \left(h + \frac{w}{2r}\right)\left(\frac{mr}{m+r}\right), \qquad d_2 = \left(h + \frac{w}{2r}\right)\left(\frac{nr}{n-r}\right)$$

$$F = \frac{d_1+d_2}{2}\left(h+\frac{w}{2r}\right)-\frac{w^2}{4r} \qquad (9\cdot19)$$

または

$$F = \frac{h(d_1+d_2)}{2}+\frac{w}{4}(h_1+h_2) \qquad (9\cdot20)$$

$$= \frac{h}{2}\{w+(h_1+h_2)r\}+\frac{w}{4}(h_1+h_2) \qquad (9\cdot21)$$

（2） **不規則な断面の場合**　不規則な断面 (irregular cross-sections) の場合で，図 9·15 のように各点の座標がわかっているときは，つぎのように計算できる．

ⅰ）中心線から左または右の横座標をそれぞれ (−)(+) と符号をつけて，縦座標を分子とした各点の分数をつくる．

ⅱ）この分数を A，B を両端において，その間に上面の点の分数を左から順に書き入れる．

ⅲ）各分母の右側に分母の符号と反対の符号をつぎのように (　) をしてつける．

$$\frac{0}{-\frac{w}{2}(+)} \diagup\!\!\!\diagup \frac{H_2}{-D_2(+)} \diagup\!\!\!\diagup \frac{H_1}{-D_1(+)} \diagup\!\!\!\diagup$$

$$\frac{h}{0} \diagup\!\!\!\diagup \frac{h_1}{+d_1(-)} \diagup\!\!\!\diagup \frac{h_2}{+d_2(-)} \diagup\!\!\!\diagup \frac{0}{+\frac{w}{2}(-)}$$

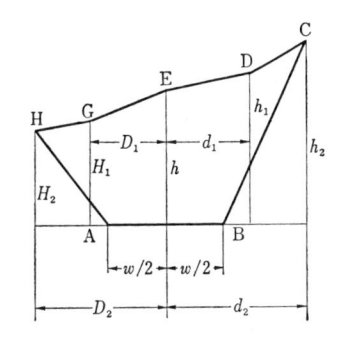

ⅳ）各分子にその両側の分数の分母を乗ずる．その積の符号は乗ずる分子の側にある分母の符号をつける．

図 9·15　不規則断面

ⅴ）ⅳ) の積の代数和が，求める面積 F の倍面積 $2F$ である．

$$2F = H_2\left(\frac{w}{2}-D_1\right)+H_1(D_2-0)+h(D_1+d_1)+h_1(0+d_2)$$

$$+h_2\left(-d_1+\frac{w}{2}\right) \qquad (9\cdot22)$$

式 (9·21) は図 9·14 について，式 (9·22) を用いて求めることができる．

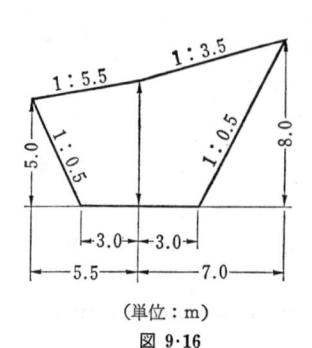

例題-9・8 図 9・16 のような横断面の面積を式 (9・19), (9・20), (9・21), (9・22) によって計算せよ．

解答

$$F_{18} = \frac{5.5+7}{2}\left(6+\frac{6}{2\times 0.5}\right) - \frac{6^2}{4\times 0.5} = 57\,\text{m}^2$$

$$F_{19} = \frac{6\times(5.5+7)}{2} + \frac{6}{4}(5+8) = 57\,\text{m}^2$$

$$F_{20} = \frac{6}{2}\times\{6+(5+8)\times 0.5\} + \frac{6}{4}(5+8) = 57\,\text{m}^2$$

式 (9・22) で計算するために分数をつくればつぎのようである．

$$\frac{0}{-3(+)} \quad \frac{5}{-5.5(+)} \quad \frac{6}{0} \quad \frac{8}{+7(-)} \quad \frac{0}{+3}$$

$$2F = 5\times 3 + 6\times 5.5 + 6\times 7 + 8\times 3 = 114\,\text{m}^2$$

$$F = 57\,\text{m}^2 {}^{1)}$$

図 9・16

例題-9・9 図 9・18 のように道路の横断面を計画した．土工量を平均断面法で求めるための A の断面積を求めよ．ただし，図の数字は O を原点とする座標値 (x, y) を m 単位で示したものである．(昭 51 士補類)

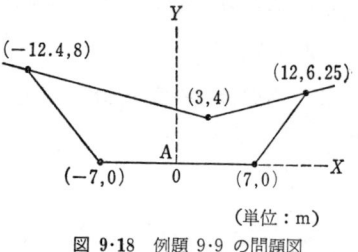

図 9・18 例題 9・9 の問題図

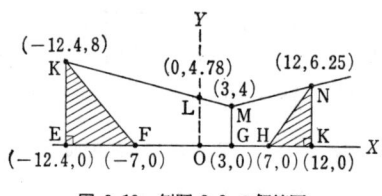

解答 断面図の各点に名称をつけ，その座標値を示せば図 9・19 のとおりである．求める断面積を S とすれば

$S = (\Box\text{KEGM} + \Box\text{MGKN})$
$\quad - (\triangle\text{KEF} + \triangle\text{NHK})$
$= \{(8+4)\times(12.4+3)\div 2 + (4+6.25)$
$\quad \times (12-3)\div 2\}$

図 9・19 例題 9・9 の解答図

---

1) この面積の計算を公式でなく計算するのには，図 9・17 のように 12.5 m × 8 m の長方形から斜線部分の面積を引いてもよい．

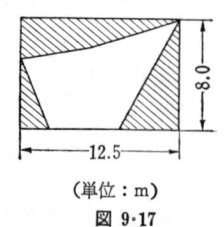

図 9・17

9・2 体積の計算方法

$$-\{8\times(12.4-7)\div2+6.25\times(12-7)\div2\}$$
$$=101.3\,\text{m}^2$$

もし，9・2・2（d）（2）項の方法を用いるとすれば

$$\underset{-7(+)}{0}\diagdown\underset{-12.4(+)}{8}\overset{+}{\diagdown}\overset{+}{\diagup}\underset{+3(-)}{4}\overset{-}{\diagdown}\underset{+12(-)}{6.25}\overset{+}{\diagdown}\underset{+7(-)}{0}$$

$$2S=8\times(7+3)+4\times(12.4+12)+6.25\times(-3+7)$$
$$=80+97.6+25=202.6$$

よって
$$S=101.3\,\text{m}^2$$

9・2・3 点　高　法

（a）**長方形公式**　広い地域の土積を計算するのには，一定間隔（普通 20 m 以下）で長方形に区分して，各隅の高さを測定し，区分された四角柱の体積を四隅が一平面上にあるとして底面積に中心軸の高さ（四隅の高さの平均値）を乗じて求めて，全体の体積を求める．

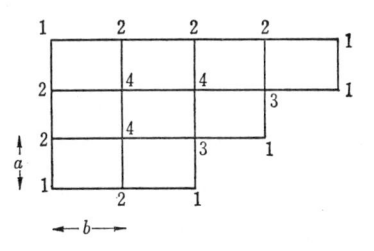

図 9・20　長方形公式

図 9・20 において，1, 2, 3, 4 個の角柱に共有される高さをそれぞれ h_1, h_2, h_3, h_4 とすれば，全体の体積 V は次式で求められる．

$$V=\frac{ab}{4}(\sum h_1+2\sum h_2+3\sum h_3+4\sum h_4) \tag{9・23}$$

（b）**三角形公式**　前項で，四隅が一平面上にない場合は，図 9・21 のように対角線を引いて，三角柱に区分して，その三隅が一平面上にあるとして，つぎのように計算して全体の体積 V を求める．

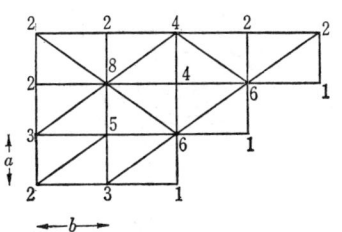

$$V=\frac{ab}{6}(\sum h_1+2\sum h_2+3\sum h_3+\cdots$$
$$\cdots+8\sum h_8) \tag{9・24}$$

$h_1, h_2, h_3, \cdots, h_8$ はそれぞれ前項と同様 1, 2, 3, …, 8 個の三角柱が共有する高さである．対角線の引き方は地形によって判断する．

図 9・21　三角形公式

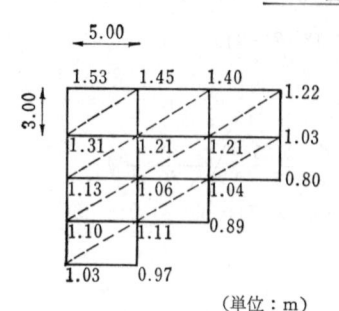

例題-9·10 図 9·22 のような地域の地盤高を測定したところ，図に示すようであった．これを水平に地ならしをして，切土と盛土の土量が等しくなるような施工基面の高さ H を求めよ．

解答 三角形公式によって計算すれば，つぎのようになる．

$\sum h_1 = (1.53 + 0.80 + 0.89 + 0.97) = 4.19$ m

$2\sum h_2 = 2 \times (1.22 + 1.03) = 4.50$ m

$3\sum h_3 = 3 \times (1.40 + 1.45 + 1.03 + 1.31 + 1.13 + 1.10) = 22.26$ m

$5\sum h_5 = 5 \times (1.04 + 1.11) = 10.75$ m

$6\sum h_6 = 6 \times (1.21 + 1.21 + 1.06) = 20.88$ m

式 (9·24) から

$$V = \frac{3 \times 5}{6}(4.19 + 4.50 + 22.26 + 10.75 + 20.88) = 156.45 \text{ m}^3$$

よって，H はつぎのように求められる．

$$H = \frac{V}{F} = 156.45 \div (3 \times 5 \times 9) = 1.16 \text{ m}$$

9·2·4 等高線法

等高線（contour line）〔(2) 巻 3 節参照〕がわかっている場合は，これを利用して土積を求めることができる．

(a) 計画面が水平の場合 図 9·23 において計画面から上の土積を求めるには，まず，各等高線に囲まれた面積 $F_0, F_1, \cdots, F_n$ をプラニメーターなどで測定する．つぎに，その形が擬柱と考えられる場合は，9·2·2(a) 項の角柱公式を用い，考えられない場合は 9·2·2 (b) 項の両端面公式で土積を計算する．

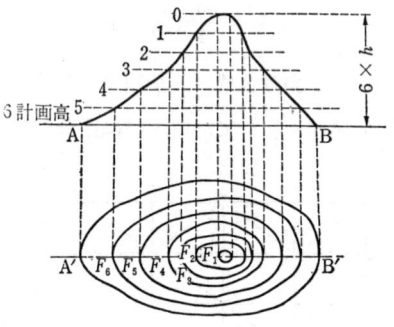

図 9·23 等高線法 (1)

$$V = \frac{h}{3}\{F_0 + F_6 + 4(F_1 + F_3 + F_5) + 2(F_2 + F_4)\} \quad （角柱） \quad (9·25)$$

9·2 体積の計算方法

$$V = \frac{h}{2}\{F_0 + F_6 + 2(F_1 + F_2 + F_3 + F_4 + F_5)\} \quad \text{(両端面)} \quad (9\cdot 26)$$

(b) 計画面が傾斜している場合 図 9·24 のように計画面 AB が傾斜している場合は，計画面で切り取られた等高線の各層の面積を測定して，両端面公式で土積を計算する．図では4層と3層の等高線の切り取られた面積に斜線を施してある．

例題-9·11 図 9·25 (a) は，岩山を掘削して骨材を採集するための計画図である．AB は，掘削後の斜面の位置を示し，一様な掘削量を求めるために，掘削後の等高線図が必要である．掘削される範囲および掘削後の等高線を太線で記入せよ．

また，各等高面における掘削部分の面積を図上で測定したら，**表 9·8** のようであった．掘削予定量を計算せよ．

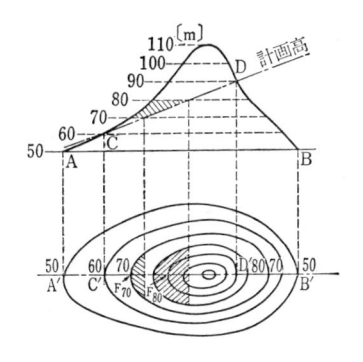

図 9·24 等高線法 (2)

表 9·8

標 高 〔m〕	図上面積 〔cm²〕
55	5.4
60	4.8
65	4.5
70	4.3
75	4.2
80	3.8
85	2.5
90	1.1
95	0.3
100	0.0

（昭 32 土）

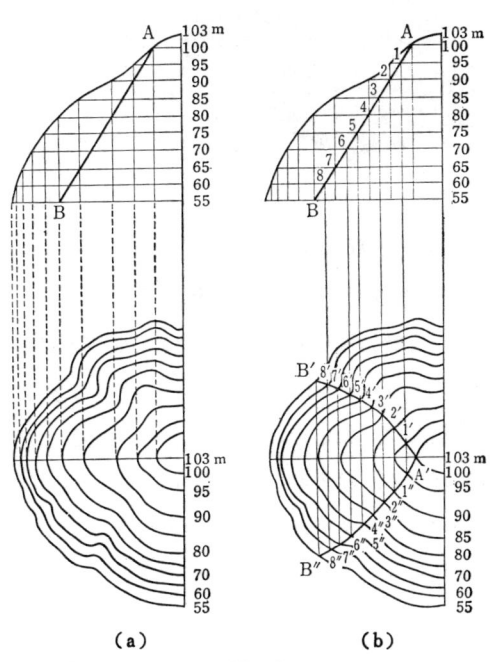

(a)　　　(b)

図 9·25

[解答] 掘削の範囲は図 9·25（b）の A'B'B″ である．掘削予定量 V は，式 (9·26) から求められる．

$$V=\frac{5}{2}\{5.4+0.0+2(4.8+4.5+4.3+4.2+3.8+2.5+1.1+0.3)\}$$
$$=88\,125\ \mathrm{m^3}$$

9·3 面積の自動測定

9·3·1 自動面積計

任意の図形の面積を測定し，mm² 単位でディジタル（数字）で表示する器械が開発されている．これを**自動面積計**（automatic area meter）という（図 9·26）．

この原理は，不透明（半透明でもよい）で不規則な図形や木の葉などを 1 mm 方眼に区切って，光の標準パルス（継続する光）で走査して，不透明な方眼の数を光電管によって数えるものである．

この器械は幅 100 mm（長さは制限なし）図形なら測定可能で，測定誤差は ±1％ 以内，5～50 cm² の紙片 140 枚を 5 分 22 秒で測定したと報告されている．

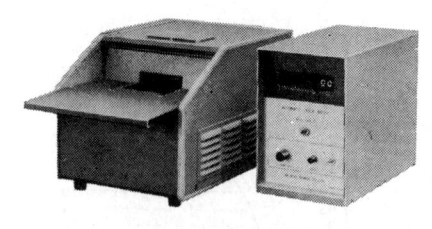

図 9·26 自動面積計

9·3·2 測量用自動製図システム

(a) 座標読取り装置 図板上の図形の各点の X, Y 座標を縦横レール上を走るカーソル付属の拡大ルーペ付きの読取り指標で求める装置である．読取り精度は，たとえば（±0.1 mm）程度で，座標値はカーソル上にディジタル表示する．読み取った座標をパーソナルコンピュータとオンラインすれば，適宜のプログラムを組んでおくことによって，面積はいうまでもなく，辺長，交角その他体積などの計算ができる．この装置を逆に使用すれば，最小設定単位 (0.01 mm) で，測点をプロットすることもできる（**図 9·27**）．

(b) 図形処理自動製図システム 測量データや上記の読取り装置からの

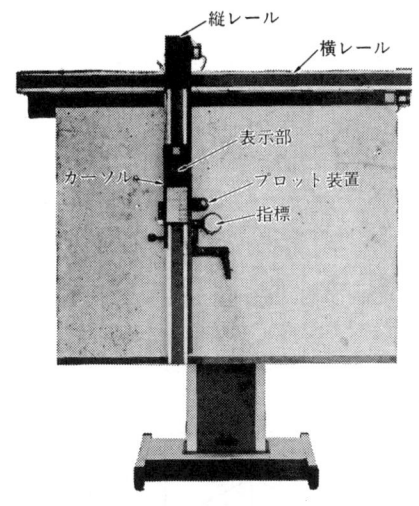

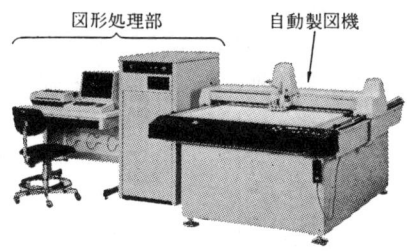

図 9·27 座標読取り装置   図 9·28 自動製図システム

入力を図形処理部で，座標計算，面積計算などを行い，その結果を文字やマーク（記号）も使用して，自動製図機により図形や図表を描画するシステムである．プログラムを組めば縦横断図なども描くことができる（図 9·28）．

演 習 問 題

（1） 図 9·29 のような測量の結果を用いて，この面積を台形法で計算せよ．

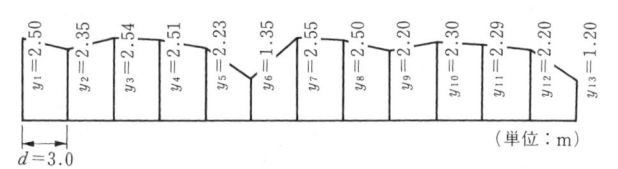

$y_1=2.50$, $y_2=2.35$, $y_3=2.54$, $y_4=2.51$, $y_5=2.23$, $y_6=1.35$, $y_7=2.55$, $y_8=2.50$, $y_9=2.20$, $y_{10}=2.30$, $y_{11}=2.29$, $y_{12}=2.20$, $y_{13}=1.20$

$d=3.0$　（単位：m）

図 9·29

（2） 図 9·29 のオフセットの結果より，シンプソンの第 1 法則によって面積を求めよ．
（3） 表 9·9 の緯距・経距より面積を求めよ．
（4） 縮尺 1/2 000 の図面上の面積をプラニメーターにより 1/500 の目盛に測かんを合わせ測定し，つぎの結果を得た．このときの面積はいくらか．ただし，極針は図形外におき単位面積は 15 m² とする．

表 9·9

測線	緯距 L [m]	経距 D [m]
AB	-31.29	$+45.96$
BC	$+54.51$	$+31.79$
CD	$+13.21$	-71.29
DA	-36.22	-6.50

第1読み数＝4 323　　第2読み数＝6 532

（5）　図面上の面積をプラニメーターにより測定し，つぎの結果を得た．このときの面積はいくらか．ただし，縮尺は 1/2 000 とし単位面積は 40 m² とする．

右回り　第1読み数＝2 363　　第2読み数＝4 362
左回り　第1読み数＝8 239　　第2読み数＝6 240

（6）　縮尺 1/200 の図面上の面積を求めるために，プラニメーターにより測定したところ，第1読み数＝2 362, 第2読み数＝4 234 を得た．このときの面積はいくらか．ただし単位面積は 0.4 m² とする．

（7）　（6）の問題において，図面の縮尺が 1/300 に変わった場合の面積はいくらか．

（8）　図 9·30 に示すような横断面図があり，それぞれの座標値 (x, y) が示されている．このときの面積はいくらか．数字は 0 を原点に m 単位で示してある．

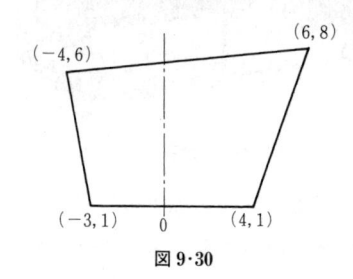

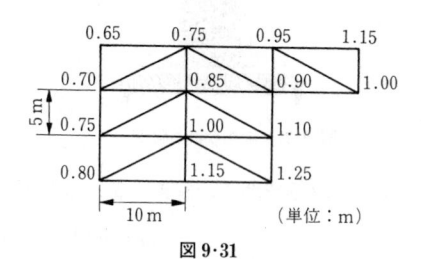

図 9·30

図 9·31

（9）　ある区域を平坦にする目的で，点高法により図 9·31 のような結果を得た．この区域の平均地盤高を三角形公式で求めよ．

（10）　図 9·32 のように，5 m 間隔の等高線の入った山において各等高線に囲まれた面積をプラニメーターで測定したところ，つぎの結果を得た．この山の体積を求めよ．

F_0＝120 m²　　F_1＝230 m²　　F_2＝510 m²
F_3＝1 500 m²　　F_4＝2 400 m²
F_5＝3 800 m²　　F_6＝5 200 m²

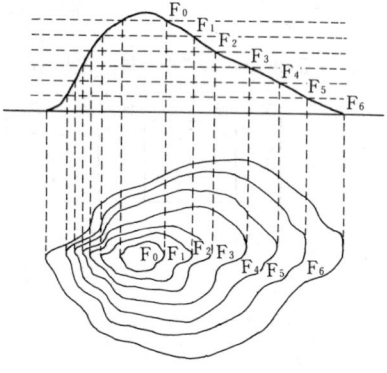

図 9·32

付　　　　録

A.　測量に必要な数学公式
1.　三角関数の基本関係式

A	$\pm A$	$\dfrac{\pi}{2} \pm A$	$\pi \pm A$	$\dfrac{3\pi}{2} \pm A$	$2\pi \pm A$
$\sin A$	$\pm \sin A$	$+\cos A$	$\mp \sin A$	$-\cos A$	$\pm \sin A$
$\cos A$	$+\cos A$	$\mp \sin A$	$-\cos A$	$\pm \sin A$	$+\cos A$
$\tan A$	$\pm \tan A$	$\mp \cot A$	$\pm \tan A$	$\mp \cot A$	$\pm \tan A$
$\cot A$	$\pm \cot A$	$\mp \tan A$	$\pm \cot A$	$\mp \tan A$	$\pm \cot A$

2.　同角の三角関数の関係

$$\begin{cases} \sin A \operatorname{cosec} A = 1 \\ \cos A \sec A = 1 \\ \tan A \cot A = 1 \end{cases} \quad \tan A = \dfrac{\sin A}{\cos A}, \quad \cot A = \dfrac{\cos A}{\sin A} \quad \begin{cases} \sin^2 A + \cos^2 A = 1 \\ 1 + \tan^2 A = \sec^2 A \\ 1 + \cot^2 A = \operatorname{cosec}^2 A \end{cases}$$

3.　三角関数の加法定理

$$\sin(A \pm B) = \sin A \cos B \pm \cos A \sin B$$
$$\cos(A \pm B) = \cos A \cos B \mp \sin A \sin B$$
$$\tan(A \pm B) = \dfrac{\tan A \pm \tan B}{1 \mp \tan A \tan B}$$

4.　倍角の三角関数

$$\sin 2A = 2 \sin A \cos A$$
$$\cos 2A = \cos^2 A - \sin^2 A = 2\cos^2 A - 1 = 1 - 2\sin^2 A,$$
$$\tan 2A = \dfrac{1}{2}(\cot A - \tan A) = \dfrac{2\tan A}{1 - \tan^2 A}$$

5.　半角の三角関数

$$\sin \dfrac{A}{2} = \sqrt{\dfrac{1}{2}(1 - \cos A)} = \dfrac{1}{2}\sqrt{1 + \sin A} - \dfrac{1}{2}\sqrt{1 - \sin A}$$
$$\cos \dfrac{A}{2} = \sqrt{\dfrac{1}{2}(1 + \cos A)} = \dfrac{1}{2}\sqrt{1 + \sin A} + \dfrac{1}{2}\sqrt{1 - \sin A}$$
$$\tan \dfrac{A}{2} = \sqrt{\dfrac{1 - \cos A}{1 + \cos A}} = \dfrac{\sin A}{1 + \cos A} = \dfrac{1 - \cos A}{\sin A}$$

6.　三角関数の和および積の関係

$$\sin A + \sin B = 2 \sin \dfrac{1}{2}(A + B) \cos \dfrac{1}{2}(A - B)$$
$$\sin A - \sin B = 2 \cos \dfrac{1}{2}(A + B) \sin \dfrac{1}{2}(A - B)$$

$\cos A + \cos B = 2\cos\frac{1}{2}(A+B)\cos\frac{1}{2}(A-B)$

$\cos A - \cos B = -2\sin\frac{1}{2}(A+B)\sin\frac{1}{2}(A-B)$

$\sin A \cos B = \frac{1}{2}\{\sin(A+B)+\sin(A-B)\}$

$\cos A \sin B = \frac{1}{2}\{\sin(A+B)-\sin(A-B)\}$

$\sin A \sin B = \frac{1}{2}\{\cos(A-B)-\cos(A+B)\}$

$\cos A \cos B = \frac{1}{2}\{\cos(A-B)+\cos(A+B)\}$

$\tan A \pm \tan B = \sin(A \pm B)/\cos A \cos B$

$\tan A \pm \cot B = \pm \cos(A \mp B)/\cos A \sin B$

$\cot A \pm \cot B = \pm \sin(A \pm B)/\sin A \sin B$

$\cot A \pm \tan B = \cos(A \mp B)/\sin A \cos B$

7. おもな恒等式

$\sin(A+B)\sin(A-B) = \sin^2 A - \sin^2 B = \cos^2 B - \cos^2 A$

$\cos(A+B)\cos(A-B) = \cos^2 A - \sin^2 B = \cos^2 B - \sin^2 A$

$\sin(A+B)\cos(A-B) = \sin A \cos A + \sin B \cos B$

$\cos(A+B)\sin(A-B) = \sin A \cos A - \sin B \cos B$

$\dfrac{\sin(A+B)}{\sin(A-B)} = \dfrac{\tan A + \tan B}{\tan A - \tan B}$, $\quad \dfrac{\cos(A+B)}{\cos(A-B)} = \dfrac{1-\tan A \tan B}{1+\tan A \tan B}$

$\dfrac{\sin A + \sin B}{\sin A - \sin B} = \dfrac{\tan\frac{1}{2}(A+B)}{\tan\frac{1}{2}(A-B)}$, $\quad \dfrac{\sin A \pm \sin B}{\cos A + \cos B} = \tan(A \pm B)$

$\dfrac{\sin A \pm \sin B}{\cos B - \cos A} = \cot\frac{1}{2}(A \mp B)$, $\quad \dfrac{\cos A + \cos B}{\cos A - \cos B} = \cot(A+B)\cot\frac{1}{2}(A-B)$

$\tan\left(45° - \dfrac{A}{2}\right) = \cot\left(45° + \dfrac{A}{2}\right)$, $\quad \dfrac{1+\tan A}{1-\tan A} = \tan(45° + A)$

$\cot\left(45° - \dfrac{A}{2}\right) = \tan\left(45° + \dfrac{A}{2}\right)$, $\quad \dfrac{1+\cot A}{1-\cot A} = \cot(A - 45°)$

8. 三角形の性質

$2s = a+b+c$

r：内接円の半径，　R：外接円の半径，　$\triangle$：三角形の面積

$\dfrac{a}{\sin A} = \dfrac{b}{\sin B} = \dfrac{c}{\sin C} = 2R$

$a = b\cos C + c\cos B$

$a^2 = b^2 + c^2 - 2bc\cos A = (b+c)^2 - 4bc\cos^2\dfrac{A}{2} = (b-c)^2 + 4bc\sin^2\dfrac{A}{2}$

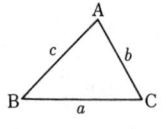

$$\sin A = \frac{2}{bc}\sqrt{s(s-a)(s-b)(s-c)}$$

$$\sin\frac{A}{2} = \sqrt{\frac{(s-b)(s-c)}{bc}}, \quad \cos\frac{A}{2} = \sqrt{\frac{s(s-a)}{bc}}, \quad \tan\frac{A}{2} = \sqrt{\frac{(s-b)(s-c)}{s(s-a)}}$$

$$\frac{a+b}{c} = \frac{\cos\frac{1}{2}(A-B)}{\cos\frac{1}{2}(A+B)}, \quad \frac{a-b}{c} = \frac{\sin\frac{1}{2}(A-B)}{\sin\frac{1}{2}(A+B)}, \quad \frac{a-b}{a+b} = \frac{\tan\frac{1}{2}(A-B)}{\tan\frac{1}{2}(A+B)}$$

$$\triangle = \frac{1}{2}ab\sin C = \frac{a^2 \sin B \sin C}{2\sin A} = \frac{abc}{4R} = 2R^2 \sin A \sin B \sin C$$

$$= \sqrt{s(s-a)(s-b)(s-c)} = rs = r^2 \cot\frac{A}{2}\cot\frac{B}{2}\cot\frac{C}{2}$$

9. 弧度法

$$1 \text{ ラジアン} = \frac{360°}{2\pi} = 57°17'45'' = 206\,265''$$

ある角の弧度を θ，60進法で測った値を n（度）とすれば

$$\theta = \frac{\pi}{180}n, \quad n = \frac{180}{\pi}\theta, \quad \frac{\pi}{180} \fallingdotseq 0.017\,45, \quad \frac{180}{\pi} \fallingdotseq 57.295\,78$$

10. 面積および体積

扇　形　面　積 $A = \dfrac{br}{2} = \dfrac{\varphi°}{360°}\pi r^2$

　　　　　弧　長 $b = \dfrac{\varphi°}{180°}\pi r$

弓　形　面　積 $A = \dfrac{r^2}{2}\left(\dfrac{\varphi°}{180°}\pi - \sin\varphi\right) = \dfrac{r(b-s)+sh}{2}$

　　　　　　　　$s = 2r\sin\dfrac{\varphi}{2}$

　　　　　　　　$h = r\left(1 - \cos\dfrac{\varphi}{2}\right)$

　　　　　　　　$b = \dfrac{\varphi°}{180°}\pi r$

だ　円　面　積 $A = \pi ab$

$\dfrac{b}{a}$	0.0	0.2	0.4	0.5	0.6	0.8	1.0
周	$4a$	$4.20a$	$4.60a$	$4.84a$	$5.10a$	$5.67a$	$6.28a$

放物形　面　積 $A = \dfrac{2}{3}sb$

角　柱　体　積 $V = Gh$

すい体　体　積 $V = G\dfrac{h}{3}$

球　　　体　積 $V = \dfrac{4}{3}\pi r^3$

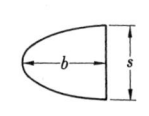

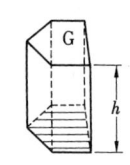

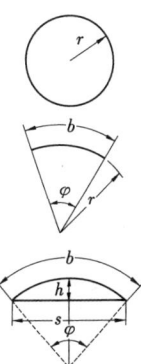

表面積　$A = 4\pi r^2$

だ円体　体積　$V = \dfrac{4}{3}\pi abc$

回転体　表面積は回転母線の長さにその母線の重心の描く周を乗じたものに等しい。

体積は回転母線の包む断面積にその断面積の重心の描く周を乗じたものに等しい（Guldin 法）。

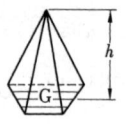

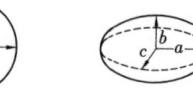

B. 諸定数およびその対数

名　　　称 （円または球の半径を1とする）	記　　号	真　　数	対　　数
円　の　面　積	π	3.141 592 654	0.497 149 873
円　　　周	2π	6.283 185 307	0.798 179 868
球　の　表　面　積	4π	12.566 370 614	1.099 209 864
円　の　象　限	$\dfrac{1}{4}\pi$	0.785 398 163	$\overline{1}$.895 089 881
1 ラジアンに含む度（°）	$180/\pi = \rho°$	57.295 779 513	$\overline{1}$.758 122 632
〃　　〃　　分（′）	$10\,800/\pi = \rho'$	3 437.746 771	3.536 273 883
〃　　〃　　秒（″）	$\dfrac{648\,000}{\pi} = \rho''$	206 264.806	5.314 425 133
自然対数の底	e	2.718 281 828	0.434 294 428
常用対数の根率	M	0.434 294 482	$\overline{1}$.637 784 311

C. ギリシャ文字

大文字	小文字	呼び方*	大文字	小文字	呼び方
A	α	アルファ	N	ν	ニュー
B	β	ベータ	Ξ	ξ	クサイ
Γ	γ	ガンマ	O	o	オミクロン
Δ	δ	デルタ	Π	π	パイ
E	ε, ϵ	｛エプシロン　イプシロン	P	ρ	ロー
Z	ζ	ジータ	Σ	σ	シグマ
H	η	イータ	T	τ	タウ
Θ	ϑ, θ	｛シータ　テータ	Υ	υ	｛ユプシロン　ウプシロン
I	ι	イオタ	Φ	φ, ϕ	ファイ
K	κ	カッパ	X	χ	カイ
Λ	λ	ラムダ	Ψ	ψ	プサイ
M	μ	ミュー	Ω	ω	オメガ

* 呼び方は，一般に慣用されていると思われるものによった．

参 考 文 献

大嶋太市："測量学"，共立出版
大嶋太市ほか："測量（Ｉ）基礎"，彰国社
岡積満："測量の誤差計算"，森北出版
小川幸夫："測量技術者必携・基礎とその実際"，理工図書
春日屋伸昌："測量学Ｉ，Ⅱ"，朝倉書店
佐島・新井："測量"，コロナ社
武田通治："改訂増補　測量学概論"，山海堂
千葉忠二："測量のための最小２乗法"，山海堂
千葉忠二："測量のための実用数学"，山海堂
土木学会編："明治以前土木史"，土木学会
中川徳郎："測量学"，朝倉書店
中田昌卯ほか："実用測量学（上）"，東洋書房
中村英夫ほか："測量学"，技報堂出版
原田静男ほか："測量学（上），（下）"，実用図書
本田武夫："地籍測量"，森北出版（観測差，倍角差）
丸安隆和："新版測量学（上），（下）"，コロナ社
丸安隆和："測量のための数学"，オーム社
村井俊治："土木測量"，技報堂出版
森忠次："測量学　Ｉ　基礎編"，丸善
"ものさし"，日本長さ工業会
測量辞典編集委員会編："測量辞典"，森北出版
日本測量機器工業会編："新版　最新測量機器便覧"，山海堂
"測量機器の現状と展望"，国土地理院技術資料Ａ・1―No. 118，昭 57・3，建設省国土地理院
"計量関係法令集"，第一法規
国土庁土地局国土調査課監修："国土調査関係法令集"，全国国土調査協会
"測量関係法令集（改訂版）"，日本測量協会
建設省国土地理院監修："測量用語解説（改訂版）"，日本測量協会
"測量士・測量士補国家試験受験テキスト（昭和 58 年版）"，日本測量協会
"測量士・同補国家試験問題模範解答集（昭和 58 年版）"，日本測量協会
石井一郎編："最新測量学"，森北出版
大木正喜："測量学"，森北出版

建設大臣官房技術調査室監修："公共測量作業規程"，日本測量協会（平成8.4.1）
"測量士・士補国家試験受験テキスト（平成11年版）"，日本測量協会
"測量士・士補国家試験科目別模範解答集（平成4～9年版）"，日本測量協会
日本工業標準調査会："JIS B 7512-1993 鋼製巻尺"，日本規格協会（平成5.4）
日本工業標準調査会："JIS B 7522-1993 繊維製巻尺"，日本規格協会（平成5.4）
"測量と測量機のレポート"，ソキア（1994）
"測量機械総合カタログ"，ソキア

演習問題解答

2. 測量の計算と誤差の取扱い方

（1） 5.

（2） $X_A=87.646\,\mathrm{m}\pm0.001\,\mathrm{m}$, $X_B=87.646\,\mathrm{m}\pm0.002\,\mathrm{m}$, A のほうが精度が大.

（3） 1.（重み付き最確値）測定値の重さは標準偏差の 2 乗に比例するから

$$p_1:p_2:p_3:p_4=\frac{1}{3^2}:\frac{1}{4^2}:\frac{1}{6^2}:\frac{1}{7^2}=5.44:3.06:1.36:1$$

（4） 2.

（5） 2. 高低差 H は次式で求められる. $H=D\sin\alpha$, いま, H, D, α の標準偏差をそれぞれ M_H, m_D, m_α とすれば, $m_\alpha[\mathrm{rad}]=20''/2''\times10^5$, $\partial H/\partial D=\sin\alpha$, $\partial H/\partial\alpha=D\cos\alpha$, 誤差伝播の法則を用いると

$$M_H=\sqrt{\left(\frac{\partial H}{\partial D}\right)^2 m_D^2+\left(\frac{\partial H}{\partial\alpha}\right)^2 m_\alpha^2}=\sqrt{\sin^2\alpha\times m_D^2+D^2\cos^2\alpha\times m_\alpha^2}\fallingdotseq 10\,\mathrm{cm}$$

（6） $X_{1組}=68°46'26.4''\pm2.1''$, $X_{2組}=68°46'22.2''\pm1.0''$, $p_1:p_2=\dfrac{1}{2.1^2}:\dfrac{1}{1.0^2}=1:4.4$, 最確値$=68°46'23.0''$

（7） 130.45 m, 86.31 m, 216.76 m, ±3.8 cm, ±1.6 cm, ±5.1 cm, 全長 216.76 m, 誤差 $=\sqrt{(3.8)^2+(1.6)^2}=\pm4.1$ cm〔この値は 1 と 2 の区間の測定回数が無限に多い場合で（誤差伝播の法則), 全区間の測定回数が 4 回の ±5.1 cm とは一致しない〕

（8） 4. 点 B の X 座標は $X=S\cos T$, いま, X, S, T の標準偏差をそれぞれ M_X, m_S, m_T とすれば, 誤差伝播の法則から

$$M_X=\sqrt{\left(\frac{\partial X}{\partial S}\right)^2 m_S^2+\left(\frac{\partial X}{\partial T}\right)^2 m_T^2}=\sqrt{(\cos T\times m_S)^2+\left(S\sin T\times\frac{m_T}{\rho}\right)^2}$$

上式に関係数値を代入すると $M_X=\sqrt{75+25}=10.0$ mm

（9） 2. 式(2・10) から, 測定値の重さは路線距離の逆数に比例する. $p_1:p_2:p_3=1/L_1:1/L_2:1/L_3=1/2:1/5:1/20=10:4:1$, 最確値は式 (2・11), 標準偏差は式 (2・28).

（10） 3. 水平角の標準偏差 $m_a=2''$ によって 1 000 m 先に生じる距離誤差（標準偏差) m_2 は, $m_2=S\cdot m_a/\rho''=1\,000.00\times2''/2''\times10^5=0.01$ m$=1$ cm, 距離測定の標準偏差 $m_1=1$ cm と同じであるから, 水平角観測の重量も 1 となる.

（11） 2. 距離に関係しない誤差（±5 mm）と距離に比例する誤差（$\pm D\times10^{-5}$）がそれぞれ独立して生じるので誤差伝播の法則（式 2・16）から距離誤差 $M_d^2=(0.005)^2+(500$

248　　　　　　　　　　　　測　量　(1)　(新訂版)

$\times 10^{-5})^2$, $M_d=7.07$ mm, 角誤差を m_a'' とすると, $M_d=m_a''\times D/\rho''$, $m_a''=7.07$ mm $\times 2''\times 10^5/5$ mm $\times 10^5=2.83''$

3．距　離　測　量

(1)　5．$C_c=+0.0554$ m, $C_t=+0.0294$ m
(2)　5．温度が高いと尺は伸びる．伸びた尺では短く測る．
(3)　4．器械定数＋反射鏡定数 $=K$, $K=$ AC$-$(AB$+$BC)$=-0.05$ m
　　器械定数 $=K-$ 反射鏡定数 から求まる．
(4)　866.07 m, **解図1**のように点 P から QR に垂線 PH を下せば, QH$=0.05$ m, PH$=0.08$ m, RH≒1000 m
　　∴　QR$=1000+0.05$
　　　$L=$QS$=(1000+0.05)\cos 30°$
　　　　　$=1000 \cos 30°+0.05 \cos 30°$
　　　　　$=866.03+0.04=866.07$ m　　　　**解図1**
(5)　4．(温度誤差 $+4$ mm, 気圧 -3.2 mm, 水蒸気圧 1.0 mm, 定数 10 mm, 周波数 -2 mm)
(6)　4．

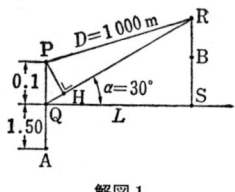

4．トランシット測量

(1)　4．
(2)　1．
(3)　4．図4·49において点 B より CP_0 の平行線を取り P_0' とする．同様に CP_1 の平行線を取り P_1' とする．これより $\angle P_0BP_0'=x_0$, $\angle P_1BP_1'=x_1$, $\angle P_0BP_1'=T'$ となるので $T'=T+x_1-x_0$
(4)　2．鉛直軸誤差以外の誤差は各種観測方法，および望遠鏡の正・反を使用することで消去することが可能である．
(5)　4．$\theta=\angle$BAD とおき, θ を求め夾角 α に加えることにより求める．$\theta=e/S\cdot \sin\varphi$ より，ここで $e=3.00$ m, $S=1700.00$ m, $\varphi=60°$, $\sin 60°=\sqrt{3}/2=0.85$. これらの数値を上式に代入すれば $\theta=3/1700 \sin 60°=0.0015$ [rad] 上記 θ に ρ'' を乗じ60進法にすると $\theta=300''=5'$ ゆえに, 夾角 α に θ を加えると $\angle$BAC$=\alpha+\theta=85°30'10''+5'=85°35'10''$

5．トラバース測量（多角測量）

(1)　2．
(2)　1．点 A における方向角 T_B は，点 C の方向角より $T_B=289°13'0''+\alpha-360°=60°0'0''$ で求めることができる．これより X_B 座標は $X_B=X_A+S\cos T_B=1246.38+500\cos 60°=1496.38$ m
(3)　4．

演 習 問 題 解 答   249

（4） 2．閉合誤差 $E=\sqrt{(\varDelta x)^2+(\varDelta y)^2}=\sqrt{(0.15)^2+(0.20)^2}=0.25$，閉合比 $=E/(路線長)=0.25/2\,750.00=1/11\,000$

（5） 3．（2）と同様に算出する．

6．平 板 測 量

（1） 2．既知の測線を利用して定位するときは，なるべく長い方向線のものを用いるほうが定位誤差が小さくなる．

（2） 3．視準面は定規の底面に直交していなければならない．

（3） 1．式（6・22）から水平距離の誤差 dL は距離 L の2乗に比例する．

（4） 3．式（6・18），図6・35参照，方向角に伴う位置の誤差 $PP'=l\cdot\delta/\rho'$，$(l\cdot\delta/\rho')^2=E^2-\varepsilon^2,\ l=\sqrt{E^2-\varepsilon^2}\times\dfrac{\rho'}{\delta}=\sqrt{0.3^2-0.2^2}\times\dfrac{3\,400}{17}=44.72$ mm

地上の距離 $L=44.72\times500\times10^{-3}=22.36$ m

（5） 3．式（6・12）から $\varDelta_q=2\,e/M,\ M=2\,e/\varDelta_q=2\times200/0.2=2\,000$

（6） 2．最大視準誤差 $d\theta=\delta+\varepsilon=d_1/2\,C+d_2/2\,C$，このときの位置誤差 $\varDelta_q=l\times d\theta=100\times(0.7+0.3)/2\times270=0.185\fallingdotseq0.2$ mm

（7） 2．式（6・4）$H_B=H_A+i-H-h$ から，$H_B=52.9$ m

（8） 3．アリダードの前・後視準板の間隔 $l=100$，分画値 $n=10.0$，アリダードの視準孔から分画値 n までの斜距離 l' は $l'=\sqrt{100^2+10^2}=100.5$，2地点間の距離 $S=l/l'\times S'=100/100.5\times36.00=35.8$ m

（9） 3．例題6.7参照

$$dH=\left(\dfrac{dn}{100}\right)L+\left(\dfrac{n}{100}\right)dL=\left(\dfrac{0.1}{100}\right)30+\left(\dfrac{10.0}{100}\right)0.1=0.04\ \text{m}$$

（10） 1．実距離の測定誤差 $dL=0.2\times5\,000=1\,000$ mm

式（6・22）$dL=\dfrac{L^2 dn}{100\,z},\ L=\sqrt{\dfrac{dL\,100\,z}{dn}}=\sqrt{\dfrac{1\times100\times3}{0.2}}=38.7$ m

（11） 2．$\theta''=(h/D)\rho'',\ R=(l/\theta'')\rho''$ から，$R=lD/h=0.007\,8\times100/0.6=1.3$ m

（12） 3．方向誤差は描画縮尺に依存するもので，基準点を設置する機器の精度とは関係ない．図上位置誤差 $q\leqq0.2$ mm とすると，$q\geqq30/M$ から $M\geqq150$ となり，1/150以上の縮尺では精度に影響するので，外心誤差のない構造のものを用いる必要がある．

7．水 準 測 量

（1） 4．

（2） 1．

（3） 3．気泡を＋方向に6 mm 移動すると視準線は上方に60″傾く，標尺の読定値の増分 l は式（4・1）参照，$l=L\cdot\alpha''/\rho''=40\times60''/2''\times10^5=0.012$ m

（4） 2．**解図2**のように，鉛直軸が θ 傾いたとき，高低微動ねじで視準線を水平にすると，微動ヒンジの点から水平となる．したがって

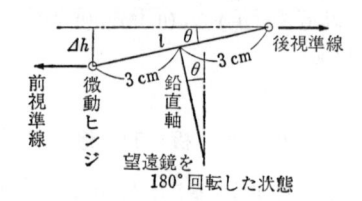

解図 2

$$\Delta h = l \cdot \theta'/\rho' = 60 \times 1.2/3\,400 = 0.02 \text{ mm}$$

（5） 5.
（6） 2.
（7） 3. 3区間の往復差と許容値は，それぞれ$+0.7$ mm$<\pm 1.58$ mm，$+0.2$ mm$<\pm 1.58$ mm，-2.3 mm$>\pm 2.00$ mm，固定点（2）〜水準点Bの区間で許容値を超えている．
（8） 5. 環閉合差を計算，$w_1=(1)+(2)+(3)=+3.5$ mm，$w_2=-(3)+(4)+(5)=-15.0$ mm，$w_3=-(2)+(6)+(7)=-12.0$ mm，$w_4=-(4)-(7)+(8)=+1.5$ mm，環閉合差の制限は2 mm$\sqrt{S}=2\sqrt{12}=\pm 6.9$ mm，w_2とw_3は制限を超えている．w_1とw_4の路線と比較．
（9） 5. 同一レベルを用いると，視準軸誤差や球差は消去できる．
（10） 4.

8. 間接距離測量

（1） $D=73.86$ m　　$H_B=63.05$ m
（2） $D=57.47$ m　　$H_B=41.05$ m
（3） 4. $dH_{a'}=\dfrac{\partial H'}{\partial a}da=\dfrac{1}{2}Kl\,2\cos 2a\,da=Kl\cos 2a\,da$

1. と3. は標尺の読み取り誤差による距離の誤差と高低差の誤差，2. は鉛直角の誤差による距離誤差，5. はスタジア定数の誤差による距離誤差．

（4） $dD_l=K\cos^2 a\,dl=\pm 1.06$ m　　　$dD_a=-Kl\sin 2a\,da=\mp 0.151$ m

読定誤差は上と下それぞれ± 1 cmであるから，$dl=\pm\sqrt{1^2+1^2}=\pm\sqrt{2}$ cm，$D=Kl\cos^2 a=150$ m，総合誤差は誤差伝播の法則により

$$dD=\pm\sqrt{(1.06)^2+(0.15)^2}=\pm 1.07 \text{ m}, \quad 精度=\frac{dD}{D}=\frac{1.07}{150}=\frac{1}{140}$$

9. 面積および体積の測定

（1） 80.61 m²
（2） $F=\dfrac{3.0}{3}(2.50+4\times 13.21+2\times 11.81+1.20)=80.16$ m²
（3） $3\,092.61$ m²

(4) 1/2 000 の単位面積＝(2 000/500)²×15＝240 m²
∴ $F=240×(6\,532-4\,323)=530\,160$ m²

(5) 右回り測定時の面積 $F_1=40×(4\,362-2\,363)=79\,960$ m²
左回り測定時の面積 $F_2=40×(8\,239-6\,240)=79\,960$ m²
したがって 79 960 m²

(6) 748.8 m²

(7) 1/300 の単位面積＝(300/200)²×0.4＝0.9 m²
∴ $F=1\,872×0.9=1\,684.8$ m²

(8) 座標法

```
    -4      -3       4       6      -4
     6       1       1       8       6
```

$2F=|(-4×1)+(-3×1)+(4×8)+(6×6)-(-3×6)-(4×1)-(6×1)$
$\qquad -(-4×8)|$
$\quad =101$
∴ $F=50.5$ m²

(9) 全土量 $V=\dfrac{25}{3}(1.80+2×4.20+3×3.50+4×1.65+6×1.85)=320.00$ m³

全面積 $F=25×14=350$ m²

平均地盤高 $H=V/F=320/350=0.91$ m

(10) $V=5/3\,\{120+4\,(230+1\,500+3\,800)+2\,(510+2\,400)+5\,200\}$
$\quad ≒55\,433$ m³

索　　引

〔あ〕

アリダード	142

〔い〕

緯　距	124
移心装置	79
異精度観測	27
一級標尺	182
１対回	99
一等水準測量	180
色収差	72
インバール標尺	182
インバールワイヤー	45

〔え〕

NNSS	10
鉛直角	1
鉛直距離	1
鉛直軸	71
鉛直軸誤差	94

〔お〕

横　距	131
横断測量	180
往復差	54
オフセット	2, 60
オフセット測量	60
オプチカルマイクロメーター	186
重　さ	27
音　測	212
温度補正	56

〔か〕

外　業	1
外　軸	71
外焦式	73
外心かん	144
外心距離	168
外心誤差	96, 168
開（開放）トラバース	117
可逆レベル	183
較　差	54
角柱公式	231
確定トラバース	116
確率曲線	22
確率誤差	23
過　誤	20
重ね合わせの法則	58
加重平均	27
下部運動	72
ガラス繊維巻尺	45
間接観測	37
間接距離測量	44
間接水準測量	160, 180
観測差	103
環閉合差	200

〔き〕

器械高	193
器械誤差	21, 92
器械定数	65
器高式	195
気　差	199
基準円	229

索　　引

基準線	1	結合トラバース	116
基準点測量	3	検　線	60
基準方向	101	検潮儀	178
基準巻尺	48	検潮場	178
基準面	177	検定公差	47
気象補正	66	原点方位角	11
気泡管	76	間なわ	46
――の感度	76		
気泡管軸	76	〔こ〕	
気泡管水準器	76	合緯距	130
基本水準測量	180	交会法	152
基本（地形）図	8	光学垂求	80
基本測量	4	交角法	120
球　差	199	公共測量	4
求　心	150	合経距	130
求心器	146	交互法	206
求心望遠鏡	80	後　視	193
求　点	118	光　軸	75
球面収差	72	工事用基準面	178
夾　長	213	光　心	75
局所異常	151	光線法	152
許容誤差	59	降　測	52
許容差	47	高低差	1
許容精度	162	高度角	1
距　離	44	高度定数	108
距離誤差	162	光波測距儀	63
距離縮写	165	後方交会法	152
		鋼巻尺	45
〔く〕		国土基本図	8
くい打ち調整法	91	誤　差	20
偶　差	21	――の3公理	22
偶然誤差	21	誤差曲線	22
グラード	19	誤差伝播	27
		――の一般式	29
〔け〕		――の法則	28
経　距	124	誤差論	6
傾斜補正	55	五捨五入	16
系統（的）誤差	21	個人誤差	21
消合い誤差	21	弧度法	18
結合差	200	コンパス法則	128

コンペンセーター	185	自読式標尺	183
		地盤高	177
〔さ〕		シフト装置	79
最確値	25	磁 北	145
最小二乗法	25	磁北線	151
細部図根測量	152	ジャイロステーション	112
細部測量	4,152	斜距離	1,44
錯 誤	20	尺定数	49
座標法	225	縦断測量	180
三角区分法	59,60	終 読	98
残 差	26	縦欄式	62
三軸誤差	95	重量平均	27
三斜法	221	主 軸	75
算術平均	27	条件付き観測	38
三点法	152	昇降式	194
三等水準測量	181	償 差	21
3倍角法	99	照 準	74
三辺測量	2	焦 準	75
三辺法	221	上部運動	71
		初 読	98
〔し〕		真 高	177
		真誤差	26
GPS	10	真の値(真値)	20
ジオイド	177	シンプソンの第1法則	223
支距測量	60	シンプソンの第2法則	223
支距法	223	真 北	145
示誤三角形	155		
視 差	75	〔す〕	
視準距離	195		
視準孔	143	推 差	23
視準誤差	93	水準器軸	76
視準軸	75	水準原点	177
視準軸誤差	94	水準線	176
視準線	75	水準点	177
磁針箱	145	水準面	176
視準板	143	水準網	177
視準面	148	水平角	1
磁針偏差	145	水平距離	1,44
自然誤差	21	水平軸誤差	95
自動面積計	238	水平線	176
自動レベル	185		

水平面	176		多角点	116
図根点	4, 59		ターゲット	146
図根（点）測量	4		たるみ補正	57
スタジア加定数	214		単軸形	70
スタジア乗定数	214		単測法	98
スタジア定数	214		単道線法	152
スタジア法	159		ダンピーレベル	183
			断面法	231

〔せ〕

〔ち〕

正位	76			
正視	193		チェック線	60
整準	78, 150		致心	150
整準誤差	164		致心誤差	92, 162
整置	150		中央断面法	1, 232
精度	23		中間軸	71
精度指数	23		中間点	193
西偏	145		中等誤差	24
精密レベル	186		張力補正	57
セオドライト	70		直視準	160
繊維製巻尺	48		直接距離測量	44
前視	193		直接水準測量	159, 180
センターリング装置	79		チルチングレベル	184
選点	119			
前方交会法	152		〔つ〕	
			つなぎ線	60
〔そ〕			つなぎ線法	60

〔て〕

相加平均	27			
造標	119		出合差	54
測定値	20		定位	150
測板	141		定位誤差	170
測標水準測量	181		定誤差	21
側方交会法	152		ディジタルセオドライト	85
測量針	146		点高法	231, 235
測量用ピン	47		天頂距離	107
測量ロープ	46		電磁波測距儀	62
			電子レベル	187
〔た〕			電波測距儀	63
台形法	222			
大地測量	3			
多角節点	116			

〔と〕

東京湾平均海面	11
等高線法	231, 236
踏査	118
透写紙法	156
等精度直接観測	26
道線法	152
登測	52
等偏角線	145
渡海水準測量	205
渡河水準測量	205
特殊誤差	24
特性値	49
トータルステーション	111
トラバース測量	116
トラバースの展開	130
トランシット法則	129
トラバース網	117

〔な〕

内業	1
内軸	71
内焦式	73
斜めオフセット	61

〔に〕

二級標尺	182
二重軸形	70
二点法	152
二等水準測量	180
日本経緯度原点	11
日本水準原点	11

〔は〕

倍横距	131
倍角	102
倍角差	102
倍角法	99
倍面積	131
箱尺	183
バーニヤ	71, 81
反位	76
反視準	160
反転の原理	88
反復法	99

〔ひ〕

左親指の法則	79
標高	177
標尺	182
標尺台	196
標準偏差	24
標定	150

〔ふ〕

VLBI	10
俯仰ねじ法	207
複軸形	70
複道線法	152
負視	193
物理的誤差	21
不定誤差	21
プラニメーター	227
プリズム反射鏡	63
プリズモイド公式	231
分散	24

〔へ〕

平均海面	176
平均誤差	24
平均断面法	232
平均二乗誤差	23
閉合誤差	126, 200
——の調整	128
閉合差	126
閉合トラバース	117
閉合比	126
平板	141
平面測量	2

ベッセル法	156
偏　差	23
偏心誤差	93, 96

〔ほ〕

方　位	124
方位角	101
望遠鏡付きアリダード	144
方向角	101
放射法	152
歩数計	212
歩　測	212
骨組測量	3
ポール	46

〔み〕

見取図式	61

〔め〕

目盛誤差	96

〔も〕

目標板標尺	183
もりかえ点	193

〔ゆ〕

有効数字	15

〔よ〕

余切目盛	143
与　点	118

〔ら〕

ラジアン	18

〔り〕

リニヤープラニメーター	230
リモートセンシング	10
両　差	199
両端面公式	231, 232
輪　郭	102

〔る〕

累積誤差	21

〔れ〕

零　円	229
零（点）目盛誤差	197
レーザーレベル	188
レベル用野帳	194
レーマン法	156

〔わ〕

ワイレベル	183
割足三脚	142

測　量（1）（新訂版）

© Hasegawa, Ueda, Ohki 1971, 1985, 2002

1971年 1月20日　初版第 1 刷発行
1983年12月20日　初版第15刷発行
1985年 2月20日　改訂版第 1 刷発行
2001年 3月30日　改訂版第18刷発行
2002年 5月10日　改訂版第19刷発行（新訂版）
2004年 4月10日　改訂版第22刷発行（新訂版）

|検印省略|

著　者　長谷川　博
　　　　東京都目黒区中目黒4-16-16

　　　　植田　紳治
　　　　市原市青葉台7-27-2

　　　　大木　正喜
　　　　市原市国分寺台中央6-12-10

発行者　株式会社　コロナ社
　　　　代表者　牛来辰巳

印刷所　壮光舎印刷株式会社

112-0011　東京都文京区千石4-46-10
発行所　株式会社　コロナ社
CORONA PUBLISHING CO., LTD.
Tokyo Japan
振替 00140-8-14844・電話(03)3941-3131(代)
ホームページ http://www.coronasha.co.jp

ISBN 4-339-05136-5　　　（高橋）　（染野製本所）
Printed in Japan

無断複写・転載を禁ずる
落丁・乱丁本はお取替えいたします

環境・都市システム系教科書シリーズ

(各巻A5判)

■編集委員長　澤　孝平
■幹　　　事　角田　忍
■編集委員　荻野　弘・奥村充司・川合　茂
　　　　　　嵯峨　晃・西澤辰男

配本順			著者	頁	定価
2.（1回）	コンクリート構造		角田　忍・竹村和夫 共著	186	2310円
3.（2回）	土質工学		赤木知之・吉村優治・上　俊二・小堀慈久・伊東　孝 共著	238	2940円
4.（3回）	構造力学 I		嵯峨　晃・武田八郎・原　隆・勇　秀憲 共著	244	3150円
5.（7回）	構造力学 II		嵯峨　晃・武田八郎・原　隆・勇　秀憲 共著	192	2415円
6.（4回）	河川工学		川合　茂・和田　清・神田佳一・鈴木正人 共著	208	2625円
7.（5回）	水理学		日下部重幸・檀　和秀・湯城豊勝 共著	200	2730円
8.（6回）	建設材料		中嶋清実・角田　忍・菅原　隆 共著	190	2415円
9.（8回）	海岸工学		平山秀夫・辻本剛三・島田富美男・本田尚正 共著	204	2625円
10.（9回）	施工管理学		友久誠司・竹下治之 共著	240	3045円

以下続刊

1. シビルエンジニアリングの第一歩	澤・荻野・奥村・角田・川合・嵯峨・西澤 共著	防災工学	渕田・塩野・檀・疋田・吉村 共著
都市計画	亀野・武井・平田・宮腰 共著	環境衛生工学	奥村・大久保 共著
環境保全工学	和田・奥村 共著	情報処理入門	西澤・豊田・長岡・廣瀬 共著
建設システム計画	荻野・大橋・野田・西澤・鈴木 共著	交通システム工学	折田・大橋・柳澤・高岸・佐々木・宮腰・西澤 共著
景観工学	市坪・小川・砂本・溝上・谷平 共著	測量学 I, II	堤・岡林 共著
鋼構造学	原・和多田・北原・山口 共著	環境都市製図	
建設マネジメント			

定価は本体価格+税5%です。
定価は変更されることがありますのでご了承下さい。

図書目録進呈◆

新編土木工学講座

（各巻A5判，欠番は品切です）

■全国高専土木工学会編
■編集委員長　近藤泰夫

配本順		書名	著者	頁	定価
1.	(3回)	土木応用数学	近藤・江崎共著	322	3675円
2.	(21回)	土木情報処理	杉山・錦雄／栗木・譲共著	282	2940円
3.	(1回)	図学概論	改発・島村共著	176	1911円
4.	(22回)	土木工学概論	長谷川博他著	220	2310円
6.	(29回)	測量（1）（新訂版）	長谷川・植田／大木共著	270	2730円
7.	(30回)	測量（2）（新訂版）	小川・植田／大木共著	304	3150円
8.	(27回)	新版 土木材料学	近藤・岸本／角田共著	312	3465円
9.	(2回)	構造力学（1）—静定編—	宮原・高端共著	310	3150円
10.	(6回)	構造力学（2）—不静定編—	宮原・高端共著	296	3150円
11.	(11回)	新版 土質工学	中野・小山／杉山共著	240	2835円
12.	(9回)	水理学	細井・杉山共著	360	3150円
13.	(25回)	新版 鉄筋コンクリート工学	近藤・岸本／角田共著	310	3570円
14.	(26回)	新版 橋工学	高端・向山／久保田共著	276	3570円
15.	(19回)	土木施工法	伊丹・片原／後藤・島共著	300	3045円
16.	(10回)	港湾および海岸工学	菅野・寺西／堀口・佐藤共著	276	3150円
17.	(17回)	改訂 道路工学	安孫子・澤共著	336	3150円
18.	(13回)	鉄道工学	宮原・雨宮共著	216	2625円
19.	(28回)	新 地域および都市計画（改訂版）	岡崎・高岸／大橋・竹内共著	218	2835円
20.	(20回)	衛生工学	脇山・阿部共著	232	2625円
21.	(16回)	河川および水資源工学	渋谷・大同共著	338	3570円
22.	(15回)	建築学概論	橋本・渋谷／大沢・谷本共著	278	3045円
23.	(23回)	土木耐震工学	狩俣・音田／荒川共著	202	2625円

定価は本体価格＋税5％です。
定価は変更されることがありますのでご了承下さい。

図書目録進呈◆